2025年版全国二级建造师执业资格考试辅导

建设工程施工管理

章 节 刷 题

全国二级建造师执业资格考试辅导编写委员会　编写

中国建筑工业出版社
中国城市出版社

图书在版编目（CIP）数据

建设工程施工管理章节刷题/全国二级建造师执业资格考试辅导编写委员会编写. -- 北京：中国城市出版社，2024.9. --（2025年版全国二级建造师执业资格考试辅导）. -- ISBN 978-7-5074-3758-4

Ⅰ. TU71-44

中国国家版本馆 CIP 数据核字第 20244VK271 号

责任编辑：田立平
责任校对：姜小莲

2025年版全国二级建造师执业资格考试辅导

建设工程施工管理章节刷题

全国二级建造师执业资格考试辅导编写委员会　编写

*

中国建筑工业出版社、中国城市出版社出版、发行（北京海淀三里河路9号）
各地新华书店、建筑书店经销
建工社（河北）印刷有限公司印刷

*

开本：787毫米×1092毫米　1/16　印张：17　字数：412千字
2024年10月第一版　　2024年10月第一次印刷
定价：**55.00**元（含增值服务）
ISBN 978-7-5074-3758-4
（904779）

如有内容及印装质量问题，请与本社读者服务中心联系
电话：（010）58337283　QQ：2885381756
（地址：北京海淀三里河路9号中国建筑工业出版社604室　邮政编码：100037）

出 版 说 明

为了满足广大考生的应试复习需要，便于考生准确理解考试大纲的要求，尽快掌握复习要点，更好地适应考试，中国建筑工业出版社继出版"二级建造师执业资格考试大纲"（2024 年版）（以下简称"考试大纲"）和"2025 年版全国二级建造师执业资格考试用书"（以下简称"考试用书"）之后，组织全国著名院校和企业以及行业协会的有关专家教授编写了"2025 年版全国二级建造师执业资格考试辅导——章节刷题"（以下简称"章节刷题"）。推出的复习题集共 8 册，涵盖所有的综合科目和专业科目，分别为：

- 《建设工程施工管理章节刷题》
- 《建设工程法规及相关知识章节刷题》
- 《建筑工程管理与实务章节刷题》
- 《公路工程管理与实务章节刷题》
- 《水利水电工程管理与实务章节刷题》
- 《矿业工程管理与实务章节刷题》
- 《机电工程管理与实务章节刷题》
- 《市政公用工程管理与实务章节刷题》

《建设工程施工管理章节刷题》《建设工程法规及相关知识章节刷题》包括单选题和多选题，专业工程管理与实务章节刷题包括单选题、多选题、实务操作和案例分析题。章节刷题中附有参考答案、难点解析、案例分析以及综合测试等。考生也可通过中国建筑出版在线（wkc.cabplink.com）了解二级建造师执业资格考试的相关信息，参加在线辅导课程学习。

为了给广大应试考生提供更优质、持续的服务，我社对上述 8 册图书提供网上增值服务，包括在线答疑、在线课程、在线测试等内容。

章节刷题紧扣考试大纲，参考考试用书，全面覆盖所有知识点要求，力求突出重点，解释难点。题型参照历年真题的格式和要求，力求练习题的难易、大小、长短、宽窄适中。各科目考试时间、分值见下表：

序 号	科 目 名 称	考试时间（小时）	满 分
1	建设工程法规及相关知识	2	100
2	建设工程施工管理	2	100
3	专业工程管理与实务	2.5	120

本套章节刷题力求在短时间内切实帮助考生理解知识点，掌握难点和重点，提高应试水平及解决实际工作问题的能力。希望这套章节刷题能有效地帮助二级建造师应试人员提高复习效果。本套章节刷题在编写过程中，难免有不妥之处，欢迎广大读者提出批评和建议，以便我们修订再版时完善，使之成为建造师考试人员的好帮手。

中国建筑工业出版社

中国城市出版社

购正版图书　享超值服务

凡购买我社章节刷题的读者，均可凭封面上的增值服务码，免费享受网上增值服务。增值服务包括在线答疑、在线视频、在线测试等内容，使用方法如下：

1. 计算机用户

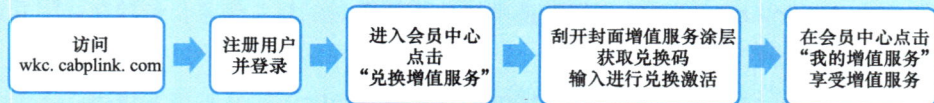

2. 移动端用户

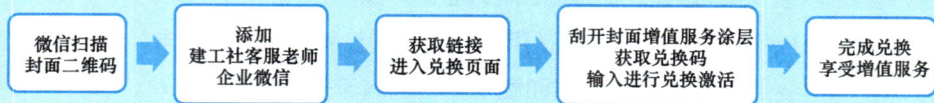

读者如果对图书中的内容有疑问或问题，可关注微信公众号【建造师应试与执业】，与图书编辑团队直接交流。

建造师应试与执业

目　　录

第1章 施工组织与目标控制

1.1 工程项目投资管理与实施

微信扫一扫
在线做题＋答疑

复习要点

　　为保障工程项目顺利实施，必须遵循工程项目投资管理制度，严格执行工程建设基本程序；应根据不同施工承包模式的特点开展施工项目管理，实施工程监理，接受工程质量监督。

1. 工程项目投资管理制度

　　工程项目生命期（Project Life Cycle）包含投资决策和建设实施两个阶段，而建设工程全寿命期包含工程项目生命期和工程建成后的运营维护阶段。

　　工程项目投资管理制度包括项目资本金制度，项目投资的审批制、核准制、备案制。

1）项目资本金制度

　　各种经营性固定资产投资项目，必须首先落实资本金才能进行建设。所谓项目资本金，是指在项目总投资中由投资者认缴的出资额。

　　（1）项目资本金可以用货币出资，也可以用实物、工业产权、非专利技术、土地使用权作价出资。

　　（2）目前，各类投资项目最低资本金比例应满足相关规定。

2）项目投资的审批制、核准制、备案制

　　（1）政府投资项目实行审批制。审批内容有项目建议书、可行性研究报告、初步设计、概算等。

　　（2）企业投资项目，区别不同情况实行核准制或备案制。投资项目核准仅需提交项目申请书，投资项目备案应通过项目在线监管平台告知有关信息。

2. 工程建设实施程序

　　工程建设实施程序是工程建设过程客观规律的反映，也是建设工程成功实施的重要保证。工程项目实施过程中，各项工作必须遵循如下先后次序：

1）工程勘察设计

　　（1）工程勘察包括工程测量、岩土地质勘察和水文地质勘察。

　　（2）工程设计是确定和控制工程造价的重点阶段，也是协调工程技术与经济关系的关键环节。工程设计一般分为初步设计和施工图设计两个阶段，对于重大工程和技术复杂工程，可根据需要增加技术设计阶段。各设计阶段的工作内容和相应造价文件有所不同。

2）建设准备

　　建设准备工作主要应由建设单位完成。施工单位可承担其中部分内容。

3）工程施工

建设工程经批准开工建设或取得施工许可证后，即可进入施工阶段。工程开工时间是指该工程设计文件中规定的任何一项永久性工程第一次正式破土开槽开始施工的时间。

工程施工活动应按照工程设计要求、施工合同及施工组织设计，在保证工程工期、质量、成本、安全、绿色等目标的前提下进行。

4）生产准备

对生产性项目而言，需在工程项目交付投产前由建设单位进行生产准备。生产准备是衔接建设与生产的桥梁，是工程建设转入生产经营的必要条件。

5）竣工验收

工程竣工验收是工程建设实施阶段最后一个环节，是投资成果转入生产或使用的标志。自竣工验收合格之日起，工程进入缺陷责任期；缺陷责任期内，施工承包单位应对已交付使用的工程质量缺陷承担责任。

3．施工承包模式

根据各施工单位之间的关系不同，主要的施工承包模式有：

1）施工总承包模式

施工总承包通常是指施工总承包单位对其所承包的工程施工任务的执行和组织负总责。施工总承包模式中的承包方主要是指施工总承包单位和分包单位。

我国近年大力倡导和发展工程总承包（EPC，Engineering-Procurement-Construction，或 DB，Design & Build）。国际工程中，承担施工总承包任务的还可能是施工总承包管理单位（MC，Managing Contractor）；与国内工程总承包模式相对应的是工程总承包管理模式。

2）平行承包模式

建设单位将工程项目划分为若干标段，分别发包给多家施工单位承包。建设单位需要与多家施工单位分别签订施工合同，各施工单位之间的关系是平行的，相互间无合同关系。

3）联合体承包模式

当工程规模大或技术复杂，建筑市场竞争激烈，由一家施工单位总承包有困难时，可由两家及以上施工单位以联合体来承揽施工任务。联合体各成员单位签署联合体协议，建立联合体组织机构，产生联合体牵头单位（代表），联合体各成员单位共同与建设单位签订施工合同。

4）合作体模式

当工程项目包含专业工程类别多、数量大，或专业配套需要时，一家施工单位无力实行施工总承包，而建设单位又希望承包方有一个统一的协调组织时，就可能产生几家单位自愿成立一个合作体，然后以合作体名义与建设单位签订施工承包意向合同；达成协议后，各施工单位再分别与建设单位签订施工合同，并在合作体统一计划、指挥和协调下完成施工任务。

4．工程监理

工程监理的法定职责是"三控两管一协调"（质量、造价、进度控制，合同、信息管理，协调相关方关系）以及安全生产管理。

1）强制实行监理的工程范围

《建设工程质量管理条例》《建设工程监理范围和规模标准规定》明确了必须实行监理的工程范围和规模标准。其中需着重关注"项目总投资额在 3000 万元以上""建筑面积在 5 万 m² 以上"这两处具体标准。

2）项目监理机构人员职责

项目监理机构的人员组成包括总监理工程师（总监理工程师代表）、专业监理工程师和监理员，施工单位的管理人员应了解项目监理机构中各层级监理人员的职责。

其中总监理工程师代表是否设置，需根据工作实际确定；总监理工程师代表只能行使总监理工程师的部分职责和权力。

3）与项目监理机构相关的施工管理工作

（1）施工准备及开工报审。具体工作包括参加图纸会审和设计交底会议，报审施工组织设计，施工现场质量安全管理组织机构、制度及人员受检，报送工程开工报审表及相关资料，报审分包单位资格，参加第一次工地会议。

（2）施工过程中的报审报验。具体工作包括施工进度计划报审，施工方案或专项施工方案报审，"四新"质量报审，施工控制测量成果及保护措施报审，试验室报审，材料、构配件、设备质量报验，工程报验，提出工程计量及付款申请，提出工程变更或索赔。

（3）工程暂停情形。

（4）竣工报验及结算申请。

5．工程质量监督

国家实行建设工程质量监督管理制度。工程实践中，通常由受政府监管部门委托的工程质量监督机构具体实施工程质量监督管理。

1）工程质量监督内容

（1）工程质量责任主体行为监督。建设工程的质量责任主体有建设单位、勘察单位、设计单位、施工单位、工程监理单位。应了解各主体质量行为的具体内容。

（2）工程实体质量监督。包括工程实体质量抽查和工程质量保证资料核验。

2）工程质量监督程序

工程开工前，建设单位需申请办理工程质量监督手续。工程质量监督机构经审核办理工程质量监督手续后，应安排工程质量监督人员对建设工程施工及竣工验收开展工程质量监督工作。

3）工程质量监督工作方式

工程质量监督机构的监督检查以抽查为主，实行专项检查与综合检查相结合、工程实体质量检查与工程参建各方主体质量行为检查相结合的方式。

工程质量监督人员对工程实体质量检查采用随机抽查或委托检测的方式；其他工作方式有核查工程质量文件资料、听取现场人员汇报、进行相关数据分析等。

一 单项选择题

1. 对投融资领域推进供给侧结构性改革作出顶层设计的文件是（   ）。

A.《国务院关于固定资产投资项目试行资本金制度的通知》

B.《国务院关于投资体制改革的决定》

C.《中共中央国务院关于深化投融资体制改革的意见》

D.《政府投资条例》

2. 下列投资项目中，最低资本金比例要求最高的是（　　　）。

    A. 公路项目　　　　　　　　　　B. 电力项目

    C. 电解铝项目　　　　　　　　　D. 普通商品住房项目

3. 目前，保障性住房项目的最低资本金比例是（　　　）。

    A. 15%　　　　　　　　　　　　B. 20%

    C. 25%　　　　　　　　　　　　D. 30%

4. 下列投资项目中，实行审批制管理的是（　　　）。

    A. 政府投资项目　　　　　　　　B. 企业投资项目

    C. 私人投资项目　　　　　　　　D. 外商投资项目

5. 企业投资项目办理核准手续时，需向核准机关提交的文件是（　　　）。

    A. 项目申请书　　　　　　　　　B. 项目建议书

    C. 项目开工报告　　　　　　　　D. 项目可行性研究报告

6. 项目建设准备阶段的工程造价是（　　　）。

    A. 设计概算　　　　　　　　　　B. 投资估算

    C. 承包合同价　　　　　　　　　D. 工程结算价

7. 工程建设实施程序中，确定和控制工程造价的重点阶段是（　　　）。

    A. 竣工验收　　　　　　　　　　B. 工程设计

    C. 建设准备　　　　　　　　　　D. 工程施工

8. 工程建设实施阶段的各环节中，标志投资成果转入生产或使用的是（　　　）。

    A. 建设准备　　　　　　　　　　B. 生产准备

    C. 竣工验收　　　　　　　　　　D. 工程勘察

9. 对于重大和技术复杂的政府投资项目，投资主管部门或者其他有关部门可以要求项目单位重新报送可行性研究报告的情形是（　　　）。

    A. 设计概算超过经批准的投资估算 10%

    B. 修正概算超过经批准的投资估算 10%

    C. 设计概算超过经批准的投资估算 5%

    D. 修正概算超过经批准的投资估算 5%

10. 承包人既没有设计力量也没有施工队伍，专心致力于工程项目管理工作的施工承包模式是（　　　）。

    A. 施工总承包模式　　　　　　　B. 施工总承包管理模式

    C. 工程总承包模式　　　　　　　D. 工程总承包管理模式

11. 与施工总承包相比，施工总承包管理有利于（　　　）。

    A. 控制工程进度　　　　　　　　B. 控制工程质量

    C. 管理分包单位　　　　　　　　D. 管理现场签证

12. 关于平行承包模式特点的说法，正确的是（　　　）。

A．不利于择优选择施工单位　　B．有利于缩短建设工期

C．不利于控制工程质量　　D．有利于控制工程造价

13．下列施工承包模式中，建设单位组织协调工作量小，但风险较大的是（　　）。

A．平行承包模式　　B．联合体承包模式

C．施工总承包模式　　D．合作体承包模式

14．根据《建设工程监理范围和规模标准规定》，住宅建设工程必须实行监理的规模标准是（　　）以上。

A．建筑面积在 5 万 m²　　B．建筑面积在 3 万 m²

C．建筑高度在 50m　　D．建筑高度在 30m

15．根据《建设工程监理范围和规模标准规定》，必须实行监理的供电工程项目规模标准为（　　）以上。

A．项目总投资额在 3000 万元　　B．项目总投资额在 2000 万元

C．项目建安工程费在 1000 万元　　D．项目建安工程费在 2000 万元

16．下列项目监理机构人员中，根据工作需要确定是否设置的是（　　）。

A．总监理工程师　　B．总监理工程师代表

C．专业监理工程师　　D．监理员

17．根据《建设工程监理规范》GB/T 50319—2013，专业监理工程师应履行的职责是（　　）。

A．签发工程开工令　　B．检查工序施工结果

C．组织工程竣工预验收　　D．检查进场的工程材料质量

18．根据《建设工程监理规范》GB/T 50319—2013，总监理工程师应履行的职责是（　　）。

A．编制监理实施细则　　B．复核工程计量数据

C．组织编制监理规划　　D．组织工程质量事故调查

19．根据《建设工程监理规范》GB/T 50319—2013，可以由总监理工程师代表完成的工作是（　　）。

A．审批监理实施细则　　B．签发工程复工令

C．组织编写工程质量评估报告　　D．组织验收分部工程

20．根据《建设工程监理规范》GB/T 50319—2013，验收隐蔽工程由（　　）负责实施。

A．总监理工程师　　B．总监理工程师代表

C．专业监理工程师　　D．监理员

21．对于实施监理的工程，施工准备阶段图纸会审和设计交底会议的主持单位、会议纪要整理单位分别是（　　）。

A．建设单位、项目监理机构　　B．设计单位、项目监理机构

C．设计单位、建设单位　　D．项目监理机构、施工单位

22．施工项目第一次工地会议的主持单位是（　　）。

A．施工单位　　B．项目监理机构

C．建设单位　　D．质量监督机构

23. 施工单位向项目监理机构的报审内容中，属于工程开工报审的是（　　）。
   A. 施工组织设计　　　　　　　　B. 工艺质量认证材料
   C. 试验室管理制度　　　　　　　D. 分包单位营业执照
24. 对于实施监理的工程，施工过程中施工单位向监理机构的报审内容是（　　）。
   A. 施工组织设计　　　　　　　　B. 专项施工方案
   C. 分包单位资格　　　　　　　　D. 安全生产管理体系
25. 建设单位应在（　　）时向施工承包单位返还扣留的工程质量保证金。
   A. 质量保修期届满　　　　　　　B. 缺陷责任期届满
   C. 工程竣工验收合格　　　　　　D. 工程进入正常运营
26. 工程开工前，申请办理工程质量监督手续的质量责任主体是（　　）。
   A. 建设单位　　　　　　　　　　B. 施工单位
   C. 监理单位　　　　　　　　　　D. 设计单位
27. 工程质量监督机构进行工程实体质量监督检查时，应重点抽查（　　）质量。
   A. 检验批　　　　　　　　　　　B. 隐蔽工程
   C. 分项工程　　　　　　　　　　D. 分部工程
28. 工程质量监督机构召开首次监督会议的时间是（　　）。
   A. 办理工程质量监督手续后、工程开工前
   B. 办理工程质量监督手续后、开工之日起 7 日内
   C. 申请办理工程质量监督手续后、工程开工前
   D. 申请办理工程质量监督手续后、开工之日起 7 日内
29. 工程质量监督的准备工作包括：① 召开首次监督会议，明确相关职责；② 编制工程质量监督计划，并转发各参建单位；③ 检查各方主体行为，确认具备开工条件；④ 成立工程质量监督组，确定质量监督负责人。正确的顺序是（　　）。
   A. ①②④③　　　　　　　　　　B. ④②①③
   C. ③②④①　　　　　　　　　　D. ②④①③
30. 工程质量监督机构应根据工程质量监督计划，制定（　　）检查计划。
   A. 季度、月度　　　　　　　　　B. 年度、月度
   C. 年度、季度　　　　　　　　　D. 年度、季度、月度
31. 工程质量监督机构发现有影响主体结构的质量问题时，应采取的行动是（　　）。
   A. 立即责令停工，签发行政处罚单
   B. 立即责令停工，进行现场取证
   C. 签发工程质量问题整改通知单，进行现场取证
   D. 签发工程质量问题整改通知单，约谈施工单位负责人

二　多项选择题

1. 根据《国务院关于固定资产投资项目试行资本金制度的通知》，实行资本金制度的投资项目有（　　）。
   A. 城市轨道交通项目　　　　　　B. 玉米深加工项目

C. 房地产开发项目　　　　　　　　D. 植树造林项目

E. 多晶硅项目

2. 下列项目资本金来源中，出资比例一般不得超过投资项目资本金总额 20% 的有（　　）。

A. 实物　　　　　　　　　　　　　B. 土地批租收入

C. 企业折旧资金　　　　　　　　　D. 工业产权

E. 非专利技术

3. 关于项目资本金及其来源的说法，正确的有（　　）。

A. 项目资本金属于非债务性资金

B. 投资者不得以任何方式转让其出资

C. 项目资本金不得以非专利技术作价出资

D. 项目资本金可以用土地使用权作价出资

E. 企业未分配利润可以认缴资本金

4. 下列项目资本金来源中，必须经过有资格的资产评估机构依照法律法规评估作价的有（　　）。

A. 实物　　　　　　　　　　　　　B. 土地使用权

C. 非专利技术　　　　　　　　　　D. 工业产权

E. 国有企业产权转让收入

5. 根据《政府投资条例》，对经济社会发展、社会公众利益有重大影响的政府投资项目，政府投资主管部门作出批准决定的基础包括（　　）。

A. 公众参与　　　　　　　　　　　B. 专家评议

C. 质量监督机构许可　　　　　　　D. 风险评估

E. 中介服务机构评估

6. 对于采用资本金注入方式的政府投资项目，政府投资主管部门的审批内容包括（　　）。

A. 项目建议书　　　　　　　　　　B. 可行性研究报告

C. 开工报告　　　　　　　　　　　D. 资金申请报告

E. 初步设计和概算

7. 实行备案管理的企业投资项目，开工建设前应通过项目在线监管平台告知的信息包括（　　）。

A. 项目建设规模　　　　　　　　　B. 企业基本情况

C. 项目总投资额　　　　　　　　　D. 项目建设关键技术

E. 项目利用资源情况分析

8. 下列工程设计内容中，属于技术设计阶段的有（　　）。

A. 工艺流程　　　　　　　　　　　B. 建筑结构

C. 设备选型　　　　　　　　　　　D. 建设规模

E. 设备技术参数

9. 下列施工活动中，可用于确定工程开工时间的有（　　）。

A. 正式打桩　　　　　　　　　　　B. 正式开挖土方

C．工程地质勘察　　　　　　　　D．平整场地

E．既有建筑物拆除

10．关于工程缺陷责任期及相关内容的说法，正确的有（　　　）。

A．建设工程自竣工验收合格之日起即进入缺陷责任期

B．缺陷责任期最长不超过1年

C．缺陷责任期届满时，建设单位应返还扣留的工程质量保证金

D．缺陷责任期内发现的质量缺陷，修复费用由承包单位承担

E．特定情况下建设单位可以要求延长缺陷责任期

11．关于施工总承包管理单位任务和责任的说法，正确的有（　　　）。

A．不得与分包单位签订合同　　　B．可以赚取总包与分包之间的差价

C．可以支付分包工程款　　　　　D．负责确定分包合同界面

E．负责控制分包工程质量

12．联合体承包模式的特点有（　　　）。

A．合同结构复杂　　　　　　　　B．建设单位组织协调工作量大

C．有利于工程造价控制　　　　　D．有利于建设工期控制

E．建设单位风险较大

13．下列建设工程中，必须实行监理的有（　　　）。

A．体育场馆项目　　　　　　　　B．项目总投资额1500万元的排涝项目

C．学校教学楼项目　　　　　　　D．建筑面积3.5万 m² 的住宅建设工程

E．使用世界银行贷款资金的项目

14．根据《建设工程监理规范》GB/T 50319—2013，总监理工程师可以委托总监理工程师代表完成的工作有（　　　）。

A．组织编写监理月报　　　　　　B．组织验收分部工程

C．签发工程款支付证书　　　　　D．审查施工单位的竣工申请

E．审查开复工报审表

15．监理员应履行的职责有（　　　）。

A．进行见证取样　　　　　　　　B．进行工程计量

C．参与编写监理月报　　　　　　D．处置发现的安全事故隐患

E．检查施工单位投入工程的主要设备使用及运行状况

16．施工项目的图纸会审和设计交底会议纪要的签认人包括（　　　）。

A．建设单位代表　　　　　　　　B．设计单位代表

C．施工单位代表　　　　　　　　D．总监理工程师

E．质量监督单位代表

17．项目监理机构对报审分包单位的资格审查内容有（　　　）。

A．获奖证书　　　　　　　　　　B．类似工程业绩

C．企业资质等级证书　　　　　　D．特种作业人员资格

E．安全生产许可文件

18．对于施工单位报送的施工方案，项目监理机构审查的内容有（　　　）。

A．编审程序是否符合相关规定

B．工程质量保证措施是否符合有关标准

C．安全技术措施是否符合工程建设强制性标准

D．是否附具安全验算结果

E．是否组织专家进行论证、审查

19．工程施工中，总监理工程师签发工程暂停令的情形有（　　　）。

A．建设单位要求暂停施工且工程需要暂停施工的

B．施工单位未按审查通过的工程设计文件施工的

C．施工单位未经批准擅自施工

D．施工单位要求更换项目经理但未得到建设单位同意

E．施工单位违反工程建设强制性标准

20．工程竣工报验及结算申请阶段，施工单位应向项目监理机构提交（　　　）。

A．竣工验收报审表　　　　　　　　B．竣工资料

C．竣工结算款支付证书　　　　　　D．工程竣工验收报告

E．竣工结算款支付申请

21．关于工程质量监督机构对工程实体质量监督的说法，正确的有（　　　）。

A．重点检查涉及结构安全和使用功能的实体质量

B．对工程质量有质疑的部位，要求总监理工程师签发返工令

C．核验工程质量保证资料是为了验证工程实体质量

D．应在施工现场实施全天候监督检查

E．针对关键工序和重要部位质量进行监督检查

22．工程质量监督报告的内容包括（　　　）。

A．工程实体质量抽查情况　　　　　B．投诉举报受理及调查处理情况

C．工程竣工验收情况　　　　　　　D．工程价款支付情况

E．行政处罚情况

23．工程质量监督机构抽查工程质量保证资料时，应检查其（　　　）。

A．完整性　　　　　　　　　　　　B．准确性

C．真实性　　　　　　　　　　　　D．及时性

E．规范性

24．工程质量监督机构开展质量监督时，可行使的权限有（　　　）。

A．抽查隐蔽工程质量　　　　　　　B．责令停工

C．监督竣工验收程序　　　　　　　D．要求建设单位提供检测设备

E．签发工程质量问题整改通知单

25．工程质量监督机构实施质量监督的工作方式有（　　　）。

A．随机抽查工程实体质量　　　　　B．核查工程质量文件资料

C．听取现场人员汇报　　　　　　　D．进行相关数据分析

E．开展施工方案优化

26．在工程总承包模式下，可由工程总承包单位完成的建设准备工作有（　　　）。

A．办理施工许可证　　　　　　　　B．施工图纸准备

C．组织工程监理招标　　　　　　　D．岩土地质勘察

E．施工用通信网络接通

　　27．对于实施监理的工程，由项目监理机构进行验收，并签署质量验收合格意见的工程质量报验内容有（　　　　）。

　　　　A．检验批　　　　　　　　　　B．分项工程
　　　　C．分部工程　　　　　　　　　　D．隐蔽工程
　　　　E．单位工程

　　28．建设单位在申请办理工程质量监督手续时，需要提供（　　　）的项目负责人和机构组成。

　　　　A．建设单位　　　　　　　　　　B．施工单位
　　　　C．勘察单位　　　　　　　　　　D．设计单位
　　　　E．工程监理单位（实施监理的工程）

【答案与解析】

一、单项选择题（有答案解析的题号前加 ＊，下同）

＊1．C；　＊2．C；　＊3．B；　＊4．A；　＊5．A；　＊6．C；　＊7．B；　　8．C；
＊9．A；　＊10．D；＊11．B；＊12．B；　13．D；　＊14．A；＊15．A；＊16．B；
＊17．D；＊18．C；＊19．D；＊20．C；　＊21．A；＊22．C；＊23．A；＊24．B；
　25．B；　＊26．A；＊27．B；＊28．A；　＊29．B；＊30．C；＊31．C

【解析】

1.【答案】C

　　《国务院关于固定资产投资项目试行资本金制度的通知》明确了投资项目资本金制度的实施范围，投资项目资本金的含义、出资形式、最低比例要求等；《国务院关于投资体制改革的决定》提出了深化投资体制改革的指导思想、目标和具体措施；《中共中央国务院关于深化投融资体制改革的意见》为投融资领域推进供给侧结构性改革进行了顶层设计；《政府投资条例》为全面规范政府投资管理迈出重要一步。选项C正确。

2.【答案】C

　　公路项目的最低资本金比例为20%；电力项目的最低资本金比例为20%；普通商品房住房项目的最低资本金比例为20%；电解铝项目的最低资本金比例为40%。选项C正确。

3.【答案】B

　　保障性住房和普通商品住房项目的最低资本金比例为20%，房地产开发其他项目的最低资本金比例为25%。选项B正确。

4.【答案】A

　　根据《国务院关于投资体制改革的决定》，政府投资项目实行审批制；企业不使用政府投资建设的项目，区别不同情况实行核准制或登记备案制。选项A正确。

5.【答案】A

　　对关系国家安全、涉及全国重大生产力布局、战略性资源开发和重大公共利益等

的企业投资项目，实行核准管理；企业办理投资项目核准手续时，仅需向核准机关提交项目申请书，不再经过批准项目建议书、可行性研究报告和开工报告等程序。选项 A 正确。

6.【答案】C

工程投资决策阶段项目建议书、可行性研究阶段编制投资估算，工程勘察设计阶段编制设计概算、修正概算、施工图预算；建设准备阶段编制承包合同价；工程施工阶段进行中间结算，竣工验收阶段编制竣工结算。选项 C 正确。

7.【答案】B

工程建设实施程序包括工程勘察、工程设计、建设准备、工程施工、生产准备、竣工验收等各个阶段。工程设计是确定和控制工程造价的重点阶段，也是协调工程技术与经济关系的关键环节。选项 B 正确。

9.【答案】A

工程设计一般分为初步设计和施工图设计两个阶段，对于重大工程和技术复杂工程，可根据需要增加技术设计阶段。初步设计阶段编制投资概算，技术设计阶段编制修正概算，施工图设计阶段编制施工图预算。

对于政府投资项目，初步设计提出的设计概算超过经批准的可行性研究报告提出的投资估算10%的，项目单位应当向投资主管部门或者其他有关部门报告，投资主管部门或者其他有关部门可以要求项目单位重新报送可行性研究报告。选项 A 正确。

10.【答案】D

与我国工程总承包（EPC 或 DB）模式对应的国际工程市场上的工程总承包管理模式，业主将工程设计和施工任务发包给专门从事工程设计和施工组织管理的工程管理公司，这类工程管理公司自己既没有设计力量，也没有施工队伍，专心致力于工程项目管理工作。选项 D 正确。

11.【答案】B

与施工总承包相比，施工总承包管理的特点：分包合同签订方式不同、取费及分包单位工程款支付方式不同、施工总承包管理单位负责确定各分包合同界面（可减轻业主的组织协调工作量）、负责控制分包工程质量（有利于控制工程质量）。选项 B 正确。

12.【答案】B

平行承包模式的特点有：有利于建设单位择优选择施工单位，有利于控制工程质量，有利于缩短建设工期，组织管理和协调工作量大，工程造价控制难度大等。选项 B 正确。

14.【答案】A

《建设工程监理范围和规模标准规定》要求：建筑面积在 5 万 m^2 以上的住宅建设工程必须实行监理；5 万 m^2 以下的住宅建设工程，可以实行监理。选项 A 正确。

15.【答案】A

《建设工程监理范围和规模标准规定》要求：项目总投资额在 3000 万元以上的供水、供电、供气、供热等市政工程项目；科技、教育、文化等项目；体育、旅游、商业等项目；卫生、社会福利等项目，必须实行监理。选项 A 正确。

16.【答案】B

项目监理机构中监理人员通常由总监理工程师、专业监理工程师和监理员组成。根据工程监理工作需要，项目监理机构可设总监理工程师代表。选项 B 正确。

17.【答案】D

《建设工程监理规范》GB/T 50319—2013 规定了监理机构中各层级监理人员（总监理工程师、总监理工程师代表、专业监理工程师和监理员）的职责。签发工程开工令、组织工程竣工预验收是总监理工程师的职责；检查工序施工结果是监理员的职责；检查进场的工程材料质量是专业监理工程师的职责。选项 D 正确。

18.【答案】C

专业监理工程师应负责编制监理实施细则，监理员应复核工程计量数据，总监理工程师应组织编制监理规划、参与或配合工程质量事故的调查。选项 C 正确。选项 D 的错误在于"组织"。

19.【答案】D

总监理工程师不得委托给总监理工程师代表的工作包括审批监理实施细则、签发工程复工令、组织编写工程质量评估报告，选项 A、B、C 均错误。选项 D 为总监理工程师代表可代为履行的职责，正确。

20.【答案】C

专业监理工程师应履行的职责包括验收检验批、隐蔽工程、分项工程，参与验收分部工程。选项 C 正确。

21.【答案】A

施工单位应组织项目团队成员熟悉工程设计文件，并参加建设单位主持召开的图纸会审和设计交底会议。图纸会审和设计交底会议纪要应由项目监理机构负责整理，建设单位、设计单位、施工单位代表及总监理工程师共同签认。选项 A 正确。

22.【答案】C

施工单位应参加由建设单位主持召开的第一次工地会议。在会上，施工单位应介绍派驻现场的组织机构、人员及其职责分工，以及施工准备情况。会议纪要由项目监理机构负责整理，与会各方代表会签。选项 C 正确。

23.【答案】A

工艺质量认证材料属于"四新"质量报审，试验室管理制度属于试验室报审，分包单位营业执照属于分包单位资格报审，以上 B、C、D 选项都是施工过程中的报审内容。选项 A 正确。

24.【答案】B

对于实施监理的工程，施工单位在施工准备及开工报审阶段应报审施工组织设计、报送开工报审表（已建立现场质量、安全生产管理体系）、报审分包单位资格等。选项 B 属于施工过程中的报审内容。

26.【答案】A

工程开工前，建设单位需申请办理工程质量监督手续。选项 A 正确。

27.【答案】B

工程质量监督机构应按工程质量监督计划实施监督检查，对影响主体结构、使用功能和施工安全的部位和关键工序,要加大抽查频率,对隐蔽工程应进行重点抽查。选项 B 正确。

28.【答案】A

在办理工程质量监督手续后、工程开工前,工程质量监督机构应组织建设单位、勘察单位、设计单位、施工单位、工程监理单位等相关责任主体参加首次监督会议。选项 A 正确。

29.【答案】B

工程质量监督的准备工作包括:成立工程质量监督组,确定质量监督负责人;编制工程质量监督计划,并转发各参建单位;召开首次监督会议,明确相关职责;检查各方主体行为,确认具备开工条件。选项 B 正确。

30.【答案】C

工程质量监督机构应根据工程质量监督计划,结合工程进展情况,制定年度、季度检查计划。题目考核检查计划的频率。选项 C 正确。

31.【答案】C

工程质量监督机构发现有影响主体结构、使用功能和施工安全的质量问题和事故隐患时,应即时签发工程质量问题整改通知单,并采取摄影、摄像方式进行现场取证。对于存在严重质量事故隐患或发生质量事故的,应立即责令停工。选项 C 正确。

二、多项选择题

*1. A、B、C、E;	*2. D、E;	*3. A、D、E;	*4. A、B、C、D;
*5. A、B、D、E;	*6. A、B、E;	*7. A、B、C;	*8. A、B、C;
*9. A、B;	*10. A、C、E;	*11. C、D、E;	12. C、D;
*13. A、C、E;	14. A、B、E;	*15. A、E;	*16. A、B、C、D;
*17. B、C、D、E;	*18. A、B;	19. A、B、C、E;	*20. A、B、E;
*21. A、C、E;	*22. A、B、C、E;	*23. A、B、C、D;	*24. A、B、C、E;
25. A、B、C、D;	*26. B、E;	*27. A、B、C、D;	28. A、B、E

【解析】

1.【答案】A、B、C、E

根据《国务院关于固定资产投资项目试行资本金制度的通知》,各种经营性固定资产投资项目,实行资本金制度;公益性投资项目不实行资本金制度。

植树造林项目属于公益性投资项目,选项 D 错误。其他均属于经营性固定资产投资项目,均为正确选项。

2.【答案】D、E

项目资本金可以用货币出资,也可以用实物、工业产权、非专利技术、土地使用权作价出资。除国家对采用高新技术成果有特别规定外,以工业产权、非专利技术作价出资的比例不得超过投资项目资本金总额的 20%。选项 D、E 正确。

土地批租收入、企业折旧资金属于以货币方式认缴的资本金,出资比例无限制。实物出资比例无限制。选项 A、B、C 错误。

3.【答案】A、D、E

项目资本金属于非债务性资金,项目法人不承担这部分资金的任何利息和债务。

选项 A 正确。投资者可按其出资比例依法享有所有者权益，也可转让其出资，但不得以任何方式抽回。选项 B 错误。项目资本金可以用货币出资，也可以用实物、工业产权、非专利技术、土地使用权作价出资。选项 C 错误、选项 D 正确。未分配利润属于所有者权益，是投资者以货币方式认缴资本金的资金来源之一。选项 E 正确。

4.【答案】A、B、C、D

对作为资本金的实物、工业产权、非专利技术、土地使用权，必须经过有资格的资产评估机构依照法律、法规评估作价，不得高估或低估。选项 A、B、C、D 正确。国有企业产权转让收入属于投资者以货币方式认缴资本金的资金来源之一，无需评估作价。选项 E 错误。

5.【答案】A、B、D、E

《政府投资条例》规定，对经济社会发展、社会公众利益有重大影响或者投资规模较大的政府投资项目，政府投资主管部门或其他有关部门应在中介服务机构评估、公众参与、专家评议、风险评估的基础上作出是否批准的决定。选项 A、B、D、E 正确。

6.【答案】A、B、E

对于采用直接投资和资本金注入方式的政府投资项目，政府投资主管部门需从投资决策角度审批项目建议书和可行性研究报告。除特殊情况外，不再审批开工报告，同时应严格政府投资项目的初步设计、概算审批工作。选项 A、B、E 正确，选项 C 错误。

对于采用投资补助、转贷和贷款贴息方式的政府投资项目，政府投资主管部门只审批资金申请报告。选项 D 错误。

7.【答案】A、B、C

企业应根据属地原则，在开工建设前通过项目在线监管平台将下列信息告知备案机关：（1）企业基本情况；（2）项目名称、建设地点、建设规模、建设内容；（3）项目总投资额；（4）项目符合产业政策的声明。企业应对备案项目信息的真实性负责。选项 A、B、C 正确。

8.【答案】A、B、C

技术设计包括工艺流程、建筑结构、设备选型等问题的解决，技术设计文件中需要包含修正概算。选项 A、B、C 正确。选项 D、E 属于初步设计阶段内容（明确工程建设内容、建设规模、建设标准、用地规模、主要材料、设备规格和技术参数等）。

9.【答案】A、B

工程开工时间是指该工程设计文件中规定的任何一项永久性工程第一次正式破土开槽开始施工的时间。不需开槽的工程，正式开始打桩的时间就是开工时间。铁路、公路、水库等需要进行大量土石方工程的，以正式开始进行土方、石方工程的时间作为正式开工时间。选项 A、B 正确。工程地质勘察、平整场地、既有建筑物拆除、临时建筑、施工用临时道路和水、电等工程开始施工不能算作正式开工。选项 C、D、E错误。

10.【答案】A、C、E

建设工程自竣工验收合格之日起即进入缺陷责任期。选项 A 正确。施工承包单位应在缺陷责任期内对已交付使用的工程质量缺陷承担责任。缺陷责任期最长不超过 2

年。选项 B 错误。缺陷责任期届满时，建设单位应向工程承包单位返还工程施工过程中扣留的工程质量保证金。选项 C 正确。在缺陷责任期内发现有质量缺陷的，承包单位应及时修复，修复和查验费用由责任方承担。选项 D 错误。缺陷责任期届满时，工程承包单位未履行缺陷修补义务的，建设单位有权根据合同约定要求延长缺陷责任期。选项 E 正确。

11.【答案】C、D、E

在业主要求且施工总承包管理单位同意的前提下，可由施工总承包管理单位与分包单位签订分包合同。选项 A 错误。施工总承包管理单位只收取总包管理费，不赚取总包与分包之间的差价。选项 B 错误。施工总承包管理单位负责确定各分包合同界面、控制分包工程质量。选项 D、E 正确。对于各分包单位的工程款，可以通过施工总承包管理单位支付，也可由业主直接支付。选项 C 正确。

13.【答案】A、C、E

国家规定必须实行监理的工程包括：学校、体育场馆项目，使用世界银行贷款资金的项目，以及项目总投资额在 3000 万元以上关系社会公共利益、公众安全的基础设施项目，建筑面积在 5 万 m^2 以上的住宅建设工程。选项 A、C、E 正确。B 选项排涝项目的投资额 1500 万元＜ 3000 万元，D 选项住宅建设工程的建筑面积 3.5 万 m^2 ＜ 5 万 m^2。选项 B、D 错误。

15.【答案】A、E

监理员应履行的职责有（1）检查施工单位投入工程的人力、主要设备的使用及运行状况；（2）进行见证取样；（3）复核工程计量有关数据；（4）检查工序施工结果；（5）发现施工作业中的问题，及时指出并向专业监理工程师报告。选项 A、E 正确。进行工程计量、参与编写监理月报、处置发现的安全事故隐患，均为专业监理工程师的职责。选项 B、C、D 错误。

16.【答案】A、B、C、D

图纸会审和设计交底会议纪要应由项目监理机构负责整理，建设单位、设计单位、施工单位代表及总监理工程师共同签认。选项 A、B、C、D 正确。

17.【答案】B、C、D、E

项目监理机构审查施工分包单位的内容包括：（1）营业执照、企业资质等级证书；（2）安全生产许可文件；（3）类似工程业绩；（4）专职管理人员和特种作业人员资格。选项 B、C、D、E 正确。选项 A 不在以上内容中，错误。

18.【答案】A、B

对于施工单位报送的施工方案，项目监理机构的审查内容包括：（1）编审程序是否符合相关规定；（2）工程质量保证措施是否符合有关标准。选项 A、B 正确。选项 C、D、E 是专项施工方案的审查内容，错误。

20.【答案】A、B、E

单位工程完工并经自检合格后，施工单位应向项目监理机构提交单位工程竣工验收报审表及竣工资料。工程竣工验收合格后，施工单位应向项目监理机构提交竣工结算款支付申请。选项 A、B、E 正确。竣工结算款支付证书是项目监理机构向施工单位签发。选项 C 错误。施工单位代表应参加由建设单位组织的竣工验收，并在工程竣工验收报告中签署意见。选项 D 错误。

21.【答案】A、C、E

工程实体质量监督以抽查方式为主，重点检查涉及结构安全和使用功能的实体质量。工程质量监督机构不可能像工程监理单位一样，在施工现场实施全天候监督检查，只能对工程施工中关键工序和重要部位的质量进行监督检查。核验工程质量保证资料的目的是为了验证工程实体质量。选项 A、C、E 正确，选项 D 错误。对工程质量有质疑的部位，应要求有关单位出具工程质量证明文件，或直接委托有资质的检测机构进行检测。选项 B 错误。

22.【答案】A、B、C、E

工程质量监督报告主要内容包括：（1）工程概况；（2）监督工作概况；（3）工程质量责任主体行为监督检查情况；（4）工程实体质量抽查情况；（5）投诉举报受理及调查处理情况；（6）相关问题处理整改和事故调查处理情况；（7）行政处罚情况；（8）工程竣工验收情况；（9）工程质量监督意见和建议等。选项 A、B、C、E 均在以上内容中。

23.【答案】A、B、C、D

工程质量监督机构在抽查工程实体质量的同时，应对工程质量保证资料进行抽查，检查工程质量保证资料的完整性、准确性、真实性和及时性。选项 E 错误。

24.【答案】A、B、C、E

工程质量监督机构应按工程质量监督计划实施监督检查，对隐蔽工程应进行重点抽查。选项 A 正确。工程质量监督机构发现有影响主体结构、使用功能和施工安全的质量问题和事故隐患时，应即时签发工程质量问题整改通知单，并采取摄影、摄像方式进行现场取证。选项 E 正确。对于存在严重质量事故隐患或发生质量事故的，应立即责令停工。选项 B 正确。工程质量监督机构应参加建设单位组织的工程竣工验收，并对现场验收的组织形式、验收程序、执行标准规定等进行重点监督。选项 C 正确。

工程质量监督机构应拥有一定数量经考核合格且专业配套的工程质量监督人员，有固定的工作场所和适应工程质量监督检查工作需要的仪器、设备和工具等。选项 D "要求建设单位提供检测设备"，工程质量监督机构开展质量监督时不具有此权限，错误。

26.【答案】B、E

建设准备工作主要应由建设单位完成，如办理施工许可证、组织工程监理招标等。选项 A、C 错误。对于有些工程，施工场地平整，施工用水、电、通信网络、交通道路等接通工作，可纳入工程施工合同交由工程总承包单位承担。在工程总承包模式下，施工图纸的准备将由工程总承包单位完成。选项 B、E 正确。岩土地质勘察不属于建设准备工作。选项 D 错误。

27.【答案】A、B、C、D

施工单位应向项目监理机构报验隐蔽工程、检验批、分项工程和分部工程质量。项目监理机构验收其质量，并对质量合格的签署验收意见。选项 A、B、C、D 正确。

1.2　施工项目管理组织与项目经理

复习要点

　　施工方项目管理（施工项目管理）是实现整个项目总目标的一个管理子系统，需要通过计划、组织、指挥、协调和控制等实现其预定目标。

1. 施工项目管理目标和任务

　　施工项目管理是基于施工合同所界定工程范围的项目管理，可分为施工总承包项目管理和施工分包项目管理。

1）施工项目管理目标及其相互关系

　　施工项目管理目标（施工项目目标），包括施工进度、施工质量、施工成本、施工安全和绿色施工。这五大目标相互影响、相互依存、相互制约，具有整体相关性；在施工项目管理中，必须统筹考虑五大目标之间的最佳匹配，实现整体目标系统最优。

2）施工项目管理任务

　　施工项目管理任务包括工程合同管理、施工组织协调、施工目标控制、施工安全管理、施工风险管理、施工信息管理和绿色施工管理。

2. 施工项目管理组织

　　施工项目管理组织是指施工单位派驻施工现场履行施工合同、对施工项目进行全面管理的组织机构，即实践中的施工项目部或项目经理部。

1）施工项目管理组织结构形式

　　施工项目管理组织结构形式应根据施工项目规模、专业特点、地理位置及施工单位内部管理模式等因素确定。常见的有直线式组织结构、职能式组织结构、直线职能式组织结构、矩阵式组织结构等形式，应熟悉每种形式的特点。

　　其中矩阵式组织结构按照项目经理的权限不同，细分为强矩阵式组织、中矩阵式组织和弱矩阵式组织三种形式，每种形式中项目负责人的管理权利依次由强至弱，分别适用于不同特征的项目。

2）责任矩阵

　　作为项目管理的重要工具，责任矩阵（Responsibility Matrix）强调每一项工作需要由谁负责，并表明每个人在整个项目中的角色地位。责任矩阵可以清楚地表示每一个成员在项目实施过程中所承担的责任，有利于项目经理从总体上分析管理任务的分配是否平衡适当。

　　施工项目部编制责任矩阵应遵循如下程序：列出需完成的项目管理任务→列出参与项目管理及负责执行项目任务的个人或职能部门名称→画出纵横交叉的责任矩阵图→在交叉窗口中用不同字母或符号表示项目管理任务与执行者的责任关系→检查项目管理任务分配是否均衡适当。

3. 施工项目经理职责和权限

　　施工项目经理是指具备相应任职条件，由企业法定代表人授权对施工项目进行全面管理的责任人。《标准施工招标文件》通用合同条款规定了施工项目经理的指派、到职、更换及短期离场的要求。

《建设工程施工项目经理岗位职业标准》T/CCIAT 0010—2019 明确了施工项目经理应具备的任职条件、应履行的职责和具有的权限。

一 单项选择题

1. 施工项目管理的进度、质量、成本、安全及绿色施工等目标中，其核心是（　　）。
　　A. 工程质量、施工安全　　　　　　B. 工程成本、绿色施工
　　C. 工程进度、施工质量　　　　　　D. 工程成本、施工安全

2. 下列施工单位项目管理任务中，控制施工项目目标的根本保证是（　　）。
　　A. 施工合同管理　　　　　　　　　B. 施工信息管理
　　C. 施工组织协调　　　　　　　　　D. 施工目标控制

3. 关于施工项目进度、质量、成本、安全及绿色施工五大目标相互关系的说法，正确的是（　　）。
　　A. 质量目标发生变化，不会对成本目标产生影响
　　B. 进度目标发生变化，会对绿色施工目标产生影响
　　C. 五大目标中成本目标处于核心地位
　　D. 五大目标最佳匹配以静态分析为基础

4. 对于危险性较大的分部分项工程，施工单位须编制专项施工方案并经（　　）签字后实施。
　　A. 施工项目部项目经理、总监理工程师
　　B. 施工单位技术负责人、专业监理工程师
　　C. 施工单位技术负责人、总监理工程师
　　D. 施工项目部项目经理、专业监理工程师

5. 下列施工项目管理组织结构形式中，要求项目经理为"全能式"人才的是（　　）。
　　A. 直线式　　　　　　　　　　　　B. 职能式
　　C. 直线职能式　　　　　　　　　　D. 矩阵式

6. 常见的施工项目管理组织结构形式中，最简单的是（　　）。
　　A. 直线式　　　　　　　　　　　　B. 职能式
　　C. 直线职能式　　　　　　　　　　D. 矩阵式

7. 下列施工项目管理组织结构形式中，能够实现集权与分权最优结合的是（　　）。
　　A. 直线式　　　　　　　　　　　　B. 职能式
　　C. 直线职能式　　　　　　　　　　D. 矩阵式

8. 技术简单的工程项目，组建矩阵式项目管理组织结构时宜采用的形式是（　　）。
　　A. 强矩阵式　　　　　　　　　　　B. 中矩阵式
　　C. 弱矩阵式　　　　　　　　　　　D. 平衡矩阵式

9. 中等技术复杂程度且建设周期较长的工程项目，组建矩阵式项目管理组织结构时宜采用的形式是（　　）。
　　A. 强矩阵式　　　　　　　　　　　B. 平衡矩阵式

C．弱矩阵式　　　　　　　　　　　　　D．扁平矩阵式

10．工程项目适宜采用平衡矩阵式组织结构的情形是（　　　）。

  A．技术简单、建设周期较短　　　　B．技术复杂、时间紧迫

  C．技术简单、时间紧迫　　　　　　D．中等技术复杂程度、建设周期较长

11．项目组成员只对项目经理负责的矩阵式组织结构形式是（　　　）。

  A．强矩阵式　　　　　　　　　　　　B．平衡矩阵式

  C．弱矩阵式　　　　　　　　　　　　D．扁平矩阵式

12．下列矩阵式组织结构形式中，项目负责人作为项目协调者或监督者的是（　　　）。

  A．强矩阵式　　　　　　　　　　　　B．平衡矩阵式

  C．弱矩阵式　　　　　　　　　　　　D．中矩阵式

13．矩阵式组织结构分为强、中、弱等形式的依据是（　　　）。

  A．项目经理的权限　　　　　　　　B．信息传递的方式

  C．管理的跨度　　　　　　　　　　D．管理的层次

14．施工项目部编制责任矩阵图时，首先应开展的工作是（　　　）。

  A．列出需要完成的项目管理任务

  B．建立"人"与"事"的关联

  C．画出责任矩阵图

  D．列出有关项目执行的个人或职能部门名称

15．关于项目责任矩阵图的说法，正确的是（　　　）。

  A．行与列的交叉窗口表示项目管理的任务量

  B．行与列的交叉窗口表示执行者的能力

  C．以项目管理任务为行，以执行任务的个人或部门为列

  D．以项目管理任务为列，以执行任务的个人或部门为行

16．项目责任矩阵图中，行与列的交叉窗口表示的是（　　　）。

  A．项目管理任务与项目目标的责任机制

  B．项目管理任务与任务执行者的责任关系

  C．任务执行者与项目目标的责任关系

  D．项目管理任务与任务执行者的责任机制

17．根据《标准施工招标文件》，承包人项目经理短期离开施工场地，正确的做法是（　　　）。

  A．事先征得监理人同意，并委派代表代行其职责

  B．事先征得建设单位同意，并委托监理人代行其职责

  C．事先征得企业法定代表人同意，并委托监理人代行其职责

  D．事先征得质量监督机构同意，并委派技术负责人代行其职责

18．根据《标准施工招标文件》，承包人项目经理可以授权其下属人员履行其某项职责，但事先应通知监理人（　　　）。

  A．授权的渠道和责任承担方式　　　B．授权人员的姓名和授权范围

  C．授权的原因和期限　　　　　　　D．授权人员的联系方式和履职证明材料

19．根据《建设工程施工项目经理岗位职业标准》T/CCIAT 0010—2019，施工项

目经理具有的权限是（　　　）。

    A．组织施工合同签订　　　　　　B．组织工程竣工验收

    C．主持项目经理部工作　　　　　D．决定企业的资源投入

20．施工方项目管理的核心制度是（　　　）。

    A．项目法人责任制　　　　　　　B．安全生产责任制

    C．施工项目经理责任制　　　　　D．工程质量终身责任制

21．从信息管理角度来看，施工项目管理未来的发展方向是（　　　）。

    A．电子化　　　　　　　　　　　B．可视化

    C．数智化　　　　　　　　　　　D．模块化

22．施工项目绿色施工管理的第一责任人是（　　　）。

    A．施工项目经理　　　　　　　　B．施工单位技术负责人

    C．项目技术负责人　　　　　　　D．绿色施工方案编制人

二　多项选择题

1．关于施工项目目标内涵的说法，正确的有（　　　）。

    A．施工进度目标是力求缩短工程实际完成时间

    B．施工质量目标是实现最高质量水平

    C．施工成本目标是力求最低项目成本

    D．施工安全目标是有关法律法规、工程建设标准对施工安全的综合要求

    E．绿色施工目标指有关法律法规、工程建设标准对工程施工的绿色要求

2．施工单位应通过（　　　）实现"四节一环保"。

    A．科学管理　　　　　　　　　　B．技术进步

    C．增加投入　　　　　　　　　　D．申请专项补贴

    E．减少冬期作业

3．绿色施工"四节一环保"中的"四节"包括（　　　）。

    A．节能　　　　　　　　　　　　B．节地

    C．节水　　　　　　　　　　　　D．节材

    E．节时

4．作为工程建设的重要参与单位，施工单位的项目管理任务有（　　　）。

    A．工程合同管理　　　　　　　　B．施工组织协调

    C．绿色施工管理　　　　　　　　D．生产模式创新

    E．施工风险管理

5．关于直线式组织结构及其特点的说法，正确的有（　　　）。

    A．是最复杂的组织结构形式

    B．权力集中、易于统一指挥

    C．根据需要设置职能部门

    D．有利于实现管理工作专业化

    E．隶属关系明确、职责分明、决策迅速

6. 按照项目经理的权限不同，矩阵式组织结构的形式有（　　）。

    A. 高阶矩阵式组织   B. 低阶矩阵式组织

    C. 强矩阵式组织   D. 弱矩阵式组织

    E. 平衡矩阵式组织

7. 关于平衡矩阵式组织结构及其特点的说法，正确的有（　　）。

    A. 项目管理者的权限很小

    B. 需指定项目主任

    C. 需精心建立管理程序

    D. 需配备训练有素的协调人员

    E. 适用于技术复杂且时间紧迫的工程项目

8. 项目责任矩阵中，任务执行者的项目管理角色有（　　）。

    A. 监督人   B. 支持者

    C. 参与者   D. 审查者

    E. 负责人

9. 关于项目责任矩阵及其作用的说法，正确的有（　　）。

    A. 纵向检查可以确保每项工作有人负责

    B. 横向检查可以确保每个人至少负责一件"事"

    C. 横向可以统计每项活动的总工作量

    D. 纵向可以统计每种角色投入的总工作量

    E. 有利于项目经理对管理任务的分配

10. 根据《标准施工招标文件》，关于承包人项目经理要求的说法，正确的有（　　）。

    A. 按合同约定指派项目经理

    B. 应在约定期限内到职

    C. 合同履行期间不得更换项目经理

    D. 不得短期离开施工场地

    E. 不得委派代表代行其某项职责

11. 根据《标准施工招标文件》，承包人更换项目经理需满足的要求有（　　）。

    A. 事先征得质量监督机构同意

    B. 事先征得建设单位同意

    C. 在更换 14 天前通知发包人

    D. 在更换 14 天前通知监理人

    E. 在更换 28 天前通知质量监督机构

12. 根据《建设工程施工项目经理岗位职业标准》T/CCIAT 0010—2019，施工项目经理应履行的职责有（　　）。

    A. 组织制定项目管理岗位职责

    B. 建立和完善工程档案文件管理制度

    C. 协助审核监理实施细则

    D. 在授权范围内签署结算文件

    E. 主持工地例会，协调解决工程施工问题

13. 根据《建设工程施工项目经理岗位职业标准》T/CCIAT 0010—2019，施工项目经理应具有的权限有（　　　）。

　　A. 参与项目投标及施工合同签订　　B. 参与组建项目经理部

　　C. 主持项目经理部工作　　　　　　D. 组织分包合同和供货合同签订

　　E. 组织制定项目经理部管理制度

14. 确定施工项目管理组织结构形式时，应考虑的因素有（　　　）。

　　A. 施工项目规模　　　　　　　　　B. 专业特点

　　C. 地理位置　　　　　　　　　　　D. 项目承发包模式

　　E. 施工单位内部管理模式

15. 下列施工项目管理组织结构形式中，组织成员需接受多头领导、多方指令的有（　　　）。

　　A. 直线式　　　　　　　　　　　　B. 职能式

　　C. 直线职能式　　　　　　　　　　D. 强矩阵式

　　E. 平衡矩阵式

【答案与解析】

一、单项选择题

*1. A；　　*2. B；　　*3. B；　　*4. C；　　*5. A；　　*6. A；　　*7. D；　　*8. C；

*9. B；　　*10. D；　　*11. A；　　*12. C；　　13. A；　　*14. A；　　*15. C；　　*16. B；

*17. A；　　*18. B；　　*19. C；　　20. C；　　21. C；　　22. A

【解析】

1.【答案】A

施工项目五大目标：施工进度、施工质量、施工成本、施工安全及绿色施工是一个不可分割的整体，施工单位必须考虑五大目标之间的最佳匹配，力求达到整体目标最优。其中工程质量、施工安全是施工项目管理的核心，必须在确保工程质量、施工安全的前提下，协调其他目标努力实现。选项 A 正确。

2.【答案】B

施工单位的项目管理任务包括工程合同管理、施工组织协调、施工目标控制、施工安全管理、施工风险管理、施工信息管理和绿色施工管理。施工组织协调是施工项目管理的基本职能；施工目标控制是施工项目管理的核心任务；施工信息管理是指对施工项目有关各类信息的收集、加工、整理、存储、传递及应用等一系列工作的总称，是控制施工项目目标的根本保证。选项 B 正确。

3.【答案】B

在施工项目管理中，必须统筹考虑五大目标。一般而言，五大目标中任何一个目标发生变化，都将会对其他目标产生一定影响。选项 A 错误，选项 B 正确。五大目标最佳匹配不应局限于静态，而应随着工程建设需求改变或实际进展情况变化进行必要调整，选项 D 错误。工程质量、施工安全是施工项目管理的核心。选项 C 错误。

4.【答案】C

施工安全管理是施工项目管理的重要任务。对于危险性较大的分部分项工程，须编制专项施工方案并经施工单位技术负责人、总监理工程师签字后实施。选项 C 正确。施工项目部项目经理、总监理工程师、施工单位技术负责人、专业监理工程师分别承担不同的安全管理责任。

5.【答案】A

直线式组织结构由于未设置职能部门，项目经理没有参谋和助手，需要其通晓各种业务，成为"全能式"人才。选项 A 正确。

6.【答案】A

常见的施工项目管理组织结构形式有直线式、职能式、直线职能式、矩阵式等，其中直线式组织结构中，各种职位均按直线垂直排列，项目经理直接进行单线垂直领导，是一种最简单的组织结构形式。选项 A 正确。

7.【答案】D

矩阵式组织结构能够根据工程任务的实际情况灵活组建与之相适应的项目管理机构，实现集权与分权的最优结合，有利于调动各类人员的工作积极性。选项 D 正确。

8.【答案】C

技术简单的工程项目，技术界面明晰或简单，跨职能部门的协调工作比较容易，弱矩阵式组织结构适用于此类项目。选项 C 正确。

9.【答案】B

按照项目经理的权限不同，矩阵式组织结构分为强矩阵式组织、中矩阵式组织（又称为平衡矩阵式组织）、弱矩阵式组织三种形式。选项 D 错误。

平衡矩阵式组织结构适用于中等技术复杂程度且建设周期较长的工程项目。选项 B 正确。

10.【答案】D

参见 9 题解析，选项 D 正确。其他各选项均不满足以上项目特征。

11.【答案】A

强矩阵式组织中，项目经理直接向企业最高领导负责，项目组成员只对项目经理负责。选项 A 正确。

12.【答案】C

按照项目经理的权限不同，矩阵式组织结构分为强矩阵式组织、中矩阵式组织（又称为平衡矩阵式组织）、弱矩阵式组织三种形式。

弱矩阵式组织中，并未明确对项目目标负责的项目经理。即使有项目负责人，其角色也只是一个项目协调者或监督者，而不是一个管理者。选项 C 正确。

14.【答案】A

施工项目部编制责任矩阵的程序是：（1）列出需要完成的项目管理任务；（2）列出参与项目管理及负责执行项目任务的个人或职能部门名称；（3）以项目管理任务为行，以执行任务的个人或部门为列，画出纵横交叉的责任矩阵图；（4）在责任矩阵图的行与列交叉窗口中，用不同字母或符号表示项目管理任务与执行者的责任关系，从而建立"人"与"事"的关联；（5）检查各职能部门或人员的项目管理任务分配是否均衡适当。有过度分配或者分配不当的，则需要进行调整和优化。选项 A 正确。

15.【答案】C

责任矩阵图是以项目管理任务为行、以执行任务的个人或部门为列。选项 C 正确。

16.【答案】B

责任矩阵图中行与列交叉窗口，表示项目管理任务与执行者的责任关系。选项 B 正确。

17.【答案】A

《标准施工招标文件》通用合同条款规定，承包人项目经理短期离开施工场地，应事先征得监理人同意，并委派代表代行其职责。选项 A 正确。

18.【答案】B

《标准施工招标文件》通用合同条款规定，承包人项目经理可以授权其下属人员履行其某项职责，但事先应将这些人员的姓名和授权范围通知监理人。选项 B 正确。

19.【答案】C

《建设工程施工项目经理岗位职业标准》T/CCIAT 0010—2019 规定，施工项目经理具有的权限：参与项目投标及施工合同签订。选项 A 错误。决定企业授权范围内的资源投入和使用。选项 D 错误。参与工程竣工验收是施工项目经理的职责，竣工验收由建设单位组织。选项 B 错误。

二、多项选择题

*1. D、E;	*2. A、B;	*3. A、B、C、D;	*4. A、B、C、E;
*5. B、E;	6. C、D、E;	*7. B、C、D;	*8. B、C、D、E;
*9. C、D、E;	*10. A、B;	*11. B、C、D;	*12. A、B、D、E;
*13. A、B、C、E;	14. A、B、C、E;	*15. B、D、E	

【解析】

1.【答案】D、E

施工进度目标是在满足工程质量、施工安全及绿色施工等要求的前提下，以合理的施工成本支出，力求使工程实际完成时间不超过合同工期。选项 A 错误。施工质量目标是指有关法律法规、工程建设标准、设计文件及合同对工程安全、适用、经济、美观、绿色等特性的综合要求，施工单位应以合理的施工成本支出和施工进度安排，实现预定的施工质量目标，而非实现最高质量水平。选项 B 错误。施工成本目标是指完成工程施工所需投入的费用。施工单位应在满足工程质量、施工安全、施工进度和绿色施工要求的前提下，力求使实际施工成本不超过预定成本目标，而非力求最低项目成本。选项 C 错误。选项 D、E 正确。

2.【答案】A、B

施工单位应在保证工程质量、施工安全等基本要求的前提下，通过科学管理和技术进步，实现"四节一环保"（节能、节地、节水、节材和环境保护）。选项 A、B 正确。

3.【答案】A、B、C、D

绿色施工的"四节一环保"是指节能、节地、节水、节材和环境保护。选项 E 不属于"四节"内容。

4.【答案】A、B、C、E

施工单位作为工程建设的重要参与单位，其项目管理任务包括工程合同管理、施工组织协调、施工目标控制、施工安全管理、施工风险管理、施工信息管理和绿色施工管理。选项 D 不在以上任务之列。

5.【答案】B、E

直线式组织结构是一种最简单的组织结构形式，选项 A 错误。其未设置职能部门，项目经理没有参谋和助手，选项 C 错误。无法实现管理工作专业化，不利于提高项目管理水平，选项 D 错误。其优点是结构简单、权力集中、易于统一指挥、隶属关系明确、职责分明、决策迅速。选项 B、E 正确。

7.【答案】B、C、D

弱矩阵式组织结构的项目管理者权限很小，平衡矩阵式组织结构对项目整体及项目目标负责，项目经理具有一定权利。强矩阵式组织的项目经理全权负责项目、对项目组成员绩效进行考核。选项 A 错误。平衡矩阵式组织结构需要精心建立管理程序和配备训练有素的协调人员，在成员中指定一人担任项目主任，适用于中等技术复杂程度且建设周期较长的工程项目。选项 E 错误。

8.【答案】B、C、D、E

责任矩阵（Responsibility Matrix）是项目管理的重要工具，强调每一项工作需要由谁负责，并表明每个人在整个项目中的角色地位。任务执行者在项目管理中通常有三种角色：（1）负责人 P（Principal）；（2）支持者或参与者 S（Support）；（3）审查者 R（Review）。选项 A 不属于以上角色。

9.【答案】C、D、E

责任矩阵图是以项目管理任务为行、以执行任务的个人或部门为列；横向检查可以确保每项工作有人负责，纵向检查可以确保每个人至少负责一件"事"。选项 A、B 错误。

施工项目管理中运用责任矩阵开展基于管理活动的工作量估算，可以从横向统计每项活动的总工作量，从纵向统计每种角色投入的总工作量；有利于项目经理从总体上分析管理任务的分配是否平衡适当。选项 C、D、E 正确。

10.【答案】A、B

《标准施工招标文件》通用合同条款规定，承包人应按合同约定指派项目经理，并在约定的期限内到职。选项 A、B 正确。

承包人更换项目经理应事先征得建设单位同意，并应在更换 14 天前通知发包人和监理人。承包人项目经理短期离开施工场地，应事先征得监理人同意，并委派代表代行其职责。选项 C、D、E 错误。

11.【答案】B、C、D

《标准施工招标文件》通用合同条款规定，承包人更换项目经理应事先征得建设单位同意，并应在更换 14 天前通知发包人和监理人。故选择 B、C、D。

12.【答案】A、B、D、E

《建设工程施工项目经理岗位职业标准》T/CCIAT 0010—2019 规定中列出了项目经理应履行的诸项职责。选项 C"协助审核监理实施细则"未在其列（施工单位与监理单位之间不存在合同关系），错误。

13.【答案】A、B、C、E

施工项目经理具有参与分包合同和供货合同签订的权限，而非组织。选项 D 错误。其他各选项均为施工项目经理所具有的权限。

15.【答案】B、D、E

直线式组织结构是单线垂直领导、统一指挥，组织成员直接接受上一级指令；职能式组织结构存在多头领导，使下级执行者接受多方指令；直线职能式组织结构中各管理层级之间按直线式组织结构原理构成直接上下级关系，职能部门的指令，必须经过同层级领导的批准才能下达；矩阵式组织结构中每一位成员同时受项目经理和职能部门经理的双重领导。强矩阵式、平衡矩阵式是矩阵式组织结构的具体形式。选项 B、D、E符合题意。

1.3 施工组织设计与项目目标动态控制

复习要点

科学合理、均衡有序地组织施工生产，要求进行施工项目实施策划和施工组织设计，以及在实施过程中开展施工项目目标动态控制。

1. 施工项目实施策划

施工项目实施策划是施工项目标准化管理和精细化管理的重要表现，包括策划准备、进行策划、编制策划书等工作。

1）策划准备工作

策划准备工作包括成立策划领导小组，企业经营开发部门向相关部门移交资料和书面交底；企业工程管理部门应负责编制施工调查提纲，并组织有关人员进行施工调查。

2）进行项目实施策划

需明确项目实施策划的主要内容及建筑企业主要职能部门的策划职责分工。

3）编制项目实施策划书

由工程管理部门汇总编制项目实施策划书，确保策划内容全面、实用。

2. 施工组织设计

施工组织设计对于工程施工有着重要的规划、组织、协调和指导作用，每一工程项目均要进行施工组织设计。

按编制对象不同，施工组织设计分为三个层次：施工组织总设计、单位工程施工组织设计和施工方案。

1）施工组织总设计

施工组织总设计对整个工程项目施工过程起统筹规划、重点控制的作用，其主要编制对象是群体工程或特大型工程项目。

施工组织总设计的基本内容包括：工程概况、总体施工部署、施工总进度计划、总体施工准备与主要资源配置计划、主要施工方法和施工总平面布置等。

（1）总体施工部署应确定工程项目施工总目标、工程项目分阶段（期）交付使用计划、工程项目分阶段（期）施工的合理顺序和空间组织等内容。

（2）施工总进度计划的编制程序是：计算工程量→确定各单位工程施工期限→确定各单位工程的开竣工时间和相互搭接关系→编制初步施工总进度计划→形成正式的施工总进度计划。

（3）总体施工准备应满足项目分阶段（期）施工需要，包括：技术准备、现场准备和资金准备等；主要资源配置计划包括劳动力配置计划、主要工程材料和设备的配置计划。

（4）施工组织总设计中应简要说明对于工程量大、施工难度大、工期长，对整个工程项目的完成起关键作用的建（构）筑物及影响全局的分部分项工程，以及脚手架工程、起重吊装工程、临时用水用电工程、季节性施工等专项工程所采用的施工方法。

（5）施工总平面布置应按照工程项目分期（分批）施工计划进行，遵循编制原则，内容全面。

2）单位工程施工组织设计

单位工程施工组织设计是对施工组织总设计的进一步具体化，对单位（子单位）工程的施工过程起着指导和制约作用，其主要编制对象是单位（子单位）工程。

单位工程施工组织设计的内容包括：工程概况、施工部署、施工进度计划、施工准备与资源配置计划、主要施工方案、施工现场平面布置等。

（1）施工部署是施工组织设计的纲领性内容，对工程施工过程进行统筹规划和全面安排。

（2）施工进度计划应按照施工部署的安排进行编制，其编制程序是：划分工作→确定施工顺序→计算工程量→计算劳动量和机械台班数→确定工作的持续时间→编制初始施工进度计划→施工进度计划的调整和优化。

（3）施工准备包括技术准备、现场准备和资金准备等；资源配置计划包括劳动力配置计划、主要工程材料和设备的配置计划、工程施工主要周转材料、施工机具的配置计划等。

（4）应对主要分部、分项工程制定施工方案，并对脚手架工程、起重吊装工程、临时用水用电工程、季节性施工等专项工程所采用的施工方案进行必要的验算和说明。

（5）施工现场平面布置图应结合施工组织总设计，按不同施工阶段分别绘制。

3）施工方案

施工方案是施工组织设计的进一步细化，是施工组织设计的补充，其主要编制对象是分部（分项）或专项工程。

施工方案内容包括：工程概况、施工安排、施工进度计划、施工准备与资源配置计划、施工方法及工艺要求等。

（1）施工安排中应包括工程施工目标、工程施工顺序及施工流水段、工程施工的重点和难点分析、项目管理机构及其职责等内容。

（2）分部（分项）或专项工程的施工进度计划应按照施工安排，并结合总承包单位的施工进度计划编制。

（3）施工准备包括技术准备、现场准备和资金准备等；资源配置计划包括劳动力配置计划、主要工程材料和设备的配置计划、工程施工主要周转材料、施工机具的配置计划、计（测）量和检验仪器配置计划等。

（4）施工方法及工艺要求的内容包括明确分部（分项）或专项工程施工方法、主要分项工程（工序）的施工工艺要求、季节性施工要求等。

4）施工组织设计的编制、审批及动态管理

施工承包单位的施工组织设计应由项目负责人主持编制，可根据需要分阶段编制和审批。

工程施工前，应进行施工组织设计的逐级交底；施工过程中，应根据执行情况及具体情形及时对施工组织设计进行修改或补充。

3．施工项目目标动态控制

为实施有效的施工项目目标动态控制，应构建施工项目目标体系，根据动态控制原理，采取措施控制项目实施过程。

1）施工项目目标体系构建

（1）为有效控制施工项目目标，需要根据施工合同及利益相关者需求，结合施工项目特点及所处环境，分析论证施工项目总目标。

（2）为有效控制施工项目目标，需要有按不同承包单位、项目组成、时间进展等划分的分目标、子目标及可执行目标，形成施工项目多级目标体系。

2）施工项目目标动态控制过程及措施

项目目标的动态控制过程包括事前计划预控、事中过程控制、事后纠偏控制。

根据所构建的施工项目目标体系，需要通过建立和落实项目管理责任制，采取组织、技术、经济、合同等多方面措施控制施工项目实施过程。

一　单项选择题

1．施工单位应在（　　　）后，立即成立项目实施策划领导小组。

　　A．递交投标文件　　　　　　　　B．获取招标文件

　　C．接到中标通知书　　　　　　　D．签订施工合同

2．在施工项目实施策划准备阶段，应由施工企业（　　　）负责编制施工调查提纲。

　　A．经营开发部门　　　　　　　　B．工程管理部门

　　C．工程经济部门　　　　　　　　D．发展规划部门

3．根据职责分工，施工企业工程管理部门应负责策划的内容是（　　　）。

　　A．提出工程投保管理要求

　　B．明确工程物资采购供应方案

　　C．确定临时工程标准和管理要求

　　D．提出劳务队伍准入管理要求

4．施工总进度计划安排全工地性流水作业时，主导对象是（　　　）的单位工程。

　　A．成本高、工期长　　　　　　　B．成本高、工程量大

　　C．工程量大、工期长　　　　　　D．技术复杂、施工难度大

5．工程需要分包的，编制施工组织总设计时，应在总体施工部署中对分包单位的

（　　）提出明确要求。

  A．组织结构形式   B．资质和能力

  C．岗位设置及职责划分 D．选择要求及管理方式

 6. 施工总进度计划编制程序中，第一步工作是（　　）。

  A．计算工程量   B．确定各单位工程施工期限

  C．确定各单位工程开竣工时间 D．确定各单位工程相互搭接关系

 7. 编制施工总进度计划的工作内容包括：① 确定各单位工程施工期限；② 计算工程量；③ 确定各单位工程开竣工时间和相互搭接关系等，正确的顺序是（　　）。

  A．②①③   B．③①②

  C．①③②   D．③②①

 8. 单位工程施工组织设计的纲领性内容是（　　）。

  A．施工部署   B．施工方法

  C．施工进度计划   D．施工现场平面布置

 9. 单位工程施工组织设计的施工部署中，应简要说明主要分包工程施工单位的（　　）。

  A．组织结构形式   B．资质和能力

  C．岗位设置及职责划分 D．选择要求及管理方式

 10. 编制单位工程施工进度计划，第一步工作是（　　）。

  A．计算工程量   B．划分工作

  C．确定施工顺序   D．计算机械台班数

 11. 编制单位工程施工进度计划的工作内容包括：① 计算工程量；② 确定施工顺序；③ 确定工作的持续时间；④ 划分工作；⑤ 计算劳动量和机械台班数等，正确的顺序是（　　）。

  A．②①⑤④③   B．①⑤③④②

  C．④②①⑤③   D．⑤③④②①

 12. 某工作由两个性质相同的分项工程合并而成，各分项工程的时间定额和工程量分别是：$H_1 = 0.25$ 工日/m^3，$H_2 = 0.45$ 工日/m^3；$Q_1 = 5000$m^3，$Q_2 = 2000$m^3。编制施工进度计划时，该工作的综合时间定额是（　　）工日/m^3。

  A．0.25   B．0.31

  C．0.35   D．0.45

 13. 某工作的时间定额是 0.6 工日/m^2，工程量是 300m^2，每天工作 1 班，每班安排 20 名工人。编制施工进度计划时，该工作的持续时间是（　　）。

  A．9 天   B．15 天

  C．9 工日   D．15 工日

 14. 安排每班工人数和机械台数时，限定每班施工人数上限的是（　　）。

  A．最小工作面   B．最小劳动组合

  C．最优工作面   D．最优劳动组合

 15. 安排每班工人数和机械台数时，限定每班施工人数下限的是（　　）。

  A．最小工作面   B．最小劳动组合

C．最小工作面或最小劳动组合　　D．最小工作面和最小劳动组合

16．安排每班工人数和机械台数时，限定每班施工人数上、下限的是（　　　）。

A．最优工作面和最优劳动组合　　B．最小工作面和最大劳动组合

C．最小工作面和最小劳动组合　　D．最优工作面和最小劳动组合

17．施工组织设计分为不同的层次，以季节性施工为编制对象的称为（　　　）。

A．施工方案　　　　　　　　　　B．专项施工组织设计

C．单项工程施工组织设计　　　　D．施工管理计划

18．就施工承包单位内部而言，单位工程施工组织设计的审批人是（　　　）。

A．施工单位企业负责人　　　　　B．项目技术负责人

C．施工单位技术负责人　　　　　D．施工项目经理

19．就施工承包单位内部而言，施工方案的审批人是（　　　）。

A．施工单位企业负责人　　　　　B．项目技术负责人

C．施工单位技术负责人　　　　　D．施工项目经理

20．在追求施工项目目标间最佳匹配时，应确保工程目标符合（　　　）。

A．施工单位发展要求　　　　　　B．工程建设强制性标准

C．建设单位发展要求　　　　　　D．行业惯例和秩序

21．关于施工项目目标体系的说法，正确的是（　　　）。

A．自上而下层层约束、自下而上层层控制

B．自左向右逐级展开、自上而下层层保证

C．自上而下层层展开、自下而上层层保证

D．自上而下层层控制、自左向右逐级保证

22．施工项目目标体系中，通常采用定性分析方法进行论证的是（　　　）目标。

A．质量　　　　　　　　　　　　B．进度

C．成本　　　　　　　　　　　　D．安全

23．施工项目目标动态控制过程中，对不可纠正偏差应采取的做法是（　　　）。

A．许可偏差　　　　　　　　　　B．工程变更

C．争取索赔　　　　　　　　　　D．申请第三方检查

24．施工项目目标动态控制的合同措施是（　　　）。

A．审查施工组织设计　　　　　　B．建立目标控制工作考评机制

C．改进施工方法和工艺　　　　　D．投标报价中考虑承包风险应对

25．在施工项目实施策划准备工作阶段，施工企业经营开发部门应及时将中标通知书、招标文件、报价资料等移交给（　　　）。

A．技术管理部门　　　　　　　　B．工程管理部门

C．财务管理部门　　　　　　　　D．信息管理部门

26．分析论证施工项目总目标时，应遵循的基本原则是（　　　）。

A．质量目标具有最高优先等级

B．确保成本目标符合企业发展规划

C．施工安全目标应采用定量分析方法

D．进度目标优先等级应根据项目实际确定

1. 施工单位项目实施策划领导小组的组长可以由（   ）担任。

    A．企业主管生产副总经理   B．企业技术负责人

    C．企业工程管理部门负责人   D．施工项目经理

    E．施工项目技术负责人

2. 根据职责分工，施工企业人力资源管理部门应负责的项目实施策划内容有（   ）。

    A．明确项目管理模式

    B．提出标准化工地策划意见

    C．提出劳务队伍准入管理要求

    D．提出项目培训工作管理要求

    E．确定施工项目组织机构核心管理人员及职责、权限

3. 根据职责分工，施工企业工程管理部门应负责的项目实施策划内容有（   ）。

    A．明确项目管理模式

    B．提出标准化工地策划意见

    C．提出劳务队伍准入管理要求

    D．提出工程施工分包管理要求

    E．确定施工项目经理部管理人员及职责、权限

4. 施工项目实施策划书的内容包括（   ）。

    A．工程水文地质情况   B．施工项目管理机构设置

    C．施工项目管理目标   D．物资管理机构及其职责

    E．策划领导机构职责分工情况

5. 施工单位编制的施工组织设计有（   ）。

    A．标前施工组织设计   B．标后施工组织设计

    C．实施性施工组织设计   D．指导性施工组织设计

    E．预防性施工组织设计

6. 按编制对象不同，施工组织设计分为（   ）。

    A．施工方案   B．专项工程施工组织设计

    C．施工组织总设计   D．单位工程施工组织设计

    E．检验批施工组织设计

7. 编制单位工程施工组织设计时，初始施工进度计划的检查内容包括（   ）。

    A．各工作的施工顺序和搭接关系是否合理

    B．总工期是否满足合同约定

    C．成本是否符合项目控制目标

    D．主要施工机具、材料等的利用是否均衡和充分

    E．主要工种的工人是否能满足连续、均衡施工的要求

8. 初始施工进度计划的检查中，必须进行调整的情形有（   ）。

A．混凝土浇筑不连续　　　　　B．计划工期长于合同工期

C．钢筋工施工不均衡　　　　　D．某些工作施工顺序不合理

E．某些工作搭接关系不合理

9. 关于单位工程施工进度计划及其编制的说法，正确的有（　　　）。

A．工程量计算可以利用施工图预算文件

B．同一类工程项目应采用相同的施工顺序

C．主要工种工人不连续施工，必须进行调整

D．工作划分应明确到分项工程

E．工程规模较大的工程，宜采用网络图来表达施工进度计划

10. 关于施工组织设计编制和审批的说法，正确的有（　　　）。

A．应由项目负责人主持编制

B．施工方案可由项目技术负责人主持编制

C．施工组织总设计应由总承包单位技术负责人审批

D．单位工程施工组织设计应由项目技术负责人审批

E．规模较大的分部工程施工方案，应由施工项目经理审批

11. 工程施工过程中，应及时修改或补充施工组织设计的情形有（　　　）。

A．工程设计有重大修改　　　　B．主要施工方法有重大调整

C．施工环境有重大改变　　　　D．项目管理机构人员有重大调整

E．主要施工资源配置有重大调整

12. 追求施工项目目标间最佳匹配时，应确保（　　　）目标符合工程建设强制性标准。

A．工程质量　　　　　　　　　B．施工安全

C．绿色施工　　　　　　　　　D．项目成本

E．环境管理

13. 分析论证施工项目总目标时，应遵循的原则有（　　　）。

A．坚持全过程多级论证

B．定性分析与定量分析相结合

C．静态分析与动态分析相结合

D．各目标可具有不同优先等级

E．确保有关目标符合工程建设强制性标准

14. 下列施工项目目标控制措施中，属于技术措施的有（　　　）。

A．合理处置工程变更

B．完善沟通机制和工作流程

C．组织专家论证新材料适用性

D．项目实施过程中采用挣值分析方法

E．对工程变更方案进行技术经济分析

15. 构建施工项目目标体系时，应从不同角度将总目标分解成若干（　　　）。

A．分目标　　　　　　　　　　B．子目标

C．动态目标　　　　　　　　　D．可执行目标

E. 可优化目标

16. 下列施工项目目标动态控制活动中，属于事前计划预控的有（   ）。

    A. 分析各种实施风险   B. 编制施工项目计划

    C. 监督检查实施情况   D. 分析偏差产生原因

    E. 构建施工项目目标体系

17. 下列施工项目目标控制措施中，属于组织措施的有（   ）。

    A. 明确施工责任成本   B. 编制施工组织设计

    C. 做好施工合同交底工作   D. 明确管理人员岗位职责分工

    E. 建立目标控制工作考评机制

18. 就施工承包单位内部而言，施工方案应由施工单位技术部门组织相关专家评审、施工单位技术负责人批准的分部（分项）工程有（   ）。

    A. 重点分部工程   B. 难点分项工程

    C. 规模较大的分部工程   D. 悬挑式脚手架工程

    E. 开挖深度为 2.5m 的基坑支护工程

【答案与解析】

一、单项选择题

*1. C；   *2. B；   *3. C；   *4. C；   *5. B；   *6. A；   7. A；   *8. A；

*9. D；   *10. B；   11. C；   *12. B；   *13. A；   *14. A；   *15. B；   *16. C；

*17. A；   *18. C；   *19. B；   *20. B；   *21. C；   *22. A；   *23. B；   *24. D；

25. B；   *26. D

【解析】

1.【答案】C

施工单位一旦接到中标通知书，应马上成立策划领导小组。选项 C 正确。其他选项为项目实施过程的不同时点。

2.【答案】B

在施工项目实施策划准备工作阶段，施工企业工程管理部门应负责编制施工调查提纲，并组织有关人员进行施工调查。选项 B 正确。

3.【答案】C

工程管理部门负责策划的内容有：（1）明确项目管理模式及施工任务划分；（2）提出工期控制目标及施工组织总体安排意见；（3）提出重大施工技术方案初步意见；（4）确定实施性施工组织设计和重大施工技术方案的分级管理内容及要求；（5）确定临时工程标准和管理要求；（6）确定工程测量管理方案；（7）提出试验室设置意见及试验检测管理方案；（8）提出工程施工分包管理要求。选项 C 正确。

提出工程投保管理要求由财务管理部门负责策划；明确工程物资采购供应方案由工程物资管理部门负责策划；提出劳务队伍准入管理要求由人力资源管理部门负责策划。

4.【答案】C

施工总进度计划应以工程量大、工期长的单位工程为主导，安排全工地性流水作业。选项 C 正确。

5.【答案】B

施工组织总设计应对工程施工作出总体部署。工程需要分包的，应对分包单位的资质和能力提出明确要求。选项 B 正确。选项 A、C 均为单位工程施工组织设计的施工部署内容，选项 D 是单位工程施工组织设计施工部署的分包单位要求。

6.【答案】A

施工总进度计划的编制程序是：（1）计算工程量；（2）确定各单位工程施工期限；（3）确定各单位工程的开竣工时间和相互搭接关系；（4）编制初步施工总进度计划；（5）形成正式的施工总进度计划。选项 A 正确。

8.【答案】A

单位工程施工组织设计的内容包括：工程概况、施工部署、施工进度计划、施工准备与资源配置计划、主要施工方案、施工现场平面布置等。施工部署是施工组织设计的纲领性内容，其他内容均应围绕施工部署进行编制和确定。选项 A 正确。

9.【答案】D

单位工程施工组织设计的施工部署包括工程项目施工目标、进度安排和空间组织、施工重点和难点分析、工程管理组织结构形式、"四新"使用部署或要求、分包单位要求等。选项 A、C 属于工程管理组织结构形式的内容，分包单位要求简要说明主要分包工程施工单位的选择要求及管理方式，选项 D 正确。选项 B 是施工组织总设计总体施工部署中的分包单位要求。

10.【答案】B

单位工程施工进度计划的编制程序是：（1）划分工作；（2）确定施工顺序；（3）计算工程量；（4）计算劳动量和机械台班数；（5）确定工作的持续时间；（6）编制初始施工进度计划；（7）施工进度计划的调整和优化。选项 B 正确。

12.【答案】B

$$综合时间定额 \ H = \frac{5000 \times 0.25 + 2000 \times 0.45}{5000 + 2000} = 0.31 \ 工日/m^3$$

当某工作是由若干个分项工程合并而成时，应根据各分项工程的时间定额及工程量，计算出合并后的综合时间定额。

13.【答案】A

$$D = \frac{0.6 \times 300}{20 \times 1} = 9 \ 天$$

工作持续时间单位是天；而工日是劳动量单位。

14.【答案】A

在安排每班工人数和机械台数时，要保证各工作中每班工人或施工机械拥有足够的工作面（不能少于最小工作面），以保证效率和施工安全；要使各工作项目中工人数量或施工机械数量不低于正常施工所必需的最低限度（不能小于最小劳动组合），以达到最高劳动生产率。最小工作面限定了每班施工人数的上限，最小劳动组合限定了每班施工人数的下限。选项 A 正确。

15.【答案】B

参见 14 题解析内容。选项 B 正确。

16.【答案】C

参见 14 题解析内容。选项 C 正确。

17.【答案】A

按编制对象不同，施工组织设计可分为三个层次：施工组织总设计、单位工程施工组织设计和施工方案。施工方案是指以分部（分项）或专项工程为主要对象编制的施工技术与组织方案。专项工程包括脚手架工程、起重吊装工程、临时用水用电工程、季节性施工等。选项 A 正确。

18.【答案】C

就施工承包单位内部而言，施工组织总设计应由总承包单位技术负责人审批；单位工程施工组织设计应由施工单位技术负责人或技术负责人授权的技术人员审批；施工方案应由项目技术负责人审批；重点、难点分部（分项）工程施工方案和针对危险性较大的分部分项工程专项施工方案应由施工单位技术部门组织相关专家评审，施工单位技术负责人批准。选项 C 正确。

19.【答案】B

参见 18 题解析内容。选项 B 正确。

20.【答案】B

分析论证施工项目总目标时，应确保工程质量、施工安全、绿色施工及环境管理目标符合工程建设强制性标准。选项 B 正确。

21.【答案】C

构建施工项目目标体系，应综合考虑施工进度、质量、成本目标之间相互关系，分析论证确定施工项目总目标；从不同角度将施工项目总目标分解成若干分目标、子目标及可执行目标，形成"自上而下层层展开、自下而上层层保证"的施工项目目标体系。选项 C 正确。

22.【答案】A

在施工项目目标体系中，质量目标通常会采用定性分析方法，而进度、成本目标则需要采用定量分析方法。选项 A 正确。

23.【答案】B

施工项目目标动态控制过程中，出现偏差时，经分析属于主客观原因产生不可纠正偏差时，应进行工程变更，再根据此目标实施控制。选项 B 正确。其他选项均为错误做法。

24.【答案】D

投标报价中考虑承包风险应对，属于施工投标环节的合同措施，选项 D 正确；审查施工组织设计、改进施工方法和工艺，属于技术措施，建立施工项目目标控制工作考评机制属于组织措施。选项 A、B、C 错误。

26.【答案】D

为有效控制施工项目目标，分析论证施工项目总目标应遵循的基本原则包括：

（1）确保工程质量、施工安全、绿色施工及环境管理目标符合工程建设强制性标准；（2）在施工项目目标体系中，质量目标通常会采用定性分析方法，而进度目标、成本目标则需要采用定量分析方法；（3）不同施工项目各个目标可具有不同的优先等级。以上原则中，未涉及成本目标符合企业发展规划，选项 B 错误；未提出施工安全目标采用定量分析的要求，选项 C 错误；不同施工项目质量、进度、成本各目标具有不同的优先等级，选项 A 错误，选项 D 正确。

二、多项选择题

*1．A、B；	*2．C、D、E；	*3．A、D；	4．A、B、C、D；
*5．A、B、C；	*6．A、C、D；	7．A、B、D、E；	*8．B、D、E；
*9．A、D、E；	*10．A、C；	*11．A、B、C、E；	*12．A、B、C、E；
13．B、D、E；	*14．C、D；	*15．A、B、D；	*16．A、B、E；
*17．D、E；	*18．A、B、D		

【解析】

1．【答案】A、B

施工项目实施策划领导小组组长由施工企业主管生产的副总经理或技术负责人担任，有关职能部门负责人、施工项目经理及技术负责人作为策划领导小组成员。选项 A、B 正确。

2．【答案】C、D、E

人力资源管理部门负责策划的内容：（1）确定施工项目组织机构核心管理人员及其职责、权限；（2）提出项目培训工作管理要求；（3）提出劳务队伍准入管理要求。选项 C、D、E 正确。明确项目管理模式由工程管理部门负责策划，提出标准化工地策划由文化建设管理部门负责策划。选项 A、B 错误。

3．【答案】A、D

工程管理部门负责策划的内容有明确项目管理模式、提出工程施工分包管理要求等，选项 A、D 正确。

提出标准化工地策划由文化建设管理部门负责策划。选项 C 错误。人力资源管理部门负责策划的内容有：提出劳务队伍准入管理要求，确定施工项目组织机构核心管理人员及其职责、权限。选项 B、E（选项 E 中施工项目经理部管理人员包含核心管理人员）错误。

5．【答案】A、B、C

设计单位要编制指导性施工组织设计，施工单位要编制实施性施工组织设计。对施工单位而言，施工投标时要编制标前施工组织设计，中标后要编制标后施工组织设计。选项 A、B、C 正确。选项 E 无此表述，是错误选项。

6．【答案】A、C、D

按编制对象不同，施工组织设计分为三个层次：施工组织总设计、单位工程施工组织设计和施工方案。选项 A、C、D 正确。

8．【答案】B、D、E

初始施工进度计划的检查内容包括：（1）各工作的施工顺序和搭接关系是否合理；（2）总工期是否满足合同约定；（3）主要工种的工人是否能满足连续、均衡施工的要求；（4）主要施工机具、材料等的利用是否均衡和充分。前两方面的检查内容，是解决可行与否的问题，若不满足要求，必须进行调整。选项 B、D、E 属于前两方面内容，是正确选项。

9.【答案】A、D、E

编制施工进度计划时已有施工图预算文件或工程量清单，且工作的划分与施工进度计划中的工作一致时，可以直接套用施工图预算工程量。选项 A 正确。在确定施工顺序时，必须根据工程特点、技术组织要求及施工方案等进行研究，即使是同一类工程项目，其施工顺序也难以做到完全相同。选项 B 错误。主要工种工人不连续施工的调整属于进度计划优化问题，并非必须调整内容。选项 C 错误。工作应明确到分项工程或更具体。选项 D 正确。对于工程规模较大或较复杂的工程，宜采用网络图来表达施工进度计划。选项 E 正确。

10.【答案】A、C

施工组织设计应由项目负责人主持编制，项目负责人不同于项目技术负责人。选项 B 错误。单位工程施工组织设计应由施工单位技术负责人或技术负责人授权的技术人员审批，施工单位技术负责人不同于项目技术负责人。选项 D 错误。规模较大的分部工程施工方案，应由施工单位技术负责人审批。选项 E 错误。选项 A、C 正确。

11.【答案】A、B、C、E

工程施工过程中发生下列情形时，应及时对施工组织设计进行修改或补充：（1）工程设计有重大修改；（2）有关法律、法规及标准实施、修订和废止；（3）主要施工方法有重大调整；（4）主要施工资源配置有重大调整；（5）施工环境有重大改变。选项 D 不属于以上情形，错误。

12.【答案】A、B、C、E

施工项目总目标的分析论证，在追求施工项目目标间最佳匹配时，应确保工程质量、施工安全、绿色施工及环境管理目标符合工程建设强制性标准，其中不包括项目成本。选项 D 错误。

14.【答案】C、D

合理处置工程变更属于合同措施，完善沟通机制和工作流程属于组织措施，对工程变更方案进行技术经济分析属于经济措施。选项 C、D 属于技术措施，是正确答案。

15.【答案】A、B、D

为了有效控制施工项目目标，不能只有总目标，还要有按不同承包单位、项目组成、时间进展等划分的分目标、子目标及可执行目标。选项 A、B、D 正确。

16.【答案】A、B、E

详见考试用书图 1.3-2 施工项目目标动态控制过程。

17.【答案】D、E

明确施工责任成本是经济措施，编制施工组织设计是技术措施，做好施工合同交底工作是合同措施。选项 A、B、C 错误。选项 D、E 属于组织措施。

18.【答案】A、B、D

就施工承包单位内部而言，施工方案应由项目技术负责人审批；其中重点、难点分部（分项）工程施工方案和针对危险性较大的分部分项工程专项施工方案应由施工单位技术部门组织相关专家评审，施工单位技术负责人批准。

悬挑式脚手架工程、开挖深度超过 3m（含 3m）的基坑支护工程属于危大工程。选项 A、B、D 正确，选项 E 错误。

规模较大的分部（分项）工程施工方案应按单位工程施工组织设计进行编制和审批，单位工程施工组织设计应由施工单位技术负责人或技术负责人授权的技术人员审批。选项 C 错误。

第2章　施工招标投标与合同管理

2.1　施工招标投标

复习要点

1. 施工招标方式与程序

1）施工招标方式

按照竞争开放程度不同，施工招标可分为公开招标和邀请招标两种方式。

采用公开招标方式的优点是，招标人可在较广范围内选择承包商，投标竞争激烈，有利于招标人将工程项目交予可靠的承包商实施，并获得有竞争性的报价。同时，也可在较大程度上避免招标过程中的贿标行为。但其缺点是，准备招标、对投标申请者进行资格预审和评标的工作量大，招标时间长、费用高。

与公开招标方式相比，邀请招标的优点是不需要发布招标公告和设置资格预审程序，可节约招标费用、缩短招标时间。而且，由于招标人比较了解投标人以往业绩和履约能力，可减少合同履行过程中承包商违约的风险。缺点是由于邀请对象的选择面窄、范围较小，有可能会排除某些在技术上或报价上有竞争力的潜在投标人，因而使投标竞争的激烈程度相对较差，进而会提高中标合同价。

2）施工招标程序

根据《标准施工招标文件》，施工招标程序包括以下程序：

（1）施工招标准备

施工招标准备工作主要包括：组建招标组织、办理招标申请手续、进行招标策划、编制资格预审文件和招标文件等。其中招标策划包括：划分施工标段、确定承包模式、选择合同计价方式等。

（2）施工招标过程

施工招标过程主要包括：发布招标公告或发出投标邀请书；进行资格预审；发售招标文件和组织现场踏勘；开标与评标等。

（3）施工决标成交

施工决标成交工作主要包括：确定中标人、合同谈判和签订合同。

2. 合同计价方式

1）合同计价方式分类

施工合同分为总价合同、单价合同和成本加酬金合同。

（1）总价合同

总价合同是指建设单位与施工单位按照一个总价签订合同，施工单位按此价格完成合同规定的全部施工任务。根据合同总价是否可调，总价合同又分为固定总价合同和可调总价合同。

（2）单价合同

单价合同中投标单位填报的单价应为计及各种摊销费用后的综合单价，而非直接费单价。合同履行过程中无特殊情况的，一般不得变更单价。单价合同可分为固定单价合同和可调单价合同。

（3）成本加酬金合同

成本加酬金合同是指将施工合同价款划分为工程直接成本和施工单位完成工作后应得酬金两部分，合同履行过程中发生的直接成本由建设单位实报实销，另按合同约定的方式支付给施工单位相应报酬的合同。成本加酬金合同大多适用于边设计、边施工的紧急工程或灾后修复工程。

2）合同计价方式比较与选择

（1）合同计价方式比较

不同合同计价方式比较见表2-1。

表2-1 不同合同计价方式比较

合同类型	总价合同	单价合同	成本加酬金合同			
			固定百分比酬金	固定酬金	浮动酬金	目标成本加奖罚
应用范围	广泛	广泛	有局限性			酌情
建设单位造价控制	易	较易	最难	难	不易	有可能
施工单位风险	大	小	基本没有		不大	有

（2）合同计价方式选择

建设单位应综合考虑工程复杂程度、工程设计深度、技术先进程度以及工期紧迫程度四个方面因素来选择合同计价方式。

3．基于工程量清单的投标报价

工程量清单是载明建设工程分部分项工程项目、措施项目和其他项目的名称、特征和相应数量等内容的明细清单。

1）招标工程量清单

招标工程量清单应以单位（项）工程为单位编制。根据《建设工程工程量清单计价规范》GB 50500—2013（以下简称《计价规范》），招标工程量清单由分部分项工程项目清单、措施项目清单、其他项目清单、规费和税金项目清单组成。

2）招标控制价

《计价规范》规定，国有资金投资的工程项目应实行工程量清单招标，招标人必须编制招标控制价。招标控制价按照《计价规范》的规定编制，不应上调或下浮。招标控制价由分部分项工程费、措施项目费、其他项目费、规费和税金组成。其中规费和税金应按相应规定计算。

3）投标报价

（1）投标报价基本原则

投标报价应遵循的原则：① 投标价应由投标人编制或由投标人委托专业咨询机构编制；② 投标价应由投标人自主确定，但不得低于成本；③ 投标人必须按招标工程量清单填报价格，项目编码、项目名称、项目特征、计量单位、工程量必须与招标工程量清单一致；④投标价不能高于招标人设定的招标控制价，否则投标将作为废标处理。

（2）投标报价编制方法

投标人在编制投标报价时，要先依据招标人提供的工程量清单编制分部分项工程和单价措施项目清单与计价表、总价措施项目清单与计价表、其他项目清单与计价表、规费与税金项目计价表，然后汇总得到单位工程、单项工程和建设项目投标报价汇总表。

（3）投标报价编制注意事项

招标工程量清单与计价表中列明的所有需要填写的单价和合价的项目，投标人均应填写且只允许有一个报价。未填写单价和合价的项目，视为此项费用已包含在已标价工程量清单中其他项目的单价和合价之中，竣工结算时，此项目不得重新组价予以调整。投标总价应当与分部分项工程费、措施项目费、其他项目费和规费、税金的合计金额一致。

4. 施工投标报价策略

1）基本策略

投标报价的基本策略主要是指施工单位根据招标项目的不同特点，并考虑自身优势和劣势，选择不同的报价。主要根据具体的情形选择报高价或报低价。

2）报价技巧

常用的报价技巧主要有不平衡报价法、多方案报价法、保本竞标报价法、突然降价法等，同时要考虑计日工单价、暂定金额、可供选择项目、增加建议方案、采用分包商、许诺优惠条件的报价技巧。

5. 施工投标文件

1）施工投标文件内容

施工投标文件通常包括技术标书、商务标书、投标函及其他有关文件三部分内容。

2）施工投标文件编制应遵循的原则

（1）突出专业性，而且要有针对性。

（2）保证可行性，而且要经济合理。

（3）注重规范性，而且要凸显重点。

一 单项选择题

1. 建设单位通过发布招标公告提出施工招标条件，这一行为从性质上属于合同订立法定阶段中的（   ）。

    A. 邀约邀请　　　　　　　　　　B. 邀约承诺

    C. 书面确认　　　　　　　　　　D. 合同确立

2. 根据竞争开放程度不同，施工招标可分为（   ）。

    A. 定向招标和非定向招标　　　　B. 自主招标和委托招标

    C. 平行招标和总承包招标　　　　D. 公开招标和邀请招标

3. 对于建设单位来说，采用公开招标的缺点是（   ）。

A．不利于选择可靠的承包商

B．无法对投标申请者进行充分的资格预审

C．招标时间长、评标工作量大

D．招标工作费用高、投标报价也高

4．当建设单位采用邀请招标的方式选择承包商时，一般邀请的对象最少不应少于（　　）家。

A．3 　　　　　　　　　　　　B．5

C．7 　　　　　　　　　　　　D．10

5．对于工程规模大、专业复杂的工程，建设单位管理能力有限时，最适宜采用的承包模式是（　　）。

A．劳务分包 　　　　　　　　B．专业分包

C．施工总承包 　　　　　　　D．平行承包

6．施工招标准备工作内容主要有：①办理招标申请手续；②组建招标组织；③编制资格预审文件；④编制招标文件；⑤进行招标策划。正确的工作顺序是（　　）。

A．①④②③⑤ 　　　　　　　B．②①⑤③④

C．①②⑤④③ 　　　　　　　D．②①③⑤④

7．采用公开招标方式的施工项目，资格预审程序的第一个环节是（　　）。

A．发售资格预审文件 　　　　B．发布资格预审公告

C．发布招标公告 　　　　　　D．发出投标邀请书

8．根据国家发展改革委等九部委联合发布的《标准施工招标资格预审文件》，资格预审文件的发售期最短不得少于（　　）天。

A．3 　　　　　　　　　　　　B．5

C．7 　　　　　　　　　　　　D．10

9．招标人收到资格预审文件的异议后，对已发出的资格预审文件进行必要的澄清，且澄清的内容可能影响资格预审申请文件编制的，招标人应采取的做法是（　　）。

A．在提交资格预审申请文件截止时间至少3日前，以书面形式通知所有获取资格预审文件的潜在投标人

B．在提交资格预审申请文件截止时间至少3日前，以书面形式通知提出异议的潜在投标人

C．在提交资格预审申请文件截止时间至少5日前，以电话形式通知所有获取资格预审文件的潜在投标人

D．在提交资格预审申请文件截止时间至少7日前，重新公开发布澄清后的资格预审公告

10．关于资格预审申请文件递交和受理的说法，正确的是（　　）。

A．未送达指定地点的资格预审申请文件，招标人应视具体情况处理

B．投标人的资格预审申请文件不需要进行密封，只需加盖申请人单位章

C．逾期送达的资格预审申请文件，招标人应予以受理

D．投标人应严格按照资格预审文件要求装订、密封，并加写标记和加盖申请人单位章

11. 与有限数量制投标人资格审查方法相比，合格制方法的优点是（　　）。

    A．投标人数量少，评标工作量小

    B．降低招标工作量和费用

    C．审查标准高，有助于找到可靠的承包商

    D．投标人数量多，竞争更充分

12. 根据《中华人民共和国招标投标法实施条例》，招标人对招标文件进行澄清或者修改的内容可能影响投标文件编制的，招标人应在投标截止时间至少（　　）日前，以书面形式通知所有获取招标文件的潜在投标人。

    A．3   B．5

    C．15   D．30

13. 采用经评审的最低投标价法评标时，下列评标的做法中，正确的是（　　）。

    A．评标委员会按照经评审的投标价由低到高的顺序向招标人推荐中标候选人

    B．经评审的投标价相等时，投标报价高的优先

    C．经评审的投标价相等且投标报价也相等的，由评标委员会自行确定中标候选人

    D．评标委员会按照经评审的投标价由高到低的顺序向招标人推荐中标候选人

14. 采用综合评估法评标时，下列评标的做法中，正确的是（　　）。

    A．综合评分相等时，以投标报价高的优先

    B．综合评分相等且投标报价也相等的，由评标委员会自行确定中标候选人

    C．评标委员会按综合评分由低到高顺序向招标人推荐中标候选人

    D．评标委员会按综合评分由高到低顺序向招标人推荐中标候选人

15. 招标人和中标人订立书面合同的时间最迟应在中标通知书发出之日起（　　）日内。

    A．5   B．10

    C．15   D．30

16. 某工程招标时已有施工图设计文件，技术比较简单、施工任务和发包范围明确，工期为10个月，预计合同履行中不会出现较大设计变更，招标方为了控制总造价，适宜采用的合同计价方式是（　　）。

    A．可调单价合同   B．可调总价合同

    C．固定总价合同   D．固定单价合同

17. 某工程招标时已有施工图设计文件，技术比较简单、施工任务和发包范围明确，工期为25个月，预计合同履行中可能会出现个别设计变更和市场价格波动，招标方为了控制总造价，适宜采用的合同计价方式是（　　）。

    A．成本加固定酬金合同   B．可调总价合同

    C．固定总价合同   D．可调单价合同

18. 某工期长、技术复杂、实施过程中发生各种不可预见因素较多的大型工程，建设单位为缩短工程建设周期，初步设计完成后就进行招标。从施工单位的角度来看，适用于该工程的承担风险相对较小的合同计价方式是（　　）。

    A．可调单价合同   B．可调总价合同

C．固定总价合同　　　　　　　D．固定单价合同

19．采用固定单价合同时，结算时采用的单价和工程量分别是（　　　）。

A．合同中约定的单价、报价的清单工程量

B．合同中约定的单价、实际工程量

C．根据市场价格调整后的单价、报价的清单工程量

D．根据市场价格调整后的单价、实际工程量

20．某工程施工中有较大部分采用新技术、新工艺的工程，建设单位和施工单位缺乏经验，又无国家标准的，最适宜采用的合同计价方式是（　　　）。

A．固定单价合同　　　　　　　B．可调单价合同

C．成本加酬金合同　　　　　　D．固定总价合同

21．根据《建设工程工程量清单计价规范》GB 50500—2013，招标工程量清单应以（　　　）为单位编制。

A．整个建设项目　　　　　　　B．单位或单项工程

C．分部或分项工程　　　　　　D．独立施工的工程

22．根据《建设工程工程量清单计价规范》GB 50500—2013，投标时，下列措施项目中，属于"单价项目"的是（　　　）。

A．已完工程及设备保护　　　　B．工程定位复测

C．安全文明施工　　　　　　　D．脚手架

23．招标人对于支付必然发生但暂时不能确定价格的材料、工程设备的单价及专业工程的金额，在编制招标工程量清单时一般列入（　　　）。

A．计日工　　　　　　　　　　B．总承包服务费

C．暂估价　　　　　　　　　　D．暂列金额

24．在施工中，施工单位有时要完成建设单位提出的工程合同范围以外的零星项目或工作，尤其是那些时间上不允许事先商定价格的额外工作，这一类工作一般是按合同约定的单价计价，而这一约定的单价体现在招标工程量清单的（　　　）中。

A．综合单价分析表　　　　　　B．暂列金额

C．暂估价　　　　　　　　　　D．计日工

25．投标时，当招标工程量清单中描述的项目特征与设计图纸不符时，投标人应以（　　　）为依据确定综合单价。

A．设计规范

B．招标工程量清单中描述的项目特征

C．设计图纸

D．预计施工时所采用图纸的项目特征

26．某施工单位拟投标一项工程，在招标工程量清单中已列明的甲分项工程的工程量为 $600m^3$。施工单位结合招标工程量清单中的项目特征描述和自身拟定的施工方案，计算出甲分项工程的实际施工工程量为 $720m^3$，施工的工料机费用合计为 36000元。企业管理费按工料机费用的 15% 计取，利润及风险费用合并考虑，以工料机费用和企业管理费为基数按 5% 计算。不考虑其他因素，投标时甲分项工程的综合单价应为（　　　）元 /m^3。

A．60.00   B．60.38

C．72.00   D．72.45

27．某施工企业拟在投标总价不变的情况下采用一定的不平衡报价，下列具体的工程中可以适当提高报价的是（   ）。

A．施工后期的措施费   B．基础工程

C．装饰装修工程   D．设备安装工程

28．承包人提交投标文件时，施工组织设计应包含在（   ）中。

A．投标函   B．技术标书

C．商务标书   D．投标函附录

二 多项选择题

1．对于建设单位来说，采用公开招标的优点有（   ）。

A．可以在较广范围内选择承包商

B．在较大程度上避免招标过程中的贿标行为

C．对投标申请者进行资格预审工作充分

D．有利于获得有竞争性的报价

E．招标准备工作量比较小

2．与公开招标方式相比，采用邀请招标方式的优点有（   ）。

A．对邀请对象比较了解，可减少合同履行中承包商违约的风险

B．邀请对象选择面窄，有可能排除某些有特点的潜在投标人

C．不需进行资格预审，可缩短招标时间

D．邀请对象少，评标工作量小

E．不需发布招标公告，可节约招标费用

3．《简明标准施工招标文件》适用于小型项目的施工招标，该小型项目应同时满足的条件有（   ）。

A．属于房屋建筑工程   B．预计合同金额不超过 3000 万元

C．技术相对简单   D．设计和施工不是由同一承包人承担

E．工期不超过 12 个月

4．从施工招标程序来看，公开招标和邀请招标均需经过的阶段有（   ）。

A．资格预审   B．招标准备

C．招标过程   D．资格后审

E．决标成交

5．下列招标人的工作中，属于招标策划阶段工作内容的有（   ）。

A．确定承包模式   B．编制资格预审文件

C．划分施工标段   D．编制招标文件

E．选择合同计价方式

6．根据合同计价方式的不同，施工合同可分为（   ）。

A．三边合同   B．总价合同

C．单价合同　　　　　　　　　D．成本加酬金合同

E．双边合同

7．根据国家发展改革委等九部委联合发布的《标准施工招标资格预审文件》，下列文件中，属于资格预审文件组成的有（　　　）。

A．招标工程量清单　　　　　　B．申请人须知

C．资格审查办法　　　　　　　D．项目建设概况

E．招标人对资格预审文件所作的澄清

8．根据《标准施工招标文件》，施工招标文件由（　　　）组成。

A．技术标准和要求　　　　　　B．招标公告或投标邀请书

C．合同条款及格式　　　　　　D．评标办法

E．招标方项目管理机构设置

9．国有资金占主导地位的依法必须进行招标的项目，招标人应组建资格审查委员会审查资格预审申请文件。关于该资格审查委员会组成的说法，正确的有（　　　）。

A．技术、经济等方面的专家不得少于成员总数的 2/3

B．项目管理方面的专家不得少于成员总数的 1/4

C．招标人的上级管理部门应派出至少 1 名专家

D．来自招标单位的专家不得少于成员总数的 3/4

E．成员人数为 5 人以上单数

10．关于招标人组织投标人进行施工现场踏勘目的的说法，正确的有（　　　）。

A．招标人对合同条款作出进一步澄清和解释，是招标文件的补充

B．对投标人提出的有关问题作进一步说明，有助于投标人做出正确的判断

C．为避免施工合同履行中承包商以不了解现场情况为由推卸其应承担的责任

D．为了让投标人结合工程实际情况编制投标文件

E．为了使投标人了解竞争的激烈程度，利于获得较低的投标报价

11．关于评标委员会成员及其组成的说法，正确的有（　　　）。

A．成员必须从依法组建的专家库中随机抽取，不得直接确定

B．成员名单应在开标前确定，在中标结果确定前应当保密

C．技术、经济等方面的专家不得少于成员总数的 2/3

D．成员人数为 5 人以上单数

E．成员中可以有招标人代表

12．施工评标初步评审阶段的主要工作内容包括（　　　）。

A．响应性评审

B．资格评审

C．施工组织设计和项目管理机构评审

D．形式评审

E．投标报价和付款条件

13．作为中标人，施工承包人在签订施工合同前进行谈判的主要目的有（　　　）。

A．争取改善合同条款，澄清模糊条款

B．争取修改过于苛刻的不合理条款，增加保护自身利益的条款

C. 争取通过谈判提高签约合同价格，以获得更高利润

D. 争取通过谈判增加合同工程内容，以获得更多的机会

E. 协商确定未来发生工程变更时，相关工程价款的调整方法或原则

14. 根据《标准施工招标文件》，关于在确定了施工工程的中标人之后，招标人和中标人签订合同的说法，正确的有（　　　）。

A. 招标人最迟应在书面合同签订后 5 日内向中标人和未中标的投标人退还投标保证金及银行同期存款利息

B. 合同的标的、价款、质量等主要条款应当与招标文件和中标人的投标文件的内容一致

C. 招标人应在中标通知书发出之日起 15 日内，与中标人订立书面合同

D. 中标人无正当理由拒签合同的，其投标保证金不予退还

E. 招标文件要求中标人提交履约保证金的，履约保证金不得超过中标合同金额的 5%

15. 下列成本加酬金合同计价方式中，有利于鼓励施工单位降低成本和缩短工期，同时建设单位和施工单位都不会承担太大风险的合同计价方式有（　　　）。

A. 成本加固定百分比酬金　　　　　B. 成本加固定酬金

C. 成本加浮动酬金　　　　　　　　D. 目标成本加奖罚

E. 直接成本加固定基本酬金

16. 根据《建设工程工程量清单计价规范》GB 50500—2013，招标工程量清单应由分部分项工程项目清单以及（　　　）组成。

A. 企业管理费清单　　　　　　　　B. 其他项目清单

C. 待摊项目清单　　　　　　　　　D. 规费和税金项目清单

E. 措施项目清单

17. 根据《建设工程工程量清单计价规范》GB 50500—2013，分部分项工程量清单应载明项目名称、项目特征以外，还应载明的内容有（　　　）。

A. 施工顺序　　　　　　　　　　　B. 项目编码

C. 工程量计算规则　　　　　　　　D. 计量单位

E. 工程量

18. 根据《建设工程工程量清单计价规范》GB 50500—2013，下列措施项目中，属于"总价项目"的是（　　　）。

A. 已完工程及设备保护　　　　　　B. 脚手架

C. 安全文明施工　　　　　　　　　D. 工程定位复测

E. 施工降水

19. 暂列金额是招标人在工程量清单中暂定并包括在合同价款中的一笔款项，可以用于（　　　）。

A. 现场签证确认的费用

B. 合同约定调整因素出现时的合同价款调整的费用

C. 施工中可能发生的工程变更的费用

D. 施工中必然发生但暂时不能确定价格的设备费用

E. 施工合同签订时尚未确定的所需材料的采购费用

20. 根据《建设工程工程量清单计价规范》GB 50500—2013，下列保险费中，属于规费项目的有（　　　）。

A. 工伤保险费

B. 失业保险费

C. 意外伤害保险费

D. 生育保险费

E. 养老保险费

21. 关于建设工程投标价的说法，正确的有（　　　）。

A. 投标价只能由投标人自行编制，不得委托第三方咨询机构

B. 投标价不能高于招标人设定的招标控制价

C. 投标价由投标人自主确定，是否低于成本取决于投标人的报价策略

D. 投标人必须按招标工程量清单填报价格，项目编码、项目特征等必须与招标工程量清单一致

E. 投标总价应当与分部分项工程费、措施项目费、其他项目费和规费、税金合计金额一致

22. 根据《建设工程工程量清单计价规范》GB 50500—2013，下列其他项目报价的做法中，正确的有（　　　）。

A. 暂列金额按招标工程量清单中列出的金额填写

B. 暂估价中的材料按招标工程量清单中列出的单价计入综合单价

C. 计日工按招标工程量清单中列出的项目和数量，自主确定综合单价

D. 总承包服务费按招标人在招标文件中列出的内容和要求自主确定

E. 专业工程暂估价按招标工程量清单中列出的金额再加上管理费后填写

23. 下列施工单位准备投标的工程中，报价可以偏高一些的有（　　　）。

A. 施工条件差、工期又紧的工程

B. 有特殊要求的港口码头工程

C. 支付条件不理想的地下开挖工程

D. 投标对手多、竞争激烈的工程

E. 专业要求高的技术密集型工程且施工单位在这方面有专长，声望也较高

【答案与解析】

一、单项选择题

1. A；　2. D；　*3. C；　4. A；　5. C；　6. B；　7. B；　8. B；
9. A；　10. D；　*11. D；　12. C；　*13. A；　14. D；　15. D；　16. C；
17. B；　*18. A；　19. B；　20. C；　21. B；　22. C；　23. C；　24. D；
25. B；　*26. D；　27. B；　28. B

【解析】

3.【答案】C

采用公开招标方式的优点是，投标竞争激烈，有利于招标人将工程项目交予可靠的承包商实施，并获得有竞争性的报价。同时，也可在较大程度上避免招标过程中的贿

标行为。但缺点是，对投标申请者进行资格预审和评标的工作量大、招标时间长、费用高。选项 C 正确。

11.【答案】D

投标人资格预审方法有两种：合格制和有限数量制。合格制的优点是会使投标竞争更加充分，缺点是可能会出现投标人数多，增加招标成本。有限数量制的优点是可以限制投标人数量，降低招标工作量和费用。合格制和有限数量制在审查标准上无本质区别，都需要进行初步审查和详细审查。两者区别就在于有限数量制需要对通过审查的资格预审申请文件进行量化打分。选项 D 正确。

13.【答案】A

采用经评审的最低投标价法评标时，评标委员会应按照经评审的投标价由低到高的顺序推荐中标候选人，或根据招标人授权直接确定中标人。经评审的投标价相等时，投标报价低的优先；投标报价也相等的，由招标人自行确定。选项 A 正确。

18.【答案】A

固定总价合同适用于：招标时已有施工图设计文件，施工任务和发包范围明确，合同履行中不会出现较大设计变更；工程规模较小、技术不太复杂的中小型工程或承包工作内容较为简单的工程部位，施工单位可在投标报价时合理地预见施工过程中可能遇到的各种风险；工程量小、工期较短（一般为 1 年之内），合同双方可不必考虑市场价格浮动对承包价格的影响的工程。可调总价合同在固定总价合同的基础上，因合同履行过程中市场价格变动、工程变更及其他工程条件变化而使工程成本增加时，可按合同约定对合同总价进行调整。

单价合同大多用于工期长、技术复杂、实施过程中发生各种不可预见因素较多的大型工程，以及建设单位为缩短工程建设周期，初步设计完成后就进行招标的工程。采用固定单价合同时，无论发生哪些影响价格的因素，都不对合同约定的单价进行调整。这对施工单位而言，存在着一定风险。采用可调单价合同时，合同双方可以估算工程量为基准，约定实际工程量的变化超过一定比例时合同单价的调整方式。合同双方也可约定，当市场价格变化达到一定程度或国家政策发生变化时，可以对哪些工程内容的单价进行调整，以及如何进行调整。由此可见，采用可调单价合同时，施工单位的风险相对较小。选项 A 正确。

26.【答案】D

根据题目中的已知条件，甲分项工程的综合单价为：

$36000 \times (1 + 15\%) \times (1 + 5\%) \div 600 = 72.45$ 元 $/m^3$

注意应除以招标工程量清单中的工程数量 $600m^3$，而不是实际施工工程数量 $720m^3$。

二、多项选择题

1. A、B、D；	2. A、C、D、E；	3. C、D、E；	4. B、C、E；
5. A、C、E	6. B、C、D；	7. B、C、D、E；	8. A、B、C、D；
9. A、E；	*10. C、D；	11. B、C、D、E；	12. A、B、C、D；
13. A、B、E；	*14. A、B、D；	15. C、D；	16. B、D、E；
17. B、D、E；	*18. A、C、D；	19. A、B、C、E；	20. A、B、D、E；
21. B、D、E；	22. A、B、C、D；	23. A、B、C、E	

10.【答案】C、D

招标人组织投标人进行施工现场踏勘的目的：一是让投标人考察和了解施工现场的自然环境、社会环境及施工条件，便于决定投标策略和报价原则，更好地结合工程实际编制投标文件；二是为避免施工合同履行中承包商以不了解现场情况为由推卸其应承担的责任。

招标人在组织现场踏勘时，除对工程场地和相关周边环境情况进行介绍外，不对投标人提出的有关问题作进一步说明，以免干扰投标人的判断。即使是招标人在踏勘现场中介绍的工程场地和相关周边环境情况，也仅供投标人在编制投标文件时参考，招标人不对投标人据此作出的判断和决策负责。

14.【答案】A、B、D

招标人和中标人应在中标通知书发出之日起30日内，根据招标文件和中标人的投标文件订立书面合同。合同的标的、价款、质量、履行期限等主要条款应当与招标文件和中标人的投标文件的内容一致。

招标人最迟应在书面合同签订后5日内向中标人和未中标的投标人退还投标保证金及银行同期存款利息。中标人无正当理由拒签合同的，其投标保证金不予退还；招标文件要求中标人提交履约保证金的，中标人应按照招标文件的要求提交，履约保证金不得超过中标合同金额的10%。

18.【答案】A、C、D

措施项目可划分为两类：一类是"总价项目"，如文明施工和安全防护、临时设施、已完工程及设备保护、工程定位复测等，此类项目在现行国家计量规范中无工程量计算规则，应以总价（或计算基础乘费率）计算，以"项"计价；另一类是"单价项目"，如脚手架、施工降水工程等，可根据工程图纸（含设计变更）和国家相关工程计量规范规定的工程量计算规则进行计量，以"量"计价。本题考查的就是这两类措施项目的划分。选项 A、C、D 正确。

2.2　合同管理

复习要点

1. 施工合同管理

1）施工合同文件的组成及优先解释顺序

施工合同文件的组成及解释合同文件的优先顺序一般如下：（1）合同协议书；（2）中标通知书；（3）投标函及投标函附录；（4）专用合同条款；（5）通用合同条款；（6）技术标准和要求；（7）图纸；（8）已标价工程量清单；（9）其他合同文件。

2）施工合同订立时需要明确的内容

针对具体施工项目需要在合同中明确约定的内容主要有：施工现场范围和施工临时占地、发包人提供图纸的期限和数量、发包人提供的材料和工程设备、异常恶劣的气候条件范围、因物价变化引起的合同价格调整、办理保险的责任等。

3）施工合同履行管理

（1）施工进度管理

① 施工进度计划的审批

承包人应按专用合同条款约定的内容和期限，编制详细的施工进度计划和施工方案说明报送监理人。经监理人批准的施工进度计划称为合同进度计划，是控制合同工程进度的依据。不论何种原因造成工程的实际进度与合同进度计划不符时，承包人可以在专用合同条款约定的期限内向监理人提交修订合同进度计划的申请报告，并附有关措施和相关资料，报监理人审批。

② 工期延误

在履行合同过程中，由于发包人或承包人原因造成工期延误的，应由责任方承担，出现专用合同条款规定的异常恶劣气候条件原因造成工期延误的，承包人有权要求发包人延长工期。

③ 提前竣工

发包人要求承包人提前竣工，或承包人提出提前竣工的建议能够给发包人带来效益的，应由监理人与承包人共同协商采取加快工程进度的措施和修订合同进度计划。发包人应承担承包人由此增加的费用，并向承包人支付专用合同条款约定的相应奖金。

④ 暂停施工

因承包人或发包人原因暂停施工的，增加的费用和（或）工期延误由责任人承担。不论由于何种原因引起的暂停施工，暂停施工期间承包人应负责妥善保护工程并提供安全保障。暂停施工后，监理人应与发包人和承包人协商，采取有效措施积极消除暂停施工的影响。当工程具备复工条件时，监理人应立即向承包人发出复工通知。

（2）施工质量管理

在合同中应约定承包人在施工场地设置专门的质量检查机构，配备专职质量检查人员，建立完善的质量检查制度，还应约定材料和工程设备的质量责任以及隐蔽部位覆盖前的检查程序。

（3）工程计量与支付管理

工程计量主要区分单价子目的计量和总价子目的计量。单价子目计量时，结算工程量是承包人实际完成的，并按合同约定的计量方法进行计量的工程量。总价子目的工程量是承包人用于结算的最终工程量。

（4）变更管理

在合同履行过程中，经发包人同意，监理人可按合同约定的变更程序向承包人作出变更指示，承包人应遵照执行。变更管理主要包括变更的范围和内容、程序、变更估价、承包人的合理化建议以及其他项目。

（5）竣工验收

竣工验收的合同管理内容主要包括承包人报送竣工验收申请报告、监理人对竣工验收申请报告的审查、发包人验收工程、单位工程验收、试运行、竣工清场等。

（6）索赔管理

索赔的合同管理主要包括承包人和发包人索赔的程序、《标准施工招标文件》通用合同条款中涉及应给承包人补偿的条款，详见《建设工程施工管理》第2章的表2.2-1。

2．专业分包合同管理

1）专业分包合同文件组成及优先解释顺序

组成专业分包合同的文件及优先解释顺序如下：（1）合同协议书；（2）中标通知书（如有时）；（3）分包人的投标函及报价书；（4）除总包合同工程价款之外的总包合同文件；（5）专用合同条款；（6）通用合同条款；（7）合同工程建设标准、图纸；（8）合同履行过程中，承包人和分包人协商一致的其他书面文件。

2）专业分包工程进度管理

分包人应按照合同协议书约定的开工日期开工。对于各种原因造成分包工程工期延误，经项目经理确认是否给予工期相应顺延。

3）专业分包工程质量管理

分包工程质量应达到分包合同协议书和专用合同条款约定的工程质量标准，质量评定标准按照总包合同相应条款履行。分包人应允许并配合承包人或监理人进入分包人施工场地检查工程质量。

4）专业分包工程计量

分包工程合同价款在分包合同协议书中约定后，任何一方不得擅自改变。分包合同价款与总包合同相应部分价款无任何连带关系。分包工程合同价款应与总包合同约定的方式一致，通常有三种方式：固定价格、可调价格以及成本加酬金。

5）专业分包工程变更

在分包工程实施中，监理人有时会根据总包合同作出变更指令，该变更指令由监理人作出并经承包人确认后通知分包人；有时承包人也会作出变更指令，分包人应根据以上指令，以更改、增补或省略的方式对分包工程进行变更。

6）专业分包工程完工验收和移交

根据总包合同无需由发包人验收的部分，承包人应按照总包合同约定的验收程序自行验收。分包工程竣工日期为分包人提供竣工验收报告之日。

7）专业分包工程竣工结算

分包工程竣工验收报告经承包人认可后14天内，分包人向承包人递交分包工程竣工结算报告及完整的结算资料，双方按照分包合同协议书约定的合同价款及专用合同条款约定的合同价款调整内容，进行工程竣工结算。

3．劳务分包合同管理

1）劳务分包合同文件组成及优先解释顺序

劳务分包合同文件组成及优先解释顺序如下：（1）劳务分包合同；（2）劳务分包合同附件；（3）工程施工总承包合同；（4）工程施工专业承（分）包合同。

2）劳务作业人员管理

（1）劳务实名制管理

建筑业全面实行农民工实名制管理制度，进入施工现场的建设单位、承包单位、监理单位的项目管理人员及建筑工人均纳入建筑工人实名制管理范畴。总承包企业对所承接工程项目的建筑工人实名制管理负总责。

（2）安全教育和安全生产

工程承包人应对其在施工场地的工作人员进行安全教育，并对他们的安全负责。

劳务分包人在动力设备、输电线路等施工开始前应向工程承包人提出安全防护措施，经工程承包人认可后实施，防护措施费用由工程承包人承担。

3）相关保险的办理

劳务分包人施工开始前，工程承包人应获得发包人为施工场地内的自有人员及第三人人员生命财产办理的保险，且不需劳务分包人支付保险费用。

4）劳务作业计量与支付

劳务报酬的计算有三种方式：① 固定劳务报酬（含管理费）；② 约定不同工种劳务的计时单价（含管理费）；③ 约定不同工作成果的计件单价（含管理费）。具体采用哪种方式由合同当事人约定。劳务报酬的支付分中间支付和最终支付两种。

5）施工变更的处理

施工中如发生对原工作内容进行变更的情形，工程承包人项目经理应提前7天以书面形式向劳务分包人发出变更通知，并提供变更的相应图纸和说明。劳务分包人按照工程承包人（项目经理）发出的变更通知及有关要求，进行需要的变更。

6）施工配合与验收

劳务分包人应配合工程承包人对其工作进行初步验收，以及工程承包人按发包人或建设行政主管部门要求进行的涉及劳务分包人工作内容、施工场地的检查、隐蔽工程验收及工程竣工验收。劳务分包人应确保所完成施工的质量，应符合合同约定的质量标准。

4．材料设备采购合同管理

1）材料采购合同管理

（1）材料采购合同文件组成及优先解释顺序

材料采购合同文件组成及优先解释顺序如下：① 合同协议书；② 中标通知书；③ 投标函；④ 商务和技术偏差表；⑤ 专用合同条款；⑥ 通用合同条款；⑦ 供货要求；⑧ 分项报价表；⑨ 中标材料质量标准的详细描述；⑩ 相关服务计划。

（2）合同价格与支付

材料采购合同协议书中载明的签约合同价包括卖方为完成合同全部义务应承担的一切成本、费用和支出及卖方的合理利润。

（3）检验和验收

合同材料交付前，卖方应对其进行全面检验，并在交付合同材料时向买方提交合同材料的质量合格证书。

（4）质量保证期和履约保证金

除专用合同条款和（或）供货要求等合同文件另有约定外，合同材料的质量保证期自合同材料验收之日起算，至合同材料验收证书或进度款支付函签署之日起12个月止（以先到的为准）。

2）设备采购合同管理

（1）设备采购合同文件组成及优先解释顺序

设备采购合同文件的组成及优先解释顺序与材料采购合同文件的组成及优先解释顺序基本相同，仅在于"⑨ 中标设备技术性能指标的详细描述"和"⑩ 技术服务和质保期服务计划"内容不同。

（2）合同价格与支付

设备采购合同协议书中载明的签约合同价通常为固定价格，包括卖方为完成合同全部义务应承担的一切成本、费用和支出及卖方合理利润。设备采购价款的支付比较复杂，买方应按合同约定的方式和比例向卖方支付合同价款。

（3）监造和交货前检验

与材料采购合同不同的是，为了保证设备质量，通常会在专用合同条款中约定，在合同设备制造过程中，买方可派出监造人员，对合同设备的生产制造进行监造，监督合同设备制造、检验等情况。

（4）开箱检验和安装、调试、验收

合同设备交付后应进行开箱检验，即合同设备数量及外观检验。开箱检验完成后，双方应对合同设备进行安装、调试，以使其具备考核的状态。安装、调试完成后，双方应对合同设备进行考核，以确定合同设备是否达到合同约定的技术性能考核指标。

（5）技术服务和质量保证期

卖方应派遣技术熟练、称职的技术人员到施工场地为买方提供技术服务。买方应免费为卖方技术人员提供工作条件及便利。合同设备整体质量保证期为验收之日起 12 个月。

一　单项选择题

1. 组成施工合同的文件包括：① 中标通知书；② 合同协议书；③ 已标价工程量清单；④ 专用合同条款；⑤ 图纸。当这些文件中出现约定不一致的内容时，则解释合同文件的优先顺序为（　　　　）。

　　A．①②⑤④③　　　　　　　　B．②①③⑤④

　　C．①②④③⑤　　　　　　　　D．②①④⑤③

2. 根据《标准施工招标文件》通用合同条款，发包人委托监理人发出开工通知的，监理人应在开工日期（　　　　）天前向承包人发出开工通知。

　　A．3　　　　　　　　　　　　B．5

　　C．7　　　　　　　　　　　　D．10

3. 根据《标准施工招标文件》通用合同条款，由承包人负责运输的超大件或超重件，应由（　　　　）负责向交通运输管理部门办理申请手续。

　　A．承包人　　　　　　　　　　B．监理人

　　C．发包人　　　　　　　　　　D．发包人的上级机构

4. 根据《标准施工招标文件》通用合同条款，关于监理人职责的说法，正确的是（　　　　）。

　　A．监理人征得发包人同意后，应在开工日期3天前向承包人发出开工通知

　　B．监督管理施工进度、施工质量安全、环境保护、处理工程变更和施工索赔等事宜

　　C．负责组织工程竣工验收，并签署竣工验收意见

　　D．监理人可以根据情况变更合同约定的发包人和承包人的权利、义务和责任

5. 适用《标准施工招标文件》的项目一般应具备的特征是（   ）。

    A. 发包人提出工程范围和内容，承包人负责施工的项目

    B. 发包人提出功能要求，承包人负责提供详细设计并施工的项目

    C. 发包人提供概念设计，承包人负责提供设计图纸并施工的项目

    D. 发包人提供设计图纸，承包人负责施工的项目

6. 《标准施工招标文件》通用合同条款中设定的投标基准日期为（   ）。

    A. 投标截止日前第 42 天

    B. 投标截止日前第 28 天

    C. 投标截止日前 28 天所属的月份

    D. 投标截止日当天

7. 关于办理工程保险的说法，正确的是（   ）。

    A. 由承包人办理工程保险和第三者责任保险的，应以承包人名义投保

    B. 由发包人办理工程保险和第三者责任保险的，应以发包人名义投保

    C. 无论是由承包人还是发包人办理工程险和第三者责任保险，均必须以发包人和承包人的共同名义投保

    D. 由承包人办理的工程保险，承包人需要变动保险合同条款时，不必征得发包人同意

8. 根据《标准施工招标文件》通用合同条款，由于发包人原因发生暂停施工的紧急情况，且监理人未及时下达暂停施工指示的，承包人应采取的做法是（   ）。

    A. 按原计划继续施工，但要及时向监理人提出暂停施工的书面请求

    B. 继续施工，但可以放慢进度，等候监理人暂停施工的通知

    C. 先暂停施工，等候发包人提出暂停施工的书面通知

    D. 先暂停施工，并及时向监理人提出暂停施工的书面请求

9. 根据《标准施工招标文件》通用合同条款，由于发包人原因引起的暂停施工造成工期延误的，承包人有权要求发包人（   ）。

    A. 延长工期和（或）增加费用，但不能要求支付利润

    B. 延长工期和（或）增加费用，并支付合理利润

    C. 延长工期，但不能要求补偿费用和支付利润

    D. 增加费用，但不能要求延长工期和支付利润

10. 根据《标准施工招标文件》通用合同条款，由于承包人责任引起的暂停施工，如承包人在收到监理人暂停施工指示后（   ）天内不采取复工措施，造成工期延误，可视为承包人违约。

    A. 14   B. 28

    C. 42   D. 56

11. 根据《标准施工招标文件》通用合同条款，承包人按合同约定覆盖隐蔽工程部位后，监理人对质量有疑问的，应采取的做法是（   ）。

    A. 监理人可查看承包人的自检记录和必要的检查资料，确定是否有质量问题

    B. 监理人指示承包人再次钻孔探测，经检验证明工程质量符合合同要求的，由发包人承担由此增加的费用和（或）工期延误，并支付承包人合理利润

C. 监理人指示承包人再次钻孔探测，经检验证明工程质量符合合同要求的，由发包人承担由此增加的费用和（或）工期延误，但不支付承包人利润

D. 监理人指示承包人再次钻孔探测，结果证明工程质量不符合合同要求的，由此增加的费用和（或）工期延误由发包人和承包人合理分担

12. 根据《标准施工招标文件》通用合同条款，关于工程计量的说法，正确的是（　　）。

A. 已标价工程量清单中的单价子目工程量等于承包人实际完成的工程量

B. 结算工程量是承包人实际完成的，并按合同约定的计量方法计量的工程量

C. 总价子目计量应以总价为基础，不因任何物价的波动而进行调整

D. 总价子目的工程量是承包人用于结算的最终工程量，在施工过程中不需要计量

13. 根据《建设工程工程量清单计价规范》GB 50500—2013，包工包料工程的预付款支付比例为（　　）。

A. 不得低于签约合同价的 10%，不宜高于签约合同价的 30%

B. 签约合同价（扣除暂列金额）的 20%

C. 不得低于签约合同价（扣除暂列金额）的 50%，不宜高于签约合同价（扣除暂列金额）的 20%

D. 不得低于签约合同价（扣除暂列金额）的 10%，不宜高于签约合同价（扣除暂列金额）的 30%

14. 根据《建设工程工程量清单计价规范》GB 50500—2013，关于预付款扣回的说法，正确的是（　　）。

A. 预付款应从每一个支付期应支付给承包人的工程进度款中扣回

B. 发包人应在预付款扣完后的 28 天内将预付款保函退还给承包人

C. 在颁发工程接收证书前，由于不可抗力解除合同时，尚未扣清的预付款余额应作为发包人的坏账损失

D. 发包人在扣回预付款时，当扣回的金额达到合同约定的预付款金额的 97% 时停止扣回

15.《标准施工招标文件》通用合同条款中的"基准日期"指的是（　　）。

A. 投标截止日前第 14 天　　　　　B. 合同签订日前第 14 天

C. 合同签订日前第 28 天　　　　　D. 投标截止日前第 28 天

16. 根据《财政部 住房和城乡建设部关于完善建设工程价款结算有关办法的通知》（财建〔2022〕183 号），自 2022 年 8 月 1 日起签订的工程合同，政府机关、事业单位、国有企业建设工程进度款支付应不低于已完成工程价款的（　　）。

A. 60%　　　　　　　　　　　　B. 70%

C. 80%　　　　　　　　　　　　D. 90%

17. 根据《标准施工招标文件》通用合同条款，承包人应按合同约定编制施工安全措施计划和制定应对灾害的紧急预案，并应报送（　　）审批。

A. 承包人的上级公司　　　　　　B. 当地政府建设主管部门

C. 发包人　　　　　　　　　　　D. 监理人

18. 根据《标准施工招标文件》通用合同条款，变更指示只能由（   ）发出。

    A．设计单位   B．发包人和总监共同

    C．监理人   D．发包人

19. 根据《标准施工招标文件》通用合同条款，承包人应在收到变更指示后的（   ）天内，向监理人提交变更报价书。

    A．7   B．14

    C．21   D．28

20. 根据《建设工程工程量清单计价规范》GB 50500—2013，某工程招标工程量清单中现浇混凝土工程量为 3000m³，综合单价为 600 元/m³，在施工过程中因设计变更导致混凝土的实际工程量为 4000m³。合同中约定，当工程变更导致清单项目的工程量增加 15% 以上时，超过 15% 部分的工程量的综合单价应调低为原综合单价的 0.90。不考虑其他因素，则该现浇混凝土的工程量价款为（   ）万元。

    A．216.0   B．234.0

    C．236.7   D．240.0

21. 根据《标准施工招标文件》通用合同条款，关于暂列金额的说法，正确的是（   ）。

    A．暂列金额可由承包人按工作内容使用，不需经发包人批准

    B．暂列金额有剩余的，应归发包人所有

    C．暂列金额有剩余的，应归承包人所有

    D．暂列金额有剩余的，应归发包人和承包人共同所有

22. 根据《标准施工招标文件》通用合同条款，发包人在工程量清单中给定暂估价的材料、工程设备和专业工程属于依法必须招标的范围并达到规定的规模标准的，应由（   ）以招标的方式选择供应商或分包人。

    A．发包人   B．承包人

    C．监理人和发包人   D．发包人和承包人

23. 根据《标准施工招标文件》通用合同条款，除专用合同条款另有约定外，经验收合格工程的实际竣工日期是（   ）。

    A．工程实际移交的日期   B．提交竣工验收申请报告的日期

    C．工程实际投入使用的日期   D．组织工程竣工验收的日期

24. 根据《标准施工招标文件》通用合同条款，承包人应在知道或应当知道索赔事件发生后 28 天内，首先向监理人递交（   ）。

    A．索赔意向通知书   B．索赔金额计算及证明材料

    C．索赔报告   D．索赔事件连续影响的情况及记录

25. 根据《标准施工招标文件》通用合同条款，下列索赔事件发生时，应同时给承包人补偿工期、费用和利润的是（   ）。

    A．发包人原因造成承包人人员工伤事故

    B．发包人提供的材料的规格数量不符合合同要求

    C．异常恶劣气候的条件导致工期延误

    D．基准日后因法律变化引起的价格调整

26. 根据《标准施工招标文件》通用合同条款，发包人提供的测量基准点、基准线和水准点资料错误，应给予承包人补偿的是（　　）

    A．工期和费用   B．费用和利润

    C．工期和利润   D．工期、费用和利润

27. 实行专业分包的工程，承包人与分包人应就分包工程向发包人承担（　　）。

    A．主体责任   B．刑事责任

    C．连带责任   D．行政责任

28. 关于分包人与发包人关系的说法，正确的是（　　）。

    A．在紧急情况下，分包人可以直接致函发包人

    B．分包人须服从承包人转发的发包人或监理人与分包工程有关的指令

    C．在承包人不在场的情况下，分包人直接接受监理人的指令

    D．分包人在特殊情况下与发包人或监理人发生直接工作联系的，不属于违约

29. 根据《建设工程施工专业分包合同（示范文本）》GF—2003—0213，关于专业分包合同价款的说法，正确的是（　　）。

    A．分包工程合同价款在分包合同协议书中约定后，任何一方不得擅自改变

    B．分包合同价款应与总包合同相应部分价款存在一定的连带关系

    C．分包合同价款应采用固定价格

    D．分包合同应与总包采用一致的合同价款调整方法

30. 根据《建设工程施工劳务分包合同（示范文本）》GF—2003—0214，关于劳务分包合同文件优先解释顺序，正确的是（　　）。

    A．工程施工总承包合同、工程施工专业承（分）包合同、劳务分包合同、劳务分包合同附件

    B．劳务分包合同、工程施工专业承（分）包合同、工程施工总承包合同、劳务分包合同附件

    C．劳务分包合同附件、劳务分包合同、工程施工总承包合同、工程施工专业承（分）包合同

    D．劳务分包合同、劳务分包合同附件、工程施工总承包合同、工程施工专业承（分）包合同

31. 关于建筑业农民工实名制管理的说法，正确的是（　　）。

    A．对于新招募的工人，应由建筑企业在相关建筑工人实名制管理平台上登记后即可进入施工现场工作

    B．总承包企业对所承接工程项目的建筑工人实名制管理负总责

    C．建筑工人实名制管理范畴仅限于进入施工现场的施工承包单位

    D．总承包企业对其选用的分包企业的建筑工人实名制管理负直接责任

32. 根据《建设工程施工劳务分包合同（示范文本）》GF—2003—0214，下列保险中，必须由劳务分包人办理支付费用的是（　　）。

    A．施工场地内的工程承包人的自有人员及第三人人员生命财产办理的保险

    B．施工场地内劳务分包人的从事危险作业职工的意外伤害保险

    C．运至施工场地用于劳务施工的材料的保险

D. 由工程承包人租赁并提供给劳务分包人使用的施工机械的保险

33. 根据《建设工程施工劳务分包合同（示范文本）》GF—2003—0214，关于施工变更处理的说法，正确的是（   ）。

A. 因变更造成的劳务分包人损失和工期延误的，由工程承包人承担损失，工期不予顺延

B. 劳务分包人对原不合理的设计进行变更发生的费用，由工程承包人与劳务分包人共同承担

C. 因变更减少劳务分包人的工程量，劳务报酬应相应减少，工期相应调整

D. 因劳务分包人自身原因导致的工程变更，劳务分包人可以要求工程承包人适当追加劳务报酬

34. 根据《建设工程施工劳务分包合同（示范文本）》GF—2003—0214，全部工程竣工（包括劳务分包人完成工作在内）一经发包人验收合格，在质量保修期内的质量保修责任承担的说法，正确的是（   ）。

A. 工程承包人承担主要责任，劳务分包人承担连带责任

B. 劳务分包人对其分包的劳务作业的质量与工程承包人共同承担保修责任

C. 劳务分包人对其分包的劳务作业的质量不再承担责任

D. 劳务分包人对其分包的劳务作业的质量承担全部保修责任

35. 根据《建设工程施工劳务分包合同（示范文本）》GF—2003—0214，因不可抗力事件造成的费用损失承担原则，正确的是（   ）。

A. 运至施工场地用于劳务作业的材料的损害，由劳务分包人承担

B. 劳务分包人的人员伤亡由工程承包人负责，并承担相应费用

C. 工程承包人提供给劳务分包人使用的机械设备损坏，由劳务分包人承担

D. 劳务分包人自有机械设备损坏及停工损失，由劳务分包人自行承担

36. 根据《标准材料采购招标文件》通用合同条款，关于合同材料检验和验收的说法，正确的是（   ）。

A. 买卖双方应签署合同材料验收证书一份，由买方持有

B. 合同材料交付后，买方应在专用合同条款约定的期限内安排对材料进行检验

C. 买方自行对合同材料进行检验，不需通知卖方

D. 合同材料验收证书的签署后即可免除卖方对合同材料应承担的保证责任

37. 根据《标准材料采购招标文件》通用合同条款，合同材料的质量保证期自合同材料验收之日起算，至合同材料验收证书或进度款支付函签署之日起（   ）个月止（以先到的为准）。

A. 3   B. 6

C. 12   D. 24

38. 根据《标准材料采购招标文件》通用合同条款，卖方未能按时交付合同材料的，应向买方支付迟延交货违约金，迟延交付违约金的最高限额为合同价格的（   ）。

A. 1%   B. 3%

C. 5%   D. 10%

39. 根据《标准设备采购招标文件》，关于合同设备监造的说法，正确的是（   ）。

A. 买方监造人员可到合同设备的生产制造现场进行监造，卖方应予配合

B. 买方监造人员的交通、食宿费用由卖方承担

C. 买方监造人员对合同设备的监造，等同于买方对合同设备质量的确认

D. 买方监造人员在监造中提出的意见，卖方必须听从，由此增加的费用由买方负责

40. 根据《标准设备采购招标文件》通用合同条款，在合同设备考核时，由于卖方原因未能达到技术性能考核指标时，买方应为卖方进行考核的机会最多不超过（　　）次。

A. 一   B. 二

C. 三   D. 五

二　多项选择题

1. 根据《标准施工招标文件》通用合同条款，下列工作中，属于发包人的义务的有（　　）。

A. 向承包人提供施工场地及施工场地内的地下管线资料，但并不保证资料的准确、完整

B. 应协助承包人办理法律规定的有关施工证件和批件

C. 根据合同进度计划，组织设计单位向承包人和监理人进行设计交底

D. 应按合同约定的条件、时间和方式向承包人及时支付合同价款

E. 委托监理人发出开工通知

2. 根据《标准施工招标文件》通用合同条款，关于承包人编制工程实施措施计划的说法，正确的有（　　）。

A. 承包人应对所有施工作业和施工方法的完备性、安全性、可靠性负责

B. 针对危险性较大的分部分项工程承包人编制专项施工方案后可自行实施

C. 在合同约定期限内，承包人应提交工程质量保证措施文件，报送监理人审批

D. 承包人应编制施工环境保护措施计划，并自行实施

E. 施工组织设计和施工进度计划编制完成后，应报送监理人审批

3. 根据《标准施工招标文件》通用合同条款，承包人的施工前期准备工作满足开工条件后，向监理人提交的工程开工报审表的内容应包括（　　）等。

A. 正常施工所需的施工道路情况　　B. 开工所需资金的筹备情况

C. 临时设施的落实情况　　　　　　D. 工程进度安排

E. 施工人员的安排情况

4. 根据《标准施工招标文件》通用合同条款，下列工作中，属于承包人应履行的义务有（　　）。

A. 施工场地及其周边环境与生态的保护工作

B. 工程接收证书颁发前工程的照管和维护工作

C. 管理施工控制网点

D. 采取施工安全措施，确保工程及其人员、材料、设备和设施的安全

E. 提供真实、准确、完整的施工场地内的地下管线和地下设施等有关资料

5. 根据《标准施工招标文件》通用合同条款，应由承包人负责投保并支付保险费用的险种有（　　）。

A. 建筑工程一切险
B. 设计责任险
C. 职业责任险
D. 安装工程一切险
E. 第三者责任保险

6. 关于施工合同中进度计划的审批和修订的说法，正确的有（　　）。

A. 承包人应按约定的内容和期限，编制详细的施工进度计划报送监理人
B. 监理人应在约定的期限内批复承包人提交的施工进度计划，否则该进度计划视为已得到批准
C. 监理人可自行批复承包人修订的进度计划，不需发包人同意
D. 监理人可以直接向承包人作出修订合同进度计划的指示
E. 经监理人批准的施工进度计划是合同进度计划

7. 根据《标准施工招标文件》通用合同条款，造成工期延误的，承包人有权要求发包人延长工期和（或）增加费用，并支付合理利润的有（　　）。

A. 提供设计图纸延误
B. 增加合同工作内容
C. 发包人要求改变合同中任何一项工作的质量要求
D. 发包人变更甲供材料的交货地点
E. 异常恶劣气候条件导致的工期延误

8. 根据《标准施工招标文件》通用合同条款，下列工程质量检查的说法，正确的有（　　）。

A. 承包人应按合同约定进行质量检查，编制工程质量报表，报送监理人审查
B. 承包人应为监理人的工程质量检查和检验提供方便
C. 监理人对工程质量的检查和检验，可以免除承包人按合同约定应负的责任
D. 承包人应按监理人指示，进行施工场地取样试验、工程复核测量
E. 监理人可以在施工场地进行质量检查，但无权查阅承包人的施工原始记录

9. 根据《标准施工招标文件》通用合同条款，关于承包人提供材料的说法，正确的有（　　）。

A. 承包人应按专用合同条款约定，将材料的供货人及品种等报送监理人审批
B. 承包人提供的材料均由承包人负责采购、运输和保管
C. 承包人应向监理人提交其负责提供的材料的质量证明文件
D. 监理人指示对承包人提供的材料进行抽样检验的，检验结果合格的，所需费用由发包人承担
E. 承包人应对其采购的材料负责

10. 根据《标准施工招标文件》通用合同条款，关于发包人提供的工程设备的说法，正确的有（　　）。

A. 承包人应根据合同进度计划安排，向监理人报送要求发包人交货的日期计划
B. 发包人应在工程设备到货 7 天前通知承包人，承包人应自行验收

C. 发包人应按照商定的交货日期，向承包人提交工程设备

D. 除专用合同条款另有约定外，发包人提供的工程设备验收后，由承包人负责保管

E. 发包人提供的工程设备不符合合同要求的，发包人仅应承担由此造成的工期延误

11. 根据《建设工程工程量清单计价规范》GB 50500—2013，关于预付款支付的说法，正确的有（　　　）。

A. 发包人应在收到预付款支付申请的 7 天内进行核实后向承包人发出预付款支付证书

B. 发包人在签发预付款支付证书后的 7 天内向承包人支付至少 50% 的预付款

C. 发包人未按合同约定按时支付预付款的，承包人可催告发包人支付

D. 发包人未按合同约定支付预付款的，承包人因此暂停施工的，发包人应承担由此增加的费用和（或）延误的工期，但不支付利润

E. 发包人在预付款期满后的 7 天内仍未支付的，承包人可在付款期满后的第 8 天起暂停施工

12. 根据《建设工程工程量清单计价规范》GB 50500—2013，关于安全文明施工费支付的说法，正确的有（　　　）。

A. 发包人应在工程开工后的 14 天内预付不低于当年施工进度计划的安全文明施工费总额的 50%

B. 发包人应将预付后剩余的安全文明施工费进行分解，与进度款同期支付

C. 发包人没有按时支付安全文明施工费的，承包人可催告发包人支付

D. 发包人在付款期满后的 7 天内仍未支付的，若发生安全事故，发包人应承担连带责任

E. 承包人对安全文明施工费应专款专用，在财务账目中单独列项备查

13. 根据《标准施工招标文件》通用合同条款，关于进度款支付的说法，正确的有（　　　）。

A. 承包人应在每个付款周期末，向监理人提交进度付款申请单，并附相应的支持性证明文件

B. 工程进度付款周期与工程计量周期相同

C. 监理人应在收到承包人进度付款申请单等资料后的 14 天内完成核查

D. 监理人出具进度付款证书，视为监理人已同意、批准并接受了承包人完成的该部分工作

E. 发包人应在监理人收到进度付款申请单后的 14 天内，将进度应付款支付给承包人

14. 根据《建设工程工程量清单计价规范》GB 50500—2013，关于工程进度款支付的说法，正确的有（　　　）。

A. 承包人现场签证的金额应列入本周期进度款应增加的金额中

B. 发包人未按照规范支付进度款的，承包人可催告发包人支付，但不能要求延迟支付的利息

C. 发包人提供的甲供材料，应按照发包人签约提供的单价和数量从进度款支付中扣出

D. 发包人在付款期满后的 7 天内仍未支付的，承包人可在付款期满后的第 8 天起暂停施工

E. 发包人延迟支付进度款的应承担由此给承包人增加的费用和（或）延误的工期，但不包括利润

15. 根据《财政部 住房和城乡建设部关于完善建设工程价款结算有关办法的通知》（财建〔2022〕183 号），关于过程结算的说法，正确的有（　　）。

A. 经发承包双方已经确认的过程结算文件，在工程竣工后应再次审核

B. 发承包双方通过合同约定，将施工过程按时间或进度节点划分施工周期，对周期内已完成且无争议的工程量进行价款计算、确认和支付

C. 经双方确认的过程结算文件应作为竣工结算文件的组成部分

D. 当年开工、当年不能竣工的新开工项目可以推行过程结算

E. 过程结算中支付的金额不得超出已完工部分对应的批复概（预）算

16. 根据《标准施工招标文件》通用合同条款，关于工程质量保证金的说法，正确的有（　　）。

A. 工程质量保证金从应付工程款中预留，用以保证承包人在缺陷责任期内履行缺陷修复义务的资金

B. 监理人应从第一个付款周期开始，在发包人的进度付款中，按合同约定扣留工程质量保证金

C. 工程质量保证金的计算应包括预付款的支付、扣回及价格调整的金额

D. 若承包人没有完成缺陷责任，发包人有权扣留全部剩余的工程质量保证金

E. 缺陷责任期满时，承包人应向发包人申请到期应返还承包人剩余的工程质量保证金金额

17. 根据《标准施工招标文件》通用合同条款，竣工付款申请单的内容应包括（　　）。

A. 工程接收证书颁发后的索赔金额

B. 发包人已支付承包人的工程价款

C. 应支付的竣工付款金额

D. 应扣留的质量保证金

E. 竣工结算合同总价

18. 根据《标准施工招标文件》通用合同条款，下列施工现场的安全责任，应由发包人负责赔偿的有（　　）。

A. 工程的任何部分对土地的占用所造成的第三者财产损失

B. 发包人在现场机构雇佣的全部人员的工伤事故

C. 由于发包人原因在施工场地造成的第三者人身伤亡

D. 由于承包人原因造成发包人在施工现场的人员受伤

E. 由于发包人原因在施工场地毗邻地带造成的第三者财产损失

19. 根据《标准施工招标文件》通用合同条款，下列情形中，属于工程变更的

有（   ）。

    A．改变合同工程的基线和标高

    B．改变合同中任何一项工作的施工时间

    C．为完成工程需要追加的额外工作

    D．取消合同中任何一项工作，被取消的工作转由发包人实施

    E．改变合同中任何一项工作的施工人员

20．根据《标准施工招标文件》通用合同条款，关于计日工的说法，正确的有（   ）。

    A．以计日工方式实施的变更工作，承包人应按月向监理人报送计日工有关报表和凭证

    B．计日工应按列入已标价工程量清单中的计日工计价子目及其单价进行计算

    C．采用计日工计价的任何一项变更工作，应从暂列金额中支付

    D．计日工由承包人汇总后，由监理人复核并付款，不列入进度付款

    E．发包人认为有必要时，由监理人通知承包人以计日工方式实施变更工作

21．根据《标准施工招标文件》通用合同条款，关于单位工程验收的说法，正确的有（   ）。

    A．仅单位工程通过验收但其他工程还没有通过验收的，全部工程都不能交由发包人接收

    B．单位工程的验收成果和结论作为全部工程竣工验收申请报告的附件

    C．单位工程验收合格后，由监理人向承包人出具经发包人签认的单位工程验收证书

    D．已签发单位工程接收证书的单位工程应由承包人负责照管

    E．发包人在全部工程竣工前，使用已接收的单位工程导致承包人费用增加的，发包人应承担由此增加的费用和（或）工期延误，但不支付利润

22．根据《标准施工招标文件》通用合同条款，下列不可抗力导致的人员伤亡、财产损失、费用增加和（或）工期延误等后果分担的原则，正确的有（   ）。

    A．因工程损害造成的第三者人员伤亡和财产损失由发包人承担

    B．承包人设备的损坏由承包人承担

    C．施工现场的人员伤亡和财产损失及其相关费用由发包人承担

    D．承包人停工期间应监理人要求照管工程的金额由发包人承担

    E．不能按期竣工的，承包人应按合同约定支付逾期竣工违约金

23．根据《标准施工招标文件》通用合同条款，发包人和承包人在履行合同中发生争议的，可采取的争议解决方法有（   ）。

    A．友好协商

    B．监理认定

    C．向约定的仲裁委员会申请仲裁

    D．提请争议评审组评审

    E．向有管辖权的人民法院提起诉讼

24．根据《最高人民法院关于审理建设工程施工合同纠纷案件适用法律问题的解释

（一）》，当事人对建设工程开工日期有争议的，人民法院通常认定的开工日期为（　　）。

A．发包人或者监理人发出的开工通知载明的开工日期

B．开工通知发出后，尚不具备开工条件的，以开工条件具备的时间为开工日期

C．承包人经发包人同意已经实际进场施工的，以实际进场施工时间为开工日期

D．因承包人原因导致开工时间推迟的，以开工通知载明的时间为开工日期

E．监理人未发出开工通知，应当以开工报告日期认定为开工日期

25．根据《最高人民法院关于审理建设工程施工合同纠纷案件适用法律问题的解释（一）》，当事人对实际竣工日期有争议的，人民法院通常认定（　　）。

A．建设工程经竣工验收合格的，以竣工验收合格之日为竣工日期

B．承包人已经提交竣工验收报告，发包人拖延验收的，以承包人提交验收报告之日为竣工日期

C．建设工程未经竣工验收，发包人擅自使用的，以转移占有建设工程之日为竣工日期

D．建设工程未经竣工验收的部分，发包人擅自使用的，以开始使用之日为竣工日期

E．承包人已提交竣工验收报告，发包人验收认为不通过的，以承包人再次提交验收报告之日为竣工日期

26．根据《最高人民法院关于审理建设工程施工合同纠纷案件适用法律问题的解释（一）》，当事人对付款时间没有约定或者约定不明的，下列时间中，应视为应付款时间的有（　　）。

A．建设工程已实际交付的，为竣工验收合格之日

B．建设工程没有交付的，为提交竣工验收文件之日

C．建设工程没有交付的，为提交竣工结算文件之日

D．建设工程未交付，工程价款也未结算的，为当事人起诉之日

E．建设工程已实际交付的，为交付之日

27．下列专业分包合同中涉及的工作，一般属于承包人的义务的有（　　）。

A．为分包人从事危险作业的职工办理意外伤害保险，并支付保险费用

B．向分包人提供具备施工条件的施工场地

C．向分包人进行设计图纸交底

D．协调分包人与同一施工场地的其他分包人之间的交叉配合

E．为运至施工场地内用于分包工程的材料和待安装设备办理保险

28．根据《建设工程施工专业分包合同（示范文本）》GF—2003—0213，关于分包人不能按时开工的说法，正确的有（　　）。

A．分包人未在规定时间内向承包人提出延期开工要求的，工期不予顺延

B．分包人不能按时开工的，应在不迟于合同协议书约定的开工日期前1天，向承包人提出延期开工的理由

C．承包人在接到分包人延期开工申请后48h内不答复，视为同意分包人要求

D．因承包人原因造成分包人不能按时开工的，承包人应顺延工期，但不补偿分包人损失

E. 因承包人原因不能按照合同协议书约定的开工日期开工，项目经理应以书面形式通知分包人，推迟开工日期

29. 根据《建设工程施工专业分包合同（示范文本）》GF—2003—0213，关于专业分包工程完工验收和移交的说法，正确的有（　　　）。

A. 分包工程竣工验收未能通过且属于分包人原因的，分包人负责修复相应缺陷

B. 发包人未能按照总包合同及时组织验收的，承包人应按照总包合同规定的发包人验收的期限及程序自行组织验收

C. 专业分包工程应由发包人按照合同约定流程组织竣工验收

D. 承包人应在收到分包人提供的竣工验收报告之日起 3 日内通知发包人进行验收

E. 分包工程竣工日期为分包人通过承包人组织的竣工验收合格之日

30. 根据《建设工程施工劳务分包合同（示范文本）》GF—2003—0214，下列工作中，属于工程承包人义务的有（　　　）。

A. 就劳务分包范围内的工作内容，组织具有相应资格证书的熟练工人投入工作

B. 负责编制施工组织设计，统一制定各项管理目标

C. 安排劳务分包人独立使用的生产、生活临时设施等

D. 负责工程测量定位、沉降观测、技术交底

E. 向劳务分包人提供相应的工程地质和地下管网线路资料

31. 根据《标准材料采购招标文件》通用合同条款，卖方按照合同约定的进度交付合同材料并提供相关服务后，买方在收到卖方提交的单据并经审核无误后应向卖方支付进度款，这些单据包括买方签署的收货清单正本一份以及（　　　）。

A. 卖方出具的材料质量保修证书一份

B. 制造商出具的出厂质量合格证正本一份

C. 卖方出具的交货清单正本一份

D. 合同材料验收证书或进度款支付函正本一份

E. 合同价格 100% 金额的增值税发票正本一份

32. 根据《标准设备采购招标文件》通用合同条款，关于合同设备的质量保证期的说法，正确的有（　　　）。

A. 合同设备中关键部件的质量保证期应与合同设备整体的质量保证期一样

B. 合同设备整体质量保证期为验收之日起 12 个月

C. 在质量保证期内合同设备出现故障的，卖方应自负费用提供质保期服务

D. 在质量保证期内进行更换的合同设备的质量保证期应重新计算

E. 质量保证期届满后，买方应在 28 日内向卖方出具合同设备的质量保证期届满证书

【答案与解析】

一、单项选择题

*1. D；　　2. C；　　3. A；　　4. B；　　5. D；　　6. B；　　*7. C；　　8. D；

9. B;　　10. D;　　11. B;　　12. B;　　13. D;　　14. A;　　15. D;　　16. C;

17. D;　　18. C;　　19. B;　　*20. C;　　21. B;　　22. D;　　23. B;　　24. A;

25. B;　　26. D;　　27. C;　　28. B;　　29. A;　　30. D;　　31. B;　　*32. B;

33. C;　　34. C;　　35. D;　　36. B;　　37. C;　　38. D;　　39. A;　　40. C

【解析】

1.【答案】D

组成施工合同的各项文件应互相解释，互为说明。除专用合同条款另有约定外，解释合同文件的优先顺序如下：① 合同协议书；② 中标通知书；③ 投标函及投标函附录；④ 专用合同条款；⑤ 通用合同条款；⑥ 技术标准和要求；⑦ 图纸；⑧ 已标价工程量清单；⑨ 其他合同文件。结合本题中的内容，选项 D 正确。

7.【答案】C

无论是由承包人还是发包人办理工程险和第三者责任保险，均必须以发包人和承包人的共同名义投保，以保障双方均有出现保险范围内的损失时，可从保险公司获得赔偿。承包人需要变动保险合同条款时，应事先征得发包人同意，并通知监理人。保险人作出保险责任变动的，承包人应在收到保险人通知后立即通知发包人和监理人。选项 C 正确。

20.【答案】C

因设计变更增加了混凝土工程量，其中超出清单工程量 3000m³ 的 15% 以外的部分为 $4000-3000\times(1+15\%)=550m^3$，这一部分混凝土执行新的综合单价 $600\times0.9=540$ 元 $/m^3$，因此，混凝土工程量价款为 $3000\times(1+15\%)\times600+550\times540=2367000$ 元 $=236.7$ 万元。选项 C 正确。

32.【答案】B

劳务分包人施工开始前，工程承包人应获得发包人为施工场地内的自有人员及第三人人员生命财产办理的保险，且不需劳务分包人支付保险费用。运至施工场地用于劳务施工的材料和待安装设备，由工程承包人办理或获得保险，且不需劳务分包人支付保险费用。此外，工程承包人还必须为租赁或提供给劳务分包人使用的施工机械设备办理保险，并支付保险费用。劳务分包人必须为从事危险作业的职工办理意外伤害保险，并为施工场地内自有人员生命财产和施工机械设备办理保险，支付保险费用。选项 B 正确。

二、多项选择题

1. B、C、D、E;　　2. A、C、E;　　3. A、C、D、E;　　4. A、B、C、D;

5. A、D、E;　　6. A、B、D、E;　　7. A、B、C、D;　　*8. A、B、D;

9. A、B、C、E;　　10. A、C、D;　　*11. A、C、E;　　12. B、C、D、E;

*13. A、B、C;　　14. A、C、D;　　15. B、C、D、E;　　16. A、B、E;

17. B、C、D、E;　　18. A、B、C、E;　　19. A、B、C;　　20. B、C、E;

21. B、C;　　*22. A、B、D;　　23. A、B、C、E;　　24. A、B、C、D;

25. A、B、C;　　26. C、D、E;　　27. B、C、D、E;　　28. A、C、E;

29. A、B、D;　　30. B、D、E　　31. B、C、D、E;　　32. B、C、D

【解析】

8.【答案】A、B、D

监理人有权对工程所有部位及其施工工艺、材料和工程设备进行检查和检验。承包人应为监理人的检查和检验提供方便，包括监理人到施工场地，或制造、加工地点，或合同约定的其他地方进行察看和查阅施工原始记录。承包人还应按监理人指示，进行施工场地取样试验、工程复核测量和设备性能检测，提供试验样品、提交试验报告和测量成果及监理人要求进行的其他工作。监理人的检查和检验，不免除承包人按合同约定应负的责任。选项 A、B、D 正确。

11.【答案】A、C、E

根据《建设工程工程量清单计价规范》GB 50500—2013，发包人应在收到支付申请的 7 天内进行核实后向承包人发出预付款支付证书，并在签发支付证书后的 7 天内向承包人支付预付款。发包人没有按合同约定按时支付预付款的，承包人可催告发包人支付；发包人在预付款期满后的 7 天内仍未支付的，承包人可在付款期满后的第 8 天起暂停施工。发包人应承担由此增加的费用和（或）延误的工期，并向承包人支付合理利润。选项 A、C、E 正确。

13.【答案】A、B、C

承包人应在每个付款周期末，按监理人批准的格式和约定的份数，向监理人提交进度付款申请单，并附相应的支持性证明文件。工程进度付款周期与工程计量周期相同。监理人应在收到承包人进度付款申请单以及相应的支持性证明文件后的 14 天内完成核查，提出发包人到期应支付给承包人的金额及相应的支持性材料。发包人应在监理人收到进度付款申请单后的 28 天内，将进度应付款支付给承包人。值得注意的是，监理人出具进度付款证书，不应视为监理人已同意、批准或接受了承包人完成的该部分工作。选项 A、B、C 正确。

22.【答案】A、B、D

不可抗力导致的人员伤亡、财产损失、费用增加和（或）工期延误等后果，由合同双方按以下原则承担：（1）永久工程，包括已运至施工场地的材料和工程设备的损害，以及因工程损害造成的第三者人员伤亡和财产损失由发包人承担；（2）承包人设备的损坏由承包人承担；（3）发包人和承包人各自承担其人员伤亡和其他财产损失及其相关费用；（4）承包人的停工损失由承包人承担，但停工期间应监理人要求照管工程和清理、修复工程的金额由发包人承担；（5）不能按期竣工的，应合理延长工期，承包人不需支付逾期竣工违约金。选项 A、B、D 正确。

2.3 施工承包风险管理及担保保险

复习要点

1. 施工承包风险管理
1）施工承包常见风险
施工承包风险可从施工项目本身和外部环境两方面考虑。施工项目本身的风险主要有施工组织管理风险、施工进度延误风险、施工质量安全风险、工程分包风险、工程款支付及结算风险等；施工项目外部环境风险主要有市场风险、政策风险、社会风险、自然环境风险等。

2）施工承包风险管理计划

根据《建设工程项目管理规范》GB/T 50326—2017，施工项目管理机构应在项目管理策划时确定施工风险管理计划。

施工风险管理计划编制依据应包括：施工项目范围说明；施工招标投标文件与施工合同；施工项目工作分解结构；施工项目管理策划结果；施工承包单位风险管理制度；其他相关信息和历史资料。

施工风险管理计划内容包括：风险管理目标；风险管理范围；可使用的风险管理方法、措施、工具和数据；风险跟踪要求；风险管理责任和权限；必需的资源和费用预算。施工风险管理计划应在工程开工前编制完成，可在施工过程中根据风险变化进行调整，并经施工承包单位授权人批准后实施。

3）施工承包风险管理程序

施工承包风险管理包括风险识别、风险评估、风险应对、风险监控等环节。

（1）风险识别

根据《建设工程项目管理规范》GB/T 50326—2017，施工项目管理机构应在施工项目实施前识别工程实施过程中的各种风险，并编制项目风险识别报告。项目风险识别报告应由编制人签字确认，并经批准后发布。

（2）风险评估

风险评估应在风险识别的基础上进行。施工项目管理机构应根据风险因素发生的概率和损失量，确定风险量并进行分级。风险评估后应出具风险评估报告。风险评估报告应由评估人签字确认，并经批准后发布。

（3）风险应对

施工项目管理机构应依据风险评估报告确定针对施工承包风险的应对策略，并将其纳入施工承包风险管理计划。针对施工承包负面风险，可采取的应对策略有：风险规避、风险减轻、风险转移及风险自留。

（4）风险监控

施工承包单位应收集和分析与施工承包风险相关的各种信息，获取代表风险程度和水平的风险信号，预测未来风险和提出预警，并将风险预警纳入施工进展报告。

2．工程担保

工程担保有多种，常见的有投标担保、履约担保、预付款担保、工程款支付担保、工程质量保证金等。

1）投标担保

投标担保形式有投标保函、投标保证金等。投标担保的主要目的是保证投标人在递交投标文件后不得撤销投标文件，中标后不得无正当理由不与招标人订立合同，在签订合同时不得向招标人提出附加条件或者不按照招标文件要求提交履约担保。否则，招标人有权不予退还其提交的投标保证金。

2）履约担保

联合体中标的，应由联合体牵头人提交履约担保。履约担保形式有银行履约保函、履约担保书、履约保证金等。履约担保的目的是发包人为防止施工承包单位不履行合同或违约，用来弥补给发包人造成的经济损失。

3）预付款担保

预付款一般应在开工前 7 天支付，额度和预付办法在专用合同条款中约定。预付款必须专用于合同工程。《标准施工招标文件》通用合同条款规定，承包人应在收到预付款的同时向发包人提交预付款保函，预付款保函的担保金额应与预付款金额相同。保函的担保金额可根据预付款扣回的金额相应递减。

4）工程款支付担保

工程款支付担保是指为保证发包人履行合同约定的工程款支付义务，由担保人向承包人提供的担保。发包人应在签订施工合同时向承包人提交工程款支付担保。工程款支付担保的实质是发包人的一种履约保证。

5）工程质量保证金

工程质量保证金是指发承包双方在施工合同中约定，从应付工程款中预留，用以保证承包人在缺陷责任期内对工程施工质量缺陷进行维修的资金。工程质量保证金实质上是为保证承包人履行施工合同而进行的一种担保。

3．工程保险

工程保险是转移施工承包风险的重要方式。

1）工程保险种类

除建筑工程一切险和安装工程一切险外，工程施工承包活动中还会涉及第三者责任险、施工人员工伤保险、意外伤害保险及施工设备、机动车、进场的材料和工程设备等相关保险。

（1）建筑工程一切险

建筑工程一切险是指以建设工程为标的，对建设工程整个施工期间工程本身、施工机具和工地设备因自然灾害或意外事故造成的物质损失给予赔偿的保险。

（2）安装工程一切险

安装工程一切险是指以各种大型机器、设备安装工程为标的，对承保机械和设备在安装过程中因自然灾害或意外事故所造成的物质损失、费用损失承担赔偿责任的保险。安装工程风险分布具有明显的阶段性，安装工程一切险的承保风险主要是人为风险。

（3）第三者责任险

第三者责任险是指在保险期限内，对因工程意外事故造成的、依法应由被保险人负责的工地上及毗邻地区的第三者人身伤亡、疾病或财产损失（本工程除外），以及被保险人因此而支付的诉讼费用和事先经保险人书面同意支付的其他费用等赔偿责任。

（4）施工人员工伤保险

国务院颁布的《工伤保险条例》规定，中华人民共和国境内的企业、事业单位、社会团体、民办非企业单位、基金会、律师事务所、会计师事务所等组织和有雇工的个体工商户应依照法规规定参加工伤保险，为本单位全部职工或者雇工缴纳工伤保险费。

（5）意外伤害保险

《中华人民共和国建筑法》规定，鼓励建筑施工企业为从事危险作业的职工办理意外伤害保险，支付保险费。

2）工程保险的选择

工程保险的选择主要包括两方面：一是投保险种的选择；二是保险人的选择。

3）工程保险理赔

工程保险理赔的主要程序包括保险事故报案、提供索赔证据以及合理定损理算。

一 单项选择题

1. 根据《建设工程项目管理规范》GB/T 50326—2017，风险评估内容包括风险发生的概率、风险损失量以及（　　）。

    A．风险应对方法　　　　　　　　B．风险等级

    C．风险源的类型　　　　　　　　D．风险转移的可能性

2. 根据《建设工程项目管理规范》GB/T 50326—2017，风险等级评定结果为不可接受的风险，其风险等级一般为（　　）。

    A．大、很大　　　　　　　　　　B．大、中等

    C．中、小　　　　　　　　　　　D．小、很小

3. 某施工项目管理机构通过评估认为采用某种施工方案存在很大风险，于是决定彻底改变原施工方案，该做法属于风险应对中的（　　）。

    A．风险转移　　　　　　　　　　B．风险减轻

    C．风险自留　　　　　　　　　　D．风险规避

4. 某施工企业通过降低施工方案的复杂性降低风险事件发生的概率，从风险应对的角度来说，该策略属于（　　）。

    A．风险转移　　　　　　　　　　B．风险自留

    C．风险减轻　　　　　　　　　　D．风险规避

5. 根据《中华人民共和国招标投标法实施条例》，招标人在招标文件中要求投标人提交的投标保证金不得超过招标项目估算价的（　　）。

    A．1%　　　　　　　　　　　　B．2%

    C．3%　　　　　　　　　　　　D．5%

6. 根据《标准施工招标文件》通用合同条款，承包人向保险人投保建筑工程一切险和第三者责任险时应以（　　）的名义办理。

    A．发包人　　　　　　　　　　　B．承包人

    C．监理人和承包人共同　　　　　D．发包人和承包人共同

7. 根据《中华人民共和国建筑法》，鼓励建筑施工企业为从事危险作业的职工办理的保险是（　　）。

    A．养老保险　　　　　　　　　　B．意外伤害保险

    C．失业保险　　　　　　　　　　D．工伤保险

8. 工程保险事故发生后，投保人要求保险人进行赔偿的必要前提条件是（　　）。

    A．及时向保险人报案　　　　　　B．提供理赔证据

    C．确定事故损失情况　　　　　　D．提供事故鉴定报告

二 多项选择题

1. 下列施工承包风险中，属于施工项目本身风险的有（　　）。
   A．自然环境风险 　　　　　　　　B．工程款支付及结算风险
   C．施工组织管理风险 　　　　　　D．市场风险
   E．工程分包风险

2. 根据《建设工程项目管理规范》GB/T 50326—2017，关于施工风险管理计划的说法，正确的有（　　）。
   A．施工风险管理计划应首先明确风险管理目标
   B．施工项目管理机构编制完施工风险管理计划后自行实施，不需其他部门批准
   C．施工项目管理机构应在项目管理策划时确定施工风险管理计划
   D．施工风险管理计划应在工程开工后 7 天内编制完成
   E．施工风险管理计划编制完成后，在施工过程不能再进行调整

3. 根据《建设工程项目管理规范》GB/T 50326—2017，项目风险识别报告应包括（　　）。
   A．风险源的类型、数量 　　　　　B．风险发生的可能性
   C．风险可能发生的部位 　　　　　D．风险发生后的损失大小
   E．风险的相关特征

4. 下列施工企业的风险应对措施中，属于风险转移的有（　　）。
   A．放弃某个成本较低的施工方案
   B．要求业主提供工程款支付担保
   C．购买价格可能上涨的材料时签订总价合同
   D．将施工项目中风险较大的部分工作内容分包给其他施工单位
   E．购买建筑工程一切险和第三者责任险

5. 关于建设工程担保的说法，正确的有（　　）。
   A．联合体中标的，应由联合体各方独立向发包人提交履约担保
   B．履约担保形式只能是银行履约保函或履约保证金
   C．中标人无正当理由不与招标人订立合同，投标保证金不予退还
   D．履约保证金不得超过中标合同金额的 10%
   E．承包人应保证其履约担保在发包人颁发工程接收证书前一直有效

6. 根据《建设工程质量保证金管理办法》，关于工程质量保证金的说法，正确的有（　　）。
   A．在工程竣工前，承包人已缴纳履约保证金的，发包人还应预留工程质量保证金
   B．工程质量保证金只能从每月的应付工程款中扣留
   C．工程质量保证金总预留比例不得高于工程价款结算总额的 3%
   D．合同约定以银行保函替代工程质量保证金的，保函金额不得高于工程价款

结算总额的 3%

    E．采用工程质量保险等其他保证方式的，发包人还应预留工程质量保证金

7．下列损失或费用中，属于建筑工程一切险的除外责任的有（　　　　）。

    A．施工现场货物盘点时发现的盘亏损失

    B．所有人提供的工程上使用的物料及项目

    C．施工人员过失造成的事故损失

    D．承包人施工机械的维修保养或正常检修的费用

    E．设计错误引起的损失和费用

8．关于工程保险中的第三者责任险的说法，正确的有（　　　　）。

    A．第三者责任险一般是建筑工程一切险和安装工程一切险的附加险种

    B．承包人应以承包人自己的名义投保第三者责任险

    C．第三者责任险的责任范围不能超过保险单列明的赔偿限额

    D．第三者责任险的责任范围包括赔偿保险标的工程的工地及邻近地区的第三者因工程实施而蒙受人身伤亡、疾病或财产损失

    E．第三者责任险的责任期间与建筑工程一切险和安装工程一切险的责任期间相同

【答案与解析】

一、单项选择题

1．B；　　2．A；　　3．D；　　4．C；　　5．B；　　6．D；　　7．B；　　8．A

二、多项选择题

1．B、C、E；　　　2．A、C；　　　　3．A、B、C、E；　　4．B、C、D、E；

5．C、D、E；　　　6．C、D；　　　　7．A、D、E；　　　*8．A、C、D、E

【解析】

8．【答案】A、C、D、E

    建筑工程一切险和安装工程一切险通常还会包括一项附加条款，即第三者责任险。承包人应以承包人和发包人的共同名义投保第三者责任险。第三者责任险的责任期间与建筑工程一切险和安装工程一切险的责任期间相同，只是责任范围仅限于赔偿保险标的工程的工地及邻近地区的第三者因工程实施而蒙受人身伤亡、疾病或财产损失。第三者责任险的责任范围不能超过保险单列明的赔偿限额。

第3章 施工进度管理

3.1 施工进度影响因素与进度计划系统

复习要点

1. 施工进度影响因素

影响施工进度的不利因素从影响生产的要素来看，有人为因素（Man），技术因素（Method），设备、材料及构配件因素（Material），施工机具因素（Machine），资金因素，水文、地质与气象因素，以及其他自然与社会环境（Environment）等方面的因素。其中，人为因素是最大的干扰因素。

从产生根源看，有相关单位影响、有关协作部门及社会环境影响、自然条件影响、施工单位自身因素影响，如图3-1所示。

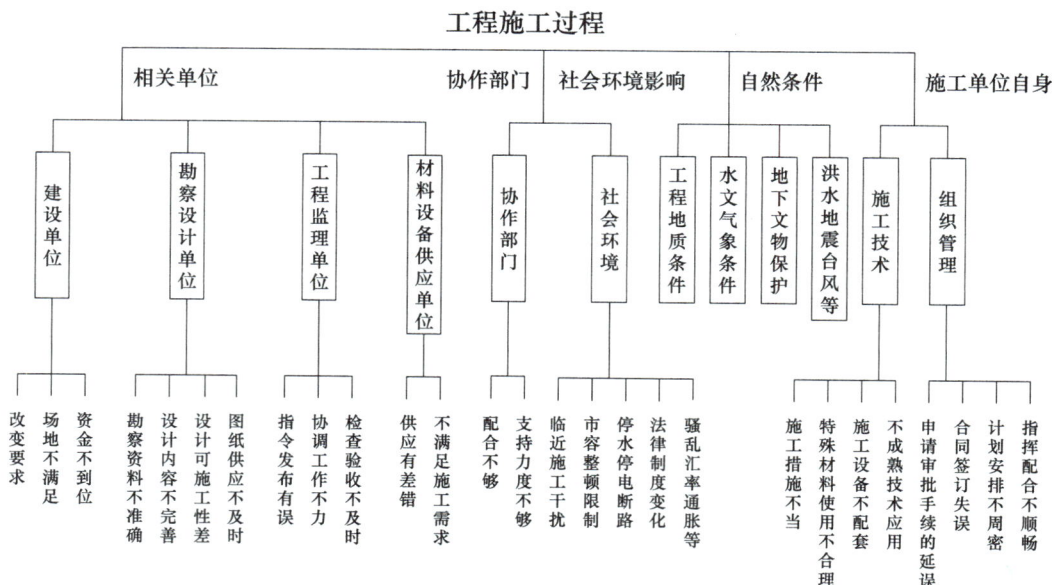

图3-1 影响进度的根源因素

2. 施工进度计划系统及表达形式

1）施工进度计划系统

包括：按项目组成编制的施工进度计划（表3-1）和按进展时间编制的施工进度计划等。其中：按进展时间编制的施工进度计划一般是将施工进度计划逐层细化为年度施工计划、季度施工计划和月（旬）作业计划，并形成体系。

表 3-1　按项目组成编制的施工进度计划

分类	定义	编制意义
施工总进度计划	根据施工部署中施工方案和施工项目开展程序，对承包范围内所有单位工程作出时间上的安排	是保证整个施工项目按期交付使用的重要前提
单位工程施工进度计划	在既定施工方案的基础上，根据规定的工期和各种资源供应条件，遵循各施工过程的合理施工顺序，对单位工程中各施工过程作出时间和空间上的安排	（1）保证在规定工期内完成符合质量要求的工程任务的重要前提 （2）编制各种资源需求量计划和进行施工准备的依据
分部分项工程进度计划	针对工程量较大或施工技术比较复杂的分部分项工程，在依据工程具体情况所制定的施工方案基础上，对其各施工过程作出时间上的安排	保证单位工程施工进度计划的顺利实施

2）施工进度计划表达形式

施工进度计划表达形式有横道图和网络图两种。

横道图包括左侧的工作名称、持续时间和右侧的横道线部分。其基本特点见表 3-2。

表 3-2　横道图进度计划的特点

优点	缺点
编制简单、使用方便	（1）不能明确反映各项工作之间的相互联系、相互制约关系； （2）不能反映影响工期的关键工作和关键线路； （3）不能反映工作所具有的机动时间（时差）； （4）不能反映工程费用与工期之间的关系，不便于进度计划优化

网络图是指由箭线和节点组成，用来表示工作流程有向、有序的网状图形。在网络图上加注工作的时间参数等而形成的进度计划称为网络计划。

基于工作代号的分类，网络计划有双代号网络计划和单代号网络计划。此外还有双代号时标网络计划、单代号搭接网络计划、多级网络计划系统等类型。

与横道计划相比，网络计划具有的特点见表 3-3。

表 3-3　网络计划的特点

优点	缺点
（1）能够明确表达各项工作之间的逻辑关系； （2）能够计算时间参数，找出关键工作和关键线路； （3）能够计算各项工作的机动时间（时差）； （4）能够利用软件进行计算、优化和调整，实现动态控制	不简单明了，不形象直观

根据《建设工程项目管理规范》GB/T 50326—2017，各类进度计划应包括：编制说明、进度安排、资源需求计划和进度保证措施。

一　单项选择题

1. 下列影响建设工程施工进度的因素中，属于协作部门及社会环境影响的是（　　　）。

  A．资金不到位　　　　　　　　　B．物资时间不满足施工需求

  C．市容整顿限制　　　　　　　　D．水文气象条件

2．战争对建设工程施工进度的影响，属于（　　　）的因素。

  A．社会环境　　　　　　　　　　B．协作部门

  C．自然条件　　　　　　　　　　D．组织管理

3．在工程建设过程中，影响实际进度的自然环境因素是（　　　）。

  A．材料供应时间不能满足实际工程的需求

  B．施工场地的条件不得满足

  C．复杂的工程地质条件

  D．计划安排不周密，组织协调不力

4．影响工程进度的因素中，资金不到位、资金短缺属于（　　　）。

  A．监理单位原因　　　　　　　　B．社会环境影响

  C．施工单位自身因素　　　　　　D．建设单位原因

5．影响建设工程进度的不利因素有很多，其中最大的干扰因素是（　　　）。

  A．人为因素　　　　　　　　　　B．资金因素

  C．设备因素　　　　　　　　　　D．技术因素

6．施工图纸供应不及时、不配套，属于影响施工进度的（　　　）。

  A．建设单位原因　　　　　　　　B．勘察设计单位原因

  C．协作部门原因　　　　　　　　D．监理单位原因

7．下列影响建设工程进度的情况中，属于施工单位组织管理因素的是（　　　）。

  A．合同签订时遗漏条款、表达失当

  B．由于特殊节假日的限制

  C．有关方拖欠资金、资金不到位

  D．不成熟技术的应用

8．影响工程进度的因素中，施工设备不配套、选型失当、安装失误、有故障等属于（　　　）。

  A．设备供应单位原因　　　　　　B．施工单位技术因素

  C．组织管理因素　　　　　　　　D．社会环境原因

9．在建设工程实施的过程中经常会受到很多外界因素的影响，其中其他单位邻近工程的施工干扰属于（　　　）。

  A．相关单位影响　　　　　　　　B．自然条件影响

  C．社会环境影响　　　　　　　　D．组织管理因素

10．某工程进度计划如图3-2所示，下列计划变更的方法中，影响最大的是（　　　）。

  A．增加施工班组人数，使各班组流水节拍减少20%

  B．增加结构安装和室内装修的班组，组织加快的成倍节拍流水施工

  C．增加一个施工段，使各班组流水节拍减少20%

  D．通过组织安排，使结构安装和室内装修搭接3周施工

施工过程	施工进度安排（周）											
	5	10	15	20	25	30	35	40	45	50	55	60
基础工程	①	②	③	④								
结构安装		①		②		③		④				
室内装修				①		②		③		④		
室外工程									①	②	③	④

图 3-2　某工程进度计划

11. 在施工过程中，可能导致项目工期延期的因素是（　　　）。

A．工人技术水平不足　　　　　　B．施工计划不合理

C．施工现场安全隐患　　　　　　D．不可抗力事件

12. 下列建设工程项目进度计划中，属于按进展时间编制的施工进度计划的是（　　　）。

A．钢构件制作安装进度计划　　　B．土建施工年度进度计划

C．智能化工程设计出图计划　　　D．项目总投资年度进度

13. 关于建设工程施工进度计划系统的说法，正确的是（　　　）。

A．施工总进度计划由单位工程施工进度计划和分部分项工程进度计划组成

B．施工总进度计划是组织分部分项工程施工的依据

C．单位工程施工进度计划必须包括所有项目参与方编制的进度计划

D．按项目组成编制的施工进度计划包括单位工程施工进度计划

14. 关于横道图进度计划的说法，正确的是（　　　）。

A．横道图中的工作均无机动时间

B．横道图中工作的时间参数无法计算

C．计划的资源需要量无法计算

D．计划的关键工作无法确定

15. 下列进度计划的表达方法中，最为简洁、形象、直观的是（　　　）。

A．单代号网络计划　　　　　　　B．双代号网络计划

C．横道图进度计划　　　　　　　D．工作量表进度计划

16. 关于建设项目施工进度计划分类的说法，正确的是（　　　）。

A．施工进度计划均由业主方逐步编制完善

B．一个进度计划通常只有一种表达方式

C．按项目组成编制的施工进度计划之间相互关联

D．按项目组成编制和按进展时间编制的施工进度计划互不关联

17. 同一项目的单位工程施工进度计划和与之对应的月度作业计划中，应保持一致的是（　　　）。

A．计划编制的目的和依据　　　　B．施工过程（工作）的名称

C．里程碑事件的时间　　　　　　D．每天的资源消耗量

18. 建设工程项目施工总进度计划的编制，是在时间上对各（　　　）作出的安排。

A. 单位工程 　　　　　　　　　B. 分部工程

C. 分项工程 　　　　　　　　　D. 施工工序

19. 某建设工程项目的施工进度计划包括施工总进度计划、单位工程施工进度计划及分部分项工程进度计划，这种施工进度计划系统属于（ 　　　 ）。

A. 按使用功能编制 　　　　　　B. 按项目组成编制

C. 按项目参与方编制 　　　　　D. 按进展时间编制

20. 关于横道图进度计划特点的说法，正确的是（ 　　　 ）。

A. 可用于计算各工作的时差 　　B. 可以设法表达逻辑关系

C. 可以确定计划的关键线路 　　D. 计划的调整工作量比较小

21. 下列工作任务中，可以用横道图进度计划分析解决的是（ 　　　 ）。

A. 进行资源均衡优化 　　　　　B. 确定项目的最佳工期

C. 计算资源日需要量 　　　　　D. 分析计划的关键线路

22. 关于单代号网络图特点的说法，正确的是（ 　　　 ）。

A. 反映工作进度形象直观

B. 没有虚工作，逻辑关系明确

C. 箭线易产生较多的交叉

D. 时间参数计算不完整

二 多项选择题

1. 下列影响施工进度的不利因素中，从产生根源划分，其来源有（ 　　　 ）。

A. 相关单位影响

B. 有关协作部门及社会环境影响

C. 自然条件影响

D. 施工单位自身因素影响

E. 各种生产要素的影响

2. 下列建设工程管理进度影响因素中，属于建设单位因素的有（ 　　　 ）。

A. 不能及时向施工承包单位或材料供应商付款

B. 合同签订时遗漏条款、表达不够明了

C. 地下埋藏文物的保护、处理

D. 特殊材料的不合理使用

E. 应提供的施工场地条件不能及时提供

3. 下列影响建设工程实际进度的因素中，属于施工单位自身施工技术因素的有（ 　　　 ）。

A. 向有关部门提出各种申请审批手续的延误

B. 合同签订时遗漏条款或表达失当

C. 设计方案的可施工性差

D. 施工设备不配套、选型失当

E. 施工方案措施不当

4. 下列影响施工进度因素中，属于自然条件影响的有（　　）。

    A．水文气象条件 　　　　　　B．计划安排不周密

    C．临时停水、停电 　　　　　D．组织协调不力

    E．地下文物保护

5. 相对于施工单位，建设工程项目的相关单位有（　　）。

    A．建设单位 　　　　　　　　B．设计单位

    C．监理单位 　　　　　　　　D．政府管理单位

    E．材料、设备供应单位

6. 下列影响施工进度的因素中，可能导致工期延误的有（　　）。

    A．施工图纸设计不合理 　　　B．新材料的不合理使用

    C．施工设备故障 　　　　　　D．施工现场安全事故

    E．施工组织设计不合理

7. 下列措施中，可以确保施工进度按计划进行的有（　　）。

    A．提高新材料的使用率，保证技术的先进性

    B．优化施工组织设计，提高施工效率

    C．加强与供应商的合作，确保施工材料供应及时

    D．进场材料及时检查验收，发现问题并立即处理

    E．提高施工人员的技能水平，减少人为因素对施工进度的影响

8. 下列施工进度计划中，属于按项目组成编制的有（　　）。

    A．施工总进度计划 　　　　　B．钢结构施工进度计划

    C．单位工程进度计划 　　　　D．施工企业年度生产计划

    E．土方作业月度计划

9. 横道图进度计划可以直接反映的时间参数有（　　）。

    A．工作的开始时间 　　　　　B．工作的持续时间

    C．工作的完成时间 　　　　　D．项目的总工期

    E．工作的机动时间

10. 施工进度计划采用横道图表示的缺点有（　　）。

    A．不能清晰反映各项工作之间的相互制约关系

    B．不能反映影响工期的关键工作

    C．不能反映工作所具有的机动时间

    D．不能形象直观地反映工程的进展

    E．不能反映工程费用与工期之间的关系

11. 网络计划最基本的表示方法有（　　）。

    A．双代号时标网络计划 　　　B．单代号搭接网络计划

    C．双代号网络计划 　　　　　D．单代号网络计划

    E．多级网络计划系统

12. 与横道计划相比，网络计划的特点有（　　）。

    A．能够明确表达各项工作之间的逻辑关系

    B．有利于施工进度控制中抓主要矛盾

C．可用于进度计划的优化

D．能实现施工进度的动态控制

E．能形象直观地反映工作的完成情况

13．关于各类施工进度计划工具的说法，正确的有（　　）。

A．横道图包括左侧的工作名称和右侧的横道线两个部分

B．工作在双代号网络计划中用箭线及两端编号的节点表示

C．双代号网络计划中，工作持续时间标注在箭线上方

D．工作在单代号网络计划中用带有编号的节点表示

E．单代号网络计划中，箭线表示工作之间的逻辑关系

14．关于网络计划特点的说法，正确的有（　　）。

A．能够明确表达各项工作之间的先后顺序关系

B．能够找出影响工期的关键工作和关键线路

C．能够确定各项工作的时差

D．最适宜反映定型产品流水线重复生产的特点

E．能够利用项目管理软件进行优化和调整

15．与双代号网络图相比，单代号网络图的特点有（　　）。

A．工作间的逻辑关系容易表达　　　B．便于检查和修改

C．持续时间只能标注　　　　　　　D．箭线容易交叉

E．便于资源优化及调整

【答案与解析】

一、单项选择题

*1．C；　　2．A；　　3．C；　　4．D；　　*5．A；　　6．B；　　7．A；　　8．B；
9．C；　　*10．B；　*11．D；　12．B；　　13．D；　*14．D；　*15．C；　16．C；
*17．C；　　18．A；　　19．B；　　20．B；　　21．C；　　22．C

【解析】

1．【答案】C

影响建设工程施工进度的因素中，属于协作部门及社会环境影响的包括：有关协作部门协作配合不够或支持力度不够；其他单位邻近工程的施工干扰；节假日交通、市容整顿限制；临时停水、停电、断路；国外的法律及制度变化，经济制裁，战争、骚乱、罢工、企业倒闭，汇率浮动和通货膨胀等。选项A属于建设单位的影响，选项B属于材料、设备供应单位原因，选项D属于自然条件的影响。选项C正确。

5．【答案】A

本题考查的是影响建设工程施工进度的生产要素因素分类。生产要素通常包括4M1E，即人为因素；技术因素；设备、材料及构配件因素；施工机具因素；资金因素，水文、地质与气象因素，以及其他自然与社会环境等方面的因素。其中，人为因素是最大的干扰因素。选项A正确。

10.【答案】B

本题是综合应用，各种变更的影响如下：

选项 A：增加施工班组人数，使各班组流水节拍减少 20%，缩短 12 周，如图 3-3 所示。

施工过程	施工进度安排（周）											
	4	8	12	16	20	24	28	32	36	40	44	48
基础工程	②	③	④	④								
结构安装		②		②		③		④				
室内装修				②		②		③		④		
室外工程									②	②	③	④

图 3-3　选项 A 工程进度计划

选项 B：增加结构安装和室内装修的班组，组织加快的成倍节拍流水施工，缩短 15 周，如图 3-4 所示。

施工过程	专业工作队编号	施工进度安排（周）								
		5	10	15	20	25	30	35	40	45
基础工程	I	①	②	③	④					
结构安装	II-1	K→	①		③					
	II-2		K→	②		④				
室内装修	III-1			K→	①		③			
	III-2				K→	②		④		
室外工程	IV					K→	①	②	③	④

图 3-4　选项 B 工程进度计划

选项 C：增加一个施工段，使各班组流水节拍减少 20%，缩短 2 周，如图 3-5 所示。

施工过程	施工进度安排（周）													
	4	8	12	16	20	24	28	32	36	40	44	48	52	58
基础工程	①	②	③	④	⑤									
结构安装		①		②		③		④		⑤				
室内装修				①		②		③		④		⑤		
室外工程										①	②	③	④	⑤

图 3-5　选项 C 工程进度计划

选项 D：通过组织安排，使结构安装和室内装修搭接 3 周施工，缩短 3 周，如图 3-6 所示。

施工过程	施工进度安排（周）											
	5	10	15	20	25	30	35	40	45	50	55	60
基础工程	①	④	⑤	④								
结构安装		③		②		③		④				
室内装修				③		②		③		④		
室外工程						③		②	③	④		

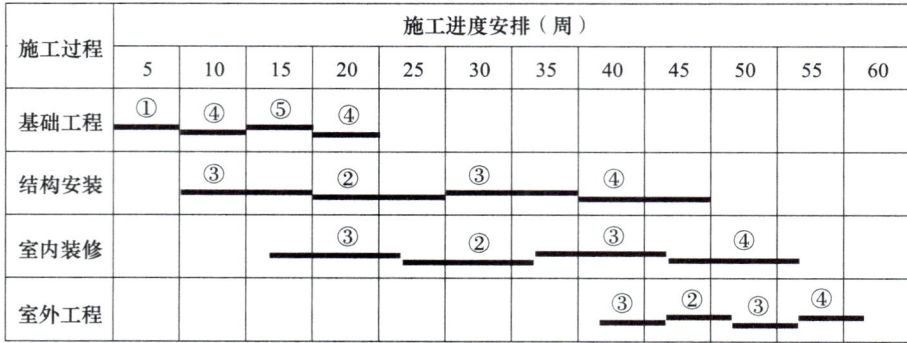

图 3-6　选项 D 工程进度计划

选项 B 正确。

11.【答案】D

工期延期通常是指非承包人原因引起的工期延误，题中，选项 A、B、C 均是承包人的原因。选项 D 正确。

14.【答案】D

横道图的缺点：（1）不能明确反映各项工作之间的相互联系、相互制约关系；（2）不能反映影响工期的关键工作和关键线路；（3）不能反映工作所具有的机动时间（时差）；（4）不能反映工程费用与工期之间的关系，因而不便于施工进度计划的优化。事实上，当改变某些组织关系时，横道图中的工作可以机动；在横道图中可以计算部分工作的时间参数；在计划中，各种资源的需要量也可以按时间段统计。选项 D 正确。

15.【答案】C

施工进度计划采用横道图表示形式，具有使用方便、形象、直观且易于编制和理解等优点。选项 C 正确。

17.【答案】C

由于月度作业计划中，施工过程可能进一步细化，其名称和每日消耗的资源可能不同，施工进度计划编制的目的和依据也不一致；而里程碑事件是进度的重要控制点，其时间须一致。选项 C 正确。

二、多项选择题

1. A、B、C、D；　　2. A、E；　　3. D、E；　　*4. A、E；
5. A、B、C、E；　6. B、C、D、E；　7. B、C、D、E；　*8. A、B、C；
9. A、B、C、D；　10. A、B、C、E；　11. C、D；　　12. A、B、C、D；
13. A、B、D、E；　*14. A、B、C、E；　15. A、B、C、D

【解析】

4.【答案】A、E

计划安排不周密、组织协调不力属于施工单位自身组织管理因素；临时停水、停电属于社会环境原因；水文气象条件和地下文物保护属于自然条件的影响。选项 A、E 正确。

8.【答案】A、B、C

钢结构施工进度计划属于分部分项工程进度计划，分部分项工程进度计划属于按项目组成编制的施工进度计划。施工企业年度生产计划不是项目施工进度计划，土方作业月度计划属于按进展时间编制的施工进度计划。选项 A、B、C 正确。

14.【答案】A、B、C、E

横道图随工业定型产品的流水线生产方式的产生而产生，更适宜反映流水施工。故选项 D 错误。选项 A、B、C、E 正确。

3.2 流水施工进度计划

复习要点

1. 流水施工特点及表达方式

1）流水施工特点

工程施工组织方式通常有三种：依次施工、平行施工和流水施工。

依次施工是一种最基本、最原始的施工组织方式，是传统工匠（或手工作坊）的生产组织方式，即一人（或班组）完成全部生产过程，可以不分解工位和工序。考试用书中的特点均是此生产方式的体现。

平行施工是指组织多个同类型专业工作队，在同一时间、不同工作面上按照施工工艺要求，同时完成各施工对象的施工。注重分解工位，不注重分解工序。

流水施工是将拟建工程施工对象分解为若干施工过程，并按照施工过程组建相应的专业工作队，各专业工作队按照施工顺序依次完成各施工对象的施工过程，同时保证施工在时间和空间上连续、均衡、有节奏地进行，并使相邻两个专业工作队能最大限度地搭接作业。既注重分解工位，又注重分解工序，适用于批量定型产品的生产，即一般工业生产中的流水线。

2）流水施工表达方式

流水施工通常用横道图和垂直图表示。横道图的优点是：绘图简单，施工过程及其先后顺序表达清楚，时间和空间状况形象直观，使用方便，因而被广泛用于工程实践中。

垂直图中横坐标表示施工过程所处的空间位置或里程；纵坐标表示流水施工时间安排，斜向线段表示施工过程或专业工作队的施工进度。

2. 流水施工参数

流水施工参数可分为工艺参数、空间参数和时间参数。

各参数的含义和关系如图 3-7～图 3-9 所示。

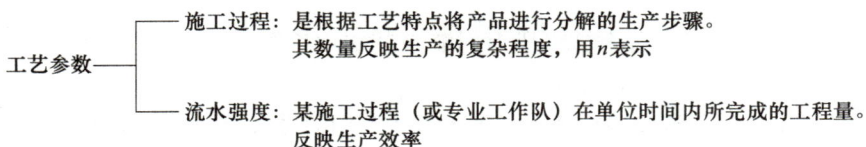

工艺参数
　　——施工过程：是根据工艺特点将产品进行分解的生产步骤。
　　　　　其数量反映生产的复杂程度，用 n 表示
　　——流水强度：某施工过程（或专业工作队）在单位时间内所完成的工程量。
　　　　　反映生产效率

图 3-7　工艺参数

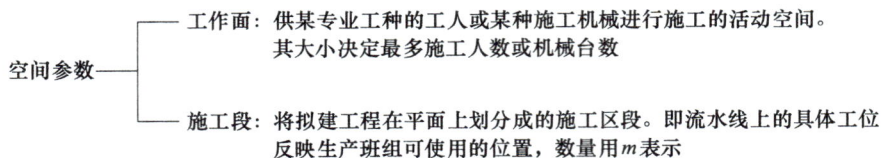

图 3-8　空间参数

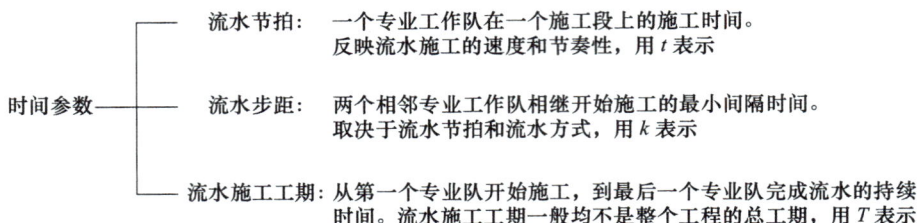

图 3-9　时间参数

考生还应关注建筑工程施工段的划分原则，即工作量要求、工作面要求、完整性要求、数量要求和按楼层划分。

3．流水施工基本方式

流水施工分类及组织方式如图 3-10 所示。

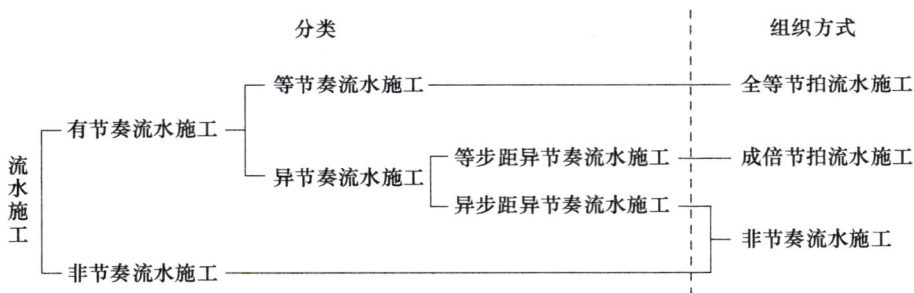

图 3-10　流水施工分类及组织方式

1）全等节拍流水施工

特点：

（1）所有施工过程在各个施工段上的流水节拍均相等。

（2）相邻施工过程的流水步距相等且等于流水节拍。

（3）专业工作队数等于施工过程数。

（4）各专业队连续作业，施工段没有空闲。

2）成倍节拍流水施工

特点：

（1）同一施工过程在各个施工段上的流水节拍均相等，不同施工过程的流水节拍互为倍数关系。

（2）相邻施工过程流水步距相等且等于流水节拍的最大公约数。

（3）专业工作队数大于施工过程数。

（4）各专业队连续作业，施工段没有空闲。

组织步骤：

（1）分解施工过程，确定施工顺序。

（2）确定施工起点流向，划分施工段。

（3）确定每个施工过程的流水节拍 t_i。

（4）计算流水步距 K，流水步距等于流水节拍的最大公约数。

（5）确定专业队数目。

$$某施工过程的专业队数 b_j = t_j/K$$

$$专业流水的专业队数总和 n_1 = \sum b_j$$

式中　b_j——第 j 个施工过程的专业工作队数；

　　　t_j——第 j 个施工过程的流水节拍；

　　　K——流水步距；

　　　n_1——专业队数总和（$n_1 > n$）。

（6）确定总工期 T，计算公式为：

$$T = (rm + n_1 - 1)K + \sum Z - \sum C$$

式中　r——楼层数；

　　　m——每层施工段数（正常情况下，为对应上下层结构，每层施工段相同）；

　　　n_1——专业班组数，全等节拍流水时，由于施工过程数等于专业班组数，也可以理解为施工过程数；

　　　K——流水步距；

　　　$\sum Z$——间隙时间的和；

　　　$\sum C$——搭接时间的和。

该公式适用于全等节拍流水施工和成倍节拍流水施工。

（7）绘制流水施工指示图表。

3）非节奏流水施工

特点：

（1）各施工过程在各施工段上的流水节拍不全相等。

（2）相邻施工过程的流水步距不尽相等。

（3）专业工作队数等于施工过程数。

（4）各专业队连续作业，施工段可能空闲。

组织步骤：

（1）分解施工过程，确定施工顺序。

（2）确定施工起点流向，划分施工段。

（3）计算各施工过程在各施工段上的流水节拍 t_i。

（4）确定相邻两个专业队之间的流水步距 K_{ij}，按"累加数列，错位相减，取最大差"法确定。

（5）计算流水施工的计划工期 T，计算公式为：

$$T = \sum K_i + \sum t_n + \sum Z - \sum C$$

式中　$\sum K_i$——各相邻施工过程之间流水步距之和；

　　　$\sum t_n$——最后一个施工过程在各施工段上的流水节拍之和。

（6）绘制流水施工指示图表。

一　单项选择题

1. 下列生产方式的描述中，符合平行施工组织方式的是（　　）。

    A. 组建不同专业队，多个专业队在相同时间、不同施工段完成相应施工过程

    B. 组建不同专业队，多个专业队在不同时间、相同施工段完成相应施工过程

    C. 组建相同专业队，多个施工队在相同时间、不同施工段完成所有施工过程

    D. 可不组建专业队，一个施工队在不同时间、不同施工段完成所有施工过程

2. 在组织流水施工时，通常在空间上将工程对象划分为若干个独立的施工段，以保证各专业队伍的施工不受其他队伍的影响，这体现了流水施工组织的（　　）要求。

    A. 岗位化   B. 专业化

    C. 工序化   D. 节奏化

3. 在组织流水施工时，须先将拟建工程施工对象分解为若干施工过程，这体现了流水施工组织的（　　）要求。

    A. 岗位化   B. 专业化

    C. 工序化   D. 节奏化

4. 如果每一施工对象按专业组建工作队组织依次施工，其结果是（　　）。

    A. 能够实现专业化施工   B. 现场施工管理较复杂

    C. 能够充分利用工作面   D. 专业队不能连续作业

5. 流水施工与定型产品工业流水生产线的区别是（　　）。

    A. 没有进行专业划分   B. 没有进行工艺分解

    C. 没有设置工作岗位   D. 过程产品没有流动

6. 能使工期最短的工程施工的组织方式是（　　）。

    A. 依次施工   B. 平行施工

    C. 交替施工   D. 流水施工

7. 下列流水施工表达方式中，绘图简单，施工过程及其先后顺序表达清楚，因而被广泛使用的是（　　）。

    A. 单代号网络图   B. 横道图

    C. 垂直图   D. 双代号网络图

8. 关于流水施工中专业工作队的说法，正确的是（　　）。

    A. 各专业工作队在不同施工段上连续作业

    B. 相邻专业工作队之间保持一定的时间间隔

    C. 同一专业工作队在不同施工段上间歇作业

    D. 相邻专业工作队之间应在空间上相互重叠

9. 下列流水施工表达方式中，可直观反映各施工过程进展速度的是（　　）。

    A. 双代号网络图   B. 横道图

    C. 垂直图   D. 双代号时标网络图

10. 下列流水参数中，不属于时间参数的是（　　　）。

    A．流水节拍   B．流水步距

    C．流水施工工期   D．流水强度

11. 在流水施工中，划分施工段的目的是（　　　）。

    A．充分利用工作面，保证班组互不干扰

    B．根据工作对象的性质，划分施工过程

    C．确定单位时间内完成的工程量

    D．确定施工顺序和施工流向

12. 下列流水参数的组合均属于工艺参数的是（　　　）。

    A．施工过程和施工工期   B．施工段和施工过程

    C．施工过程和流水强度   D．流水强度和流水节拍

13. 在空间允许时，为确保流水施工中各专业队连续、有节奏地进行施工，关键在于确定（　　　）。

    A．施工过程数和流水强度   B．流水节拍和流水步距

    C．施工过程数和流水节拍   D．流水步距和流水强度

14. 关于施工段划分的说法，正确的是（　　　）。

    A．施工段数不宜多于施工过程数

    B．施工段数越多，流水强度越大

    C．施工段数等于施工过程数时，流水效果最佳

    D．所有流水施工均应划分施工段

15. 下列流水参数中，同时表明流水施工速度和节奏性的是（　　　）。

    A．流水节拍   B．流水步距

    C．施工过程数   D．流水强度

16. 关于流水步距确定的说法，正确的是（　　　）。

    A．应保证各专业工作队的施工连续性

    B．应保证各专业工作队尽早开始施工

    C．应保证各施工过程的流水步距相等

    D．应保证各专业工作队的流水步距最大

17. 区别流水施工组织方式特征的参数是（　　　）。

    A．流水步距   B．流水强度

    C．流水节拍   D．施工过程

18. 在流水施工参数中，时间参数是用来表达流水施工（　　　）的参数。

    A．在空间布置上开展状态   B．在工艺方面进展状态

    C．组织方式特征状态   D．在时间安排上所处状态

19. 某施工过程在某施工段上的最短估算时间是 4 天，最长估算时间是 14 天，最可能估算时间是 6 天，其流水节拍是（　　　）天。

    A．7   B．7.5

    C．8   D．9

20. 确定流水节拍时，如果实心砖墙砌筑的产量定额是 0.95m³／工日，某施工段

的工程量是 237.5m³，按每天 2 班排班，每班为 10 人，则该施工段砌墙的流水节拍是（　　）天。

    A．8   B．11

    C．12.5   D．25

21．某基坑不放坡，坑底面积 1250m²，开挖深度 4m，分层开挖，每层挖深 2m。如果 1 台反铲挖掘机的最小安全工作面是 250m²，则该基坑最多可以划分（　　）个施工段。

    A．5   B．10

    C．15   D．20

22．某工程三个施工过程按：支模板→扎钢筋→浇筑混凝土顺序施工，钢筋和混凝土之间存在 1 天的技术间歇时间。现分三个施工段组织分别流水施工，各施工过程在不同施工段上的施工时间（单位：天）分别是支模：3、2、4；扎钢筋：1、2、3；浇筑混凝土：3、2、1。完成该工程的工期应是（　　）天。

    A．10   B．13

    C．14   D．21

23．流水节拍无任何规律时组织的流水施工，其组织方式可称为（　　）。

    A．固定节拍流水施工   B．等步距异节奏流水施工

    C．异步距异节奏流水施工   D．非节奏流水施工

24．关于成倍节拍流水施工的说法，正确的是（　　）。

    A．同一施工过程在各段的流水节拍不等

    B．不同施工过程的流水节拍应保持相等

    C．流水步距是流水节拍的最大公约数

    D．施工段的数目等于施工过程数目

25．下列流水施工组织方式的特点中，符合异步距异节奏流水施工的是（　　）。

    A．同一施工过程在各施工段上的流水节拍不相等

    B．不同施工过程在同一施工段上的流水节拍不相等

    C．相邻施工过程之间的流水步距相等

    D．专业工作队的数目大于施工过程的数目

26．下列流水施工组织方式的特点中，符合非节奏流水特征的是（　　）。

    A．同一施工过程在各施工段上的流水节拍相等

    B．不同施工过程在同一施工段上的流水节拍相等

    C．相邻施工过程之间的流水步距相等

    D．专业工作队的数目等于施工过程的数目

27．某工程基础分三个施工段组织流水施工，包含基槽开挖、浇筑混凝土垫层、砌筑砖基础三项工作，每项工作均由一个专业班组施工，他们在各施工段上的流水节拍分别是 4 天、1 天和 2 天，混凝土垫层和砖基础之间有 1 天的技术间歇，在保证个专业队伍连续施工的情况下，完成该工程基础施工的工期是（　　）天。

    A．8   B．12

    C．18   D．22

28. 某工程横道图进度计划如图 3-11 所示，正确的说法是（   ）。

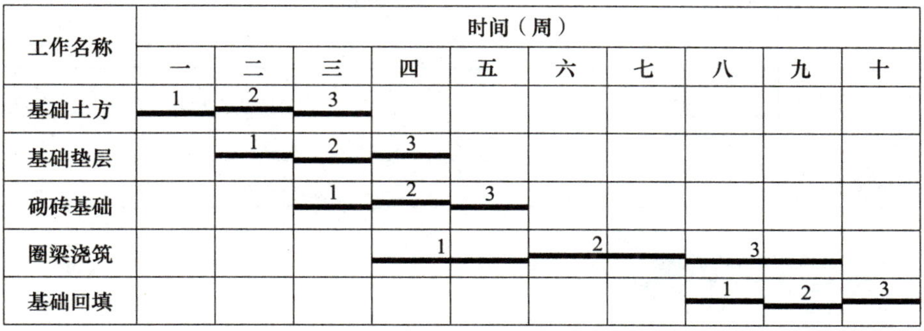

工作名称	时间（周）									
	一	二	三	四	五	六	七	八	九	十
基础土方	1	2	3							
基础垫层		1	2	3						
砌砖基础			1	2	3					
圈梁浇筑				1		2		3		
基础回填								1	2	3

图 3-11　某工程横道图进度计划

A. 圈梁浇筑工作的流水节拍是 2 周

B. 如果不要求工作连续，工期可压缩 1 周

C. 圈梁浇筑和基础回填间的流水步距是 1 周

D. 所有工作都没有机动时间

29. 某工程有 Ⅰ、Ⅱ、Ⅲ、Ⅳ 四个施工过程，四个施工段，各施工过程的流水节拍均为 4 天，其中施工 Ⅰ 和 Ⅱ 之间有 1 天的搭接时间，Ⅲ 和 Ⅳ 之间有 3 天的间歇时间，按全等节拍组织流水施工，该工程的流水施工工期是（   ）天。

A. 18　　　　　　　　　　　　B. 24

C. 28　　　　　　　　　　　　D. 30

30. 某工程有 Ⅰ、Ⅱ、Ⅲ 三个施工过程，流水节拍均 2 天。分两层施工，其中工作 Ⅱ、Ⅲ 有间歇时间 1 天，二层 Ⅰ 和一层 Ⅲ 有层间间歇时间 1 天，在充分利用施工段，且班组连续作业的情况下，组织全等节拍流水，其流水工期是（   ）天。

A. 18　　　　　　　　　　　　B. 20

C. 21　　　　　　　　　　　　D. 22

31. 某工程有三个施工过程，流水节拍均 2 天，组织全等节拍流水施工，如果要求流水工期是 12 天，应该划分的施工段个数是（   ）段。

A. 3　　　　　　　　　　　　　B. 4

C. 5　　　　　　　　　　　　　D. 6

32. 下列流水施工的组织方式中，不同施工过程的流水节拍不相等，但所有流水步距均相同的是（   ）。

A. 等节奏流水施工　　　　　　B. 等步距异节奏流水施工

C. 异步距异节奏流水施工　　　D. 非节奏流水施工

33. 某工程安装 4 台规格型号和基础条件均不相同的设备，需要修筑相应基础，施工过程包括基坑开挖、基础处理和浇筑混凝土，各施工过程流水节拍（单位：周）见表 3-4。该工程的流水施工工期是（   ）周。

A. 12　　　　　　　　　　　　B. 14

C. 16　　　　　　　　　　　　D. 18

表 3-4　各施工过程流水节拍（单位：周）

施工过程	施工段			
	设备 A	设备 B	设备 C	设备 D
基坑开挖	2	2	3	2
基础处理	2	3	4	2
浇筑混凝土	2	3	3	2

二　多项选择题

1. 施工流水的表示方法有（　　　）。
   - A．横道图表
   - B．网络图
   - C．垂直图表
   - D．施工图
   - E．平面图

2. 建设工程施工组织方式通常有（　　　）。
   - A．依次施工
   - B．平行施工
   - C．流水施工
   - D．装配施工
   - E．交替施工

3. 流水施工的主要特点有（　　　）。
   - A．按照工艺顺序进行施工
   - B．工作队实现专业化施工
   - C．需要大量人力资源
   - D．施工进度无法控制
   - E．尽可能利用工作面

4. 在组织流水施工时，需要满足的基本条件有（　　　）。
   - A．所有施工施工队在所有施工段上的工作时间全相同
   - B．一个施工过程只能组织一支专业工作队施工
   - C．各施工队需要保持连续作业
   - D．将拟建工程施工对象分解为若干施工过程
   - E．各专业工作队在空间上互不干扰

5. 依次施工的主要特点有（　　　）。
   - A．没有充分利用工作面
   - B．工期较其他施工组织方式短
   - C．有利于资源供应的组织
   - D．方便实现专业化施工
   - E．施工现场的组织管理比较简单

6. 平行施工需要满足的前提条件有（　　　）。
   - A．施工人员必须专业分工
   - B．工作队应能连续作业
   - C．应有多个同类型工作队
   - D．有充足的资源供应条件
   - E．必须划分多个施工作业面

7. 关于流水施工表达方式的说法，正确的有（　　　）。

A．横道图中不能反映施工速度

B．垂直图表示施工进度的线段必须垂直

C．流水网络计划不能有时间坐标

D．垂直图中施工过程的先后顺序表达不清楚

E．横道图时间和空间状况形象直观

8．下列流水参数中，属于时间参数的有（　　　）。

A．流水节拍　　　　　　　　　B．流水步距

C．施工段数　　　　　　　　　D．流水施工工期

E．流水强度

9．确定流水步距时，要满足的要求有（　　　）。

A．始终保持工艺先后顺序　　　B．保证工作队连续作业

C．能最大限度地合理搭接　　　D．应保证工人的生产效率

E．保证工作队人数的稳定

10．合理划分施工段的原则有（　　　）。

A．各施工段的劳动量应大致相等

B．保证建筑结构的整体性

C．施工段数目要少于施工过程数目

D．要保证足够的工作面

E．多层建筑物应既分施工段，又分施工层

11．下列流水参数中，可以反映施工速度的有（　　　）。

A．施工段　　　　　　　　　　B．流水步距

C．流水节拍　　　　　　　　　D．流水强度

E．工作面

12．下列施工的组织方式中，属于有节奏流水施工的是（　　　）。

A．等节奏流水施工　　　　　　B．等步距异节奏流水施工

C．异步距异节奏流水施工　　　D．依次施工

E．非节奏流水施工

13．加快的成倍节拍流水施工的特点有（　　　）。

A．相同施工过程流水节拍相等，不同施工过程流水节拍为倍数关系

B．相邻施工过程的流水步距均相等，且等于流水节拍的最大公约数

C．相邻施工过程的流水步距不尽相等

D．专业工作队数大于施工过程数

E．各专业工作队在施工段上能够连续作业

14．非节奏流水施工的特点有（　　　）。

A．各施工过程在各施工段上的流水节拍不全相等

B．相邻施工过程的流水步距不尽相等

C．专业工作队数大于施工过程数

D．各专业工作队能够在施工段上连续作业

E．可能出现空闲的施工段

15. 下列组织施工的方式中，可以按非节奏流水的方式计算参数的有（　　）。

  A．等节奏流水施工   B．等步距异节奏流水施工

  C．平行施工   D．依次施工

  E．分别流水施工

16. 某工程有三个施工过程 a、b、c，分四个施工段 Ⅰ、Ⅱ、Ⅲ 和Ⅳ，各施工过程流水节拍（单位：周）见表 3-5，参数计算正确的有（　　）。

表 3-5　各施工过程流水节拍（单位：周）

施工过程	施工段			
	Ⅰ	Ⅱ	Ⅲ	Ⅳ
a	3	2	4	2
b	4	3	4	1
c	2	2	4	2

  A．施工过程 a 和 b 的流水步距是 3 周

  B．施工过程 a 和 b 的流水步距是 6 周

  C．施工过程 b 的总施工时间是 12 周

  D．流水施工工期为 20 周

  E．施工过程 c 的总施工时间是 11 周

17. 某工程施工过程有 A、B、C、D，分 Ⅰ、Ⅱ、Ⅲ、Ⅳ 四个施工段，横道图进度计划如图 3-12 所示，正确的有（　　）。

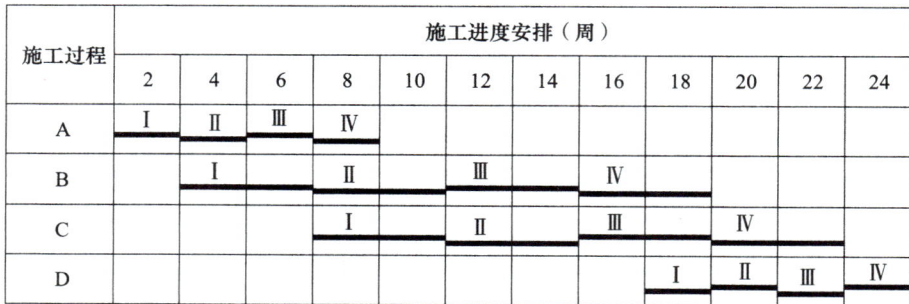

施工过程	施工进度安排（周）											
	2	4	6	8	10	12	14	16	18	20	22	24
A	Ⅰ	Ⅱ	Ⅲ	Ⅳ								
B		Ⅰ		Ⅱ		Ⅲ		Ⅳ				
C			Ⅰ		Ⅱ		Ⅲ		Ⅳ			
D									Ⅰ	Ⅱ	Ⅲ	Ⅳ

图 3-12　横道图进度计划

  A．如果只改变流水步距，工期可以缩短

  B．流水施工工期为 22 周

  C．施工过程 B 的流水节拍为 4 周

  D．施工过程 D 的总施工时间可以是 16 周

  E．如组织成倍节拍流水施工，工期为 18 周

18. 关于异节奏流水施工的说法，正确的有（　　）。

  A．同一施工过程在各段的流水节拍不等

  B．不同施工过程的流水节拍可能相等

  C．每个施工过程只能组织一个施工班组

D．流水步距可以是所有流水节拍的最大公约数

E．相邻班组在同一施工段的工作时间可能不连续

19．某工程由四幢相同的装配式单体建筑组成，每幢建筑可视为一个施工段，施工过程划分为基础工程、结构安装、室内装修和室外工程，横道图进度计划如图 3-13 所示，正确的有（　　）。

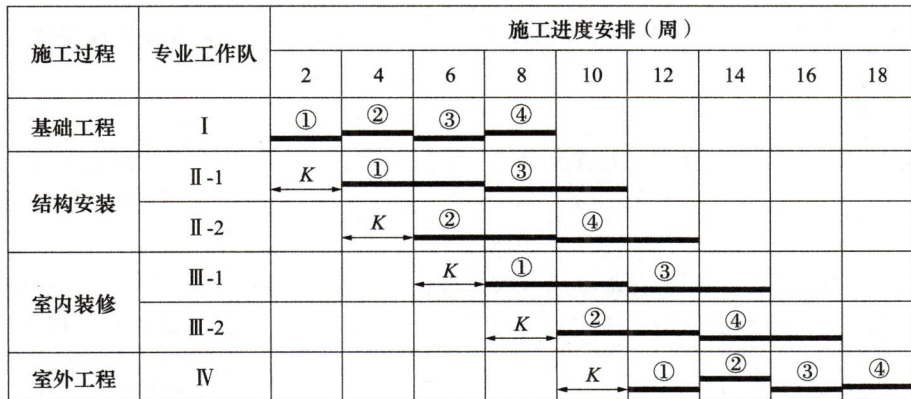

施工过程	专业工作队	施工进度安排（周）								
		2	4	6	8	10	12	14	16	18
基础工程	I	①	②	③	④					
结构安装	II-1	K	①		③					
	II-2		K	②		④				
室内装修	III-1			K	①		③			
	III-2				K	②		④		
室外工程	IV					K	①	②	③	④

图 3-13　横道图进度计划

A．施工过程数和专业工作队数相等

B．结构安装的总施工时间是 10 周

C．每个班组的总施工时间均相等

D．相邻工作队的流水步距均是 2 周

E．班组均要先后在所有施工段上工作

【答案与解析】

一、单项选择题

*1．C；　　*2．A；　　3．C；　　4．D；　　*5．D；　　6．B；　　7．B；　　8．A；

9．C；　　10．D；　　11．A；　　12．C；　　*13．B；　　14．C；　　15．A；　　16．A；

17．C；　　18．D；　　*19．A；　　*20．C；　　*21．B；　　22．C；　　23．D；　　24．C；

25．B；　　26．D；　　*27．C；　　28．A；　　*29．D；　　*30．C；　　31．B；　　32．B；

33．C

【解析】

1．【答案】C

平行施工是指组织多个同类型专业工作队，在同一时间、不同工作面上按照施工工艺要求，同时完成各施工对象的施工，即要划分施工段，多个施工队在各自的施工段内完成全部专业工作。题目中，选项 A 是流水施工，选项 B 是交替施工，选项 D 是依次施工。选项 C 正确。

2．【答案】A

流水施工要求实现节奏化、工序化、专业化、岗位化、均衡性、连续性。本题是

工业生产岗位化在工程施工上的体现。选项 A 正确。

5.【答案】D

按照施工过程组建相应的专业工作队对应专业划分；将拟建工程施工对象分解为若干施工过程对应工艺分解；划分施工段对应设置工作岗位；由于建筑产品的固定性，过程产品不能流动，流水通过人员流动实现。选项 D 正确。

13.【答案】B

组织流水施工时，通过流水节拍保证施工的节奏化，通过流水步距保证各专业队的连续作业。选项 B 正确。

19.【答案】A

根据经验估算法，如果 a 是最短估算时间，b 是最长估算时间，c 是最可能估算时间，则流水节拍 $m = (a + 4c + b)/6 = (4 + 24 + 14)/6 = 7$。选项 A 正确。

20.【答案】C

根据定额计算法，如果 Q 是施工段的工程量，b 是每天排班数，S 是产量定额，R 是专业队的人数，则流水节拍 $t_i = Q/(b \times R \times S) = 237.5/(2 \times 10 \times 0.95) = 12.5$。选项 C 正确。

21.【答案】B

每层最多施工段数是 $1250/250 = 5$ 个，2 层，最多可划分 10 个施工段。

27.【答案】C

虽然本题各施工过程的流水节拍互为倍数，但由于施工队伍数目的限制，只能组织异步距异节奏流水施工，其工期计算同非节奏流水施工，具体如下：

（1）累加数列：其中，基槽开挖累加数列是 4、8、12；浇筑混凝土垫层累加数列是 1、2、3；砌筑砖基础累加数列是 2、4、6。

（2）错位相减：

$$
\begin{array}{rrrr}
4 & 8 & 12 & 0 \\
-)\quad & 1 & 2 & 3 \\
\hline
4 & 7 & 10 & -3
\end{array}
\qquad
\begin{array}{rrrr}
1 & 2 & 3 & 0 \\
-)\quad & 2 & 4 & 6 \\
\hline
1 & 0 & -1 & -6
\end{array}
$$

（3）取最大差：$K_{1,2} = 10$；$K_{2,3} = 1$。

（4）计算工期：$T = \sum K_i + \sum t_n + \sum Z - \sum C = (10 + 1) + (2 + 2 + 2) + 1 = 18$ 天。

29.【答案】D

根据全等节拍流水施工工期公式：

$T = (m + n - 1)K + \sum Z - \sum C = (4 + 4 - 1) \times 4 + 3 - 1 = 30$ 天。

30.【答案】C

充分利用要求施工段最少，且本题存在层间间隙，故施工段数 $m = n + t_i/\sum Z = 3 + 2/(1 + 1) = 4$。

所以，流水工期 $T = (rm + n - 1)t_i + \sum Z_{层内} = (2 \times 4 + 3 - 1) \times 2 + 1 = 21$ 天。

注意，层间间隙已通过增加施工段考虑，不用另外计算。

二、多项选择题

1. A、B、C；　　　　2. A、B、C；　　　*3. A、B、E；　　　4. C、D、E；
5. A、C、E；　　*6. C、D、E；　　　7. A、E；　　　　8. A、B、D；

9.　A、B、C；　　　10.　A、B、D、E；　　11.　C、D；　　　　12.　A、B、C；

13.　A、B、D、E；　　14.　A、B、D、E；　　*15.　B、E；　　　16.　A、C、D；

17.　C、E；　　　　*18.　B、D、E；　　　19.　B、C

【解析】

3.【答案】A、B、E

选项 C 需要大量人力资源是平行施工的特点，错误；选项 D 流水施工可以通过控制流水参数预测和控制进度，故该选项错误。选项 A、B、E 正确。

6.【答案】C、D、E

平行施工要求多个工作队同一时间在不同作业面上同时施工，单位时间内资源消耗大。选项 C、D、E 正确。

15.【答案】B、E

非节奏流水又称为分别流水。选项 B、E 正确。

18.【答案】B、D、E

异节奏流水施工包括等步距异节奏流水施工和异步距异节奏流水施工，它们的特点不同。选项 B、D、E 正确。

3.3　工程网络计划技术

复习要点

1．工程网络计划类型和编制程序

1）工程网络计划类型

工程网络计划的分类如图 3-14 所示。

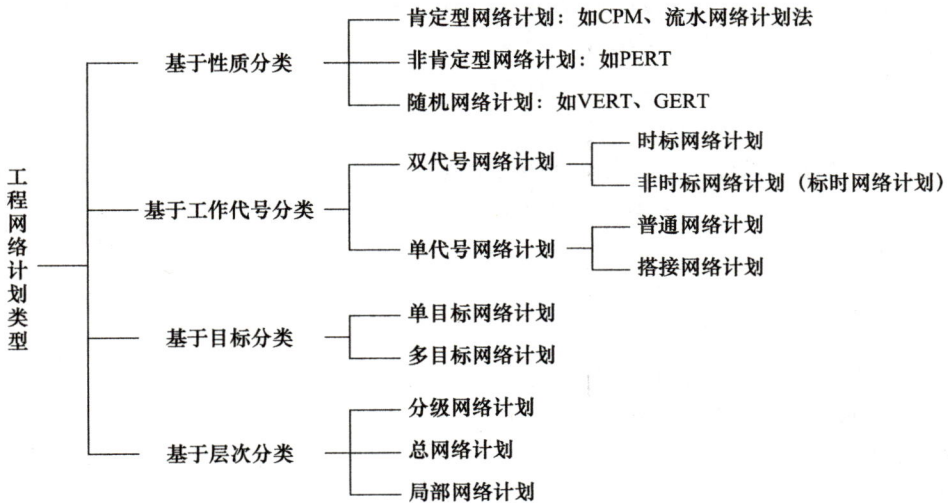

图 3-14　工程网络计划的分类

2）工程网络计划编制程序

工程网络计划的编制，可分为四个阶段（图 3-15）。

编制准备	→	网络图绘制	→	时间参数计算	→	计划优化
— 调查研究 — 确定目标		— 工程项目分解 — 确定逻辑关系 — 绘制网络图		— 计算时间参数 — 确定关键工作 和关键线路		— 优化网络计划 — 编制正式网络计划

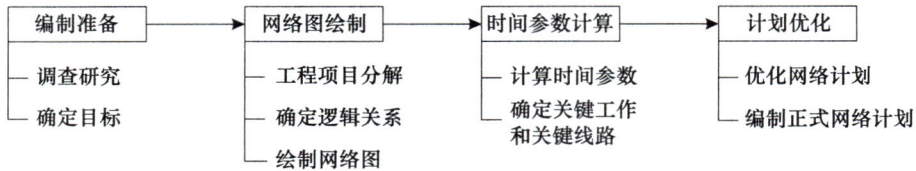

图 3-15 工程网络计划编制程序

3) 网络图绘制的步骤

根据《工程网络计划技术规程》JGJ/T 121—2015 中工程网络计划技术应用程序，网络图绘制的步骤是：工作分解结构（WBS）、编制工程实施方案、编制工作明细表、分析确定逻辑关系、绘制初步网络图。

4) 网络图的绘制要求

（1）网络图必须按照已定逻辑关系绘制。

（2）双代号网络图中的节点应用圆圈表示，单代号网络图中的节点应以圆圈或矩形表示。

（3）节点用数字编号，其编号严禁重复，且箭尾节点编号小于箭头节点编号，编号不使用数字 0。

（4）双代号网络图中工作名称应标注在箭线上方，持续时间应标注在箭线下方；单代号网络图中，节点编号、工作名称、持续时间应标注在节点内。

（5）网络图中严禁出现循环回路。

（6）双代号网络图中箭线应画成水平直线、垂直直线或折线，水平直线投影的方向应自左向右；单代号网络图中的箭线应画成水平直线、折线或斜线，箭线水平投影的方向应自左向右。

（7）网络图中严禁出现双向箭头和无箭头的连线。

（8）网络图中严禁出现没有箭尾节点的箭线和没有箭头节点的箭线，但对起点节点和终点节点可使用母线法绘图。

（9）网络图中严禁在箭线上引入或引出箭线。

（10）尽量避免箭线的交叉。不可避免时，可以采用过桥法或指向法。

（11）网络图应只有一个起点节点和一个终点节点。

5) 正式网络计划的说明书应包括下列内容：

（1）编制说明。

（2）主要计划指标一览表。

（3）执行计划的关键说明。

（4）需要解决的问题及主要措施。

（5）说明工作时差分配范围。

（6）其他需要说明的问题。

2. 时间参数及其相互关系

1) 网络计划中的时间参数

网络计划中的时间参数有四类，它们分别是：

（1）工作持续时间（D）和工期（T），其中，工期又分为计算工期（T_c）、要求工期（T_r）和计划工期（T_p），一般情况下，$T_p \leqslant T_r$，$T_p = T_c$。

（2）工作的时间参数包括：工作的最早开始时间（ES）、最早完成时间（EF）、最迟开始时间（LS）、最迟完成时间（LF）、总时差（TF）和自由时差（FF）。

（3）节点最早时间（ET）和最迟时间（LT）。

（4）间隔时间，又称时间间隔（$LAG_{i,j}$）。

工作主要时间参数之间的关系如图3-16所示。

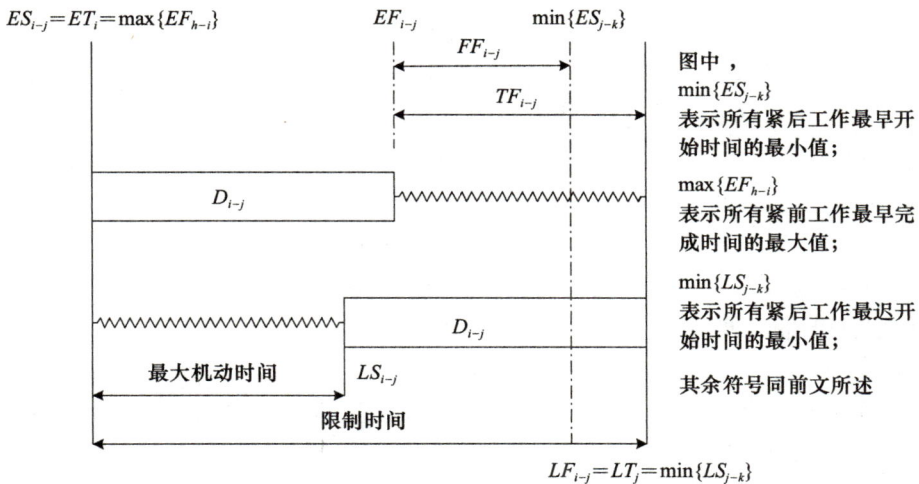

图 3-16　工作时间参数的关系

2）时间参数的计算

（1）工作的最早开始时间（ES）

工作的最早开始时间等于其紧前工作最早完成时间的最大值，即：

$$ES_{i-j} = \max\{EF_{h-i}\}$$

或

$$ES_j = \max\{EF_i\}（单代号，下同）$$

双代号网络计划中，工作的最早开始时间等于其开始节点的最早时间，即：

$$ES_{i-j} = ET_i$$

由于时标网络计划宜按各项工作的最早开始时间编制，工作开始节点中心所对应的时标值为该工作的最早开始时间。

（2）工作的最早完成时间（EF）

工作的最早完成时间等于其最早开始时间与其工作持续时间的和，即：

$$EF = ES + D（单、双代号均可时，省略下标）$$

工作箭线实线部分右端点所对应的时标值为该工作的最早完成时间。

（3）工作的最迟开始时间（LS）

工作的最迟开始时间等于其最迟完成时间与其工作持续时间的差，即：

$$LS = LF - D$$

工作最迟开始时间等于本工作的最早开始时间与其总时差之和，即：

$$LS = ES + TF$$

（4）工作的最迟完成时间（*LF*）

工作的最迟完成时间等于其紧后工作最迟开始时间的最小值，即：

$$LF_{i-j} = \min\{LS_{j-k}\} \text{ 或 } LF_i = \min\{LS_j\}$$

工作最迟完成时间等于本工作的最早完成时间与其总时差之和，即：

$$LF = EF + TF$$

双代号网络计划中，工作的最迟完成时间等于其完成节点的最迟时间，即：

$$EF_{i-j} = LT_j$$

（5）工作的总时差（*TF*）

工作的总时差等于其紧后工作最迟开始时间的最小值与本工作最早完成时间的差，即：

$$TF_{i-j} = \min\{LS_{j-k}\} - EF_{i-j}$$

或

$$TF_i = \min\{LS_j\} - EF_i$$

工作的总时差等于该工作完成节点的最迟时间减去其开始节点的最早时间再减去其工作的持续时间，即：

$$TF_{i-j} = LT_j - ET_i - D_{i-j}$$

工作的总时差等于该工作最迟完成时间与最早完成时间之差，或该工作最迟开始时间与最早开始时间之差，即：

$$TF = LF - EF = LS - ES$$

工作的总时差应等于本工作与其紧后工作之间的间隔时间加该紧后工作的总时差所得之和的最小值，即：

$$TF_{i-j} = \min\{LAG_{i-j,\ j-k} + TF_{j-k}\}$$

或

$$TF_i = \min\{LAG_{i,j} + TF_j\}$$

时标网络计划中，工作的总时差是该工作之后所有波形线相加最短的线路段中波形线的总长。

（6）工作的自由时差（*FF*）

工作的自由时差等于紧后工作最早开始时间减本工作最早完成时间所得之差的最小值，即：

$$FF_{i-j} = \min\{ES_{j-k} - EF_{i-j}\} = \min\{ES_{j-k} - ES_{i-j} - D_{i-j}\}$$

或

$$FF_i = \min\{ES_j - EF_i\} = \min\{ES_j - ES_i - D_i\}$$

工作的自由时差等于其所有紧后工作开始节点的最早时间的最小值减去该工作开始节点的最早时间再减去其持续时间，即：

$$TF_{i-j} = \min\{LT_j\} - ET_i - D_{i-j}$$

注意：当工作与所有紧后工作之间均通过虚箭线连接时，必须进行比较，其他情况，可以直接用本工作完成节点的最早时间减去上述其他参数。

工作的自由时差等于本工作与其紧后工作之间间隔时间的最小值，即：

$$FF_i = \min\{LAG_{i,j}\} \text{ 或 } FF_{i-j} = \min\{LAG_{i-j,\ j-k}\}$$

时标网络计划中，工作的自由时差是该工作与紧后工作间最短波形线的长度。

（7）间隔时间（$LAG_{i,j}$）

相邻两项工作之间的间隔时间是其紧后工作的最早开始时间与本工作最早完成时间的差值，即：

$$LAG_{i,j} = ES_j - EF_i \text{ 或 } LAG_{i-j, j-k} = ES_{j-k} - EF_{i-j}$$

（8）节点最早时间（ET）

双代号网络计划中，节点的最早时间应从网络计划的起点节点开始，顺着箭线方向依次逐项计算，节点的最早时间是其所有紧前节点最早时间与连接箭线工作持续时间之和的最大值，即：

$$ET_j = \max\{ET_i + D_{i-j}\}$$

（9）节点最迟时间（LT）

双代号网络计划中，节点的最迟时间应从网络计划的终点节点开始，逆着箭线方向依次逐项计算，节点的最迟时间是其所有紧后节点最迟时间与其连接箭线的工作持续时间之差的最小值，即：

$$LT_i = \min\{LT_j - D_{i-j}\}$$

（10）计算工期（T_c）

计划的计算工期是该计划所有结束工作的最早完成时间的最大值，也是计划终点节点的最早时间（单代号网络计划中，是其终点节点所代表的工作的最早完成时间）或终点节点对应的时间坐标，即：

$$T_c = \max\{EF_{i-n}\} = \max\{ES_{i-n} + D_{i-n}\} = EF_n = ET_n$$

3．关键工作及关键线路确定方法

网络图中从起点节点开始，沿箭头方向顺序通过一系列箭线与节点，最后到达终点节点的通路称为线路。

在关键线路法（CPM）中，线路上所有工作的持续时间总和称为该线路的总持续时间。总持续时间最长的线路称为关键线路。自始至终全由关键工作组成，且关键工作之间的间隔时间为零的线路可以判断为关键线路。时标网络计划中，自始至终不出现波形线的线路可判断关键线路。

关键线路上的工作称为关键工作。关键工作的总时差最小。

在双代号网络计划中，关键线路上的节点称为关键节点。关键工作两端的节点必为关键节点，但两端为关键节点的工作不一定是关键工作，由关键节点组成的线路也不一定是关键线路。

实践中，双代号网络计划中关键线路的确定，通常采用标号法；单代号网络计划中的关键线路，通常利用工作总时差和时间间隔进行判定。

一　单项选择题

1．关于网络计划中箭线的说法，正确的是（　　）。

　　A．箭线在网络计划中只表示工作

　　B．箭线都要占用时间，多数要消耗资源

C. 箭线的长度表示工作的持续时间

D. 箭线的水平投影方向不能从右往左

2. 关于网络计划中节点的说法，正确的是（　　　）。

A. 节点内可以用工作名称代替编号

B. 节点在网络计划中只表示事件，即前后工作的交接点

C. 所有节点均既有向内又有向外的箭线

D. 所有节点编号不能重复

3. 双代号网络计划中，有时存在虚工作，虚工作的特点是（　　　）。

A. 既消耗时间，又消耗资源　　　B. 只消耗时间，不消耗资源

C. 不消耗时间，只消耗资源　　　D. 既不消耗时间，也不消耗资源

4. 某双代号网络计划如图3-17所示（时间单位：天），存在的不妥之处是（　　　）。

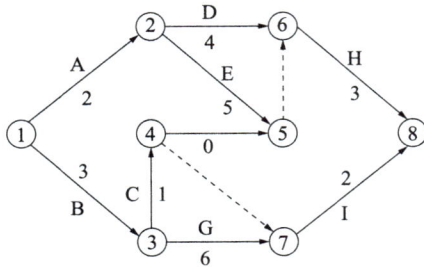

图 3-17　某双代号网络计划

A. 有多个起点节点　　　　　　B. 工作标注方法不一致

C. 节点编号不连续　　　　　　D. 有多余时间参数

5. 关于双代号时标网络计划的说法，正确的是（　　　）。

A. 表示工作的线只能画成水平方向

B. 可以用水平线表示虚工作

C. 节点中心必须对准相应时标位置

D. 时间坐标规定用日历坐标体系

6. 某双代号网络图各工作间逻辑关系表及相应双代号网络图如图3-18所示，图中虚线作用是（　　　）。

工作	A	B	C	D
紧前工作	—	—	A	A、B

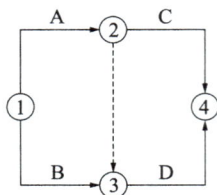

图 3-18　某双代号网络图各工作间逻辑关系表及相应双代号网络图

A. 联系   B. 区分

C. 断路   D. 指向

7. 在一般情况下，建设工程进度管理主要应用（   ）。

    A. 计划评审技术   B. 肯定型网络计划技术

    C. 图示评审技术   D. 风险评审技术

8. 关于单代号网络图工作表示的说法，正确的是（   ）。

    A. 工作的时间参数均应在节点内表示

    B. 编号标注在节点内，其号码可间断

    C. 单代号网络图不允许出现虚拟节点

    D. 箭线的箭尾节点编号应大于箭头节点的编号

9. 某单代号网络图如图 3-19 所示，存在的错误是（   ）。

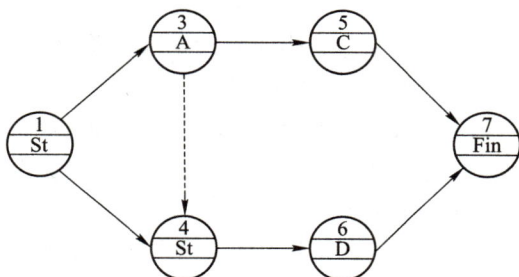

图 3-19   某单代号网络图

    A. 节点编号混乱   B. 有多余虚节点

    C. 存在逆向箭线   D. 存在多个终点节点

10. 关于单代号网络计划绘图规则的说法，正确的是（   ）。

    A. 能有多个起点节点，但只能有一个终点节点

    B. 箭线不能交叉

    C. 能出现没有箭尾节点的箭线

    D. 不允许出现循环回路

11. 双代号时标网络计划中，可以采用波形线表示（   ）。

    A. 工作间的搭接时距   C. 工作的持续时间

    B. 网络计划的关键线路   D. 工作的自由时差

12. 当工程网络计划的计算工期大于要求工期时，为满足要求工期，对网络计划进行调整的基本方法是（   ）。

    A. 减少关键工作的总时差   B. 缩短关键工作的持续时间

    C. 减少工作的自由时差   D. 缩短相邻工作之间的时间间隔

13. 当网络图中其他工作不变，某一非关键工作的持续时间拖延 δ，且大于该工作的总时差 TF 时，网络计划总工期将（   ）。

    A. 拖延 δ B. 拖延 $\delta - TF$

    C. 拖延 $\delta + TF$ D. 拖延 $TF - \delta$

14. 在双代号网络计划中，节点的最迟时间是以该节点为（   ）。

A．开始节点的工作最迟开始时间　　B．开始节点的工作最早开始时间

C．完成节点的工作最迟完成时间　　D．完成节点的工作最早完成时间

15．网络计划中工作与其紧后工作之间的间隔时间等于其紧后工作的（　　）。

A．最早开始时间与该工作最早完成时间之差

B．最迟开始时间与该工作最早完成时间之差

C．最早开始时间与该工作最迟完成时间之差

D．最迟开始时间与该工作最迟完成时间之差

16．在单代号网络计划中，设 A 工作的紧后工作有 B 和 C，B 和 C 工作的总时差分别为 3 天和 5 天，工作 A、B 之间的间隔时间为 8 天，工作 A、C 之间的间隔时间为7 天，则工作 A 的总时差为（　　）天。

A．9　　　　　　　　　　　　　　B．10

C．11　　　　　　　　　　　　　　D．12

17．某工程网络计划中，某工作自由时差为 3 天，总时差为 7 天。进度检查时发现该工作持续时间延长了 5 天，则该工作实际进度（　　）。

A．将使总工期延长 5 天，但不影响其后续工作的正常进行

B．不影响总工期，但将其紧后工作的最早开始时间推迟 2 天

C．既不影响总工期，也不影响其后续工作的正常进行

D．将其后续工作的开始时间推迟 2 天，并使总工期延长 1 天

18．某工程双代号时标网络计划如图 3-20 所示，工作 A 的总时差为（　　）天。

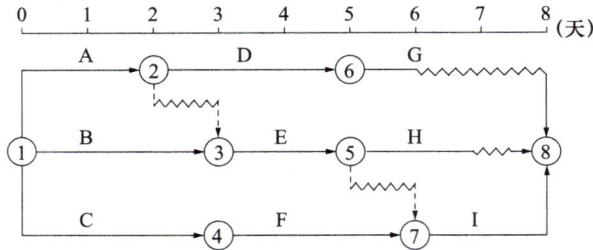

图 3-20　某工程双代号时标网络计划

A．0　　　　　　　　　　　　　　B．1

C．2　　　　　　　　　　　　　　D．3

19．某工程单代号网络图如图 3-21 所示，时间参数正确的是（　　）。

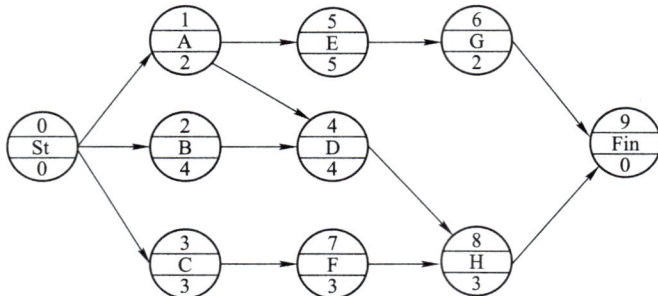

图 3-21　某工程单代号网络图

A．工作 D 的 *ES* 为 2 　　　　　B．工作 G 的 *EF* 为 9

C．工作 H 的 *FF* 为 1 　　　　　D．工作 F 的 *FF* 为 1

20．某工作有两个紧前工作，最早完成时间分别是第 2 天和第 4 天，该工作持续时间是 5 天，则其最早完成时间是第（　　　）天。

A．6 　　　　　　　　　　　　B．7

C．9 　　　　　　　　　　　　D．11

21．双代号时标网络计划中，当某工作之后有虚工作时，则该工作的自由时差为（　　　）。

A．该工作的波形线的水平长度

B．本工作与各紧后工作间波形线水平长度的最大值

C．本工作与各紧后工作间波形线水平长度的最小值

D．后续所有工作中波形线水平长度之和的最小值

22．已知某工程网络计划的计划工期等于计算工期，且工作 M 的开始节点和完成节点均为关键节点，则该工作（　　　）。

A．为关键工作 　　　　　　　B．总时差等于自由时差

C．自由时差为 0 　　　　　　D．总时差大于自由时差

23．在网络计划中，工作的总时差是指在不影响（　　　）的前提下，该工作可以利用的机动时间。

A．紧后工作最早完成时间 　　B．后续工作最早开始时间

C．紧后工作最迟开始时间 　　D．紧后工作最早开始时间

24．某双代号网络计划如图 3-22 所示（单位：天），则工作 E 的自由时差为（　　　）天。

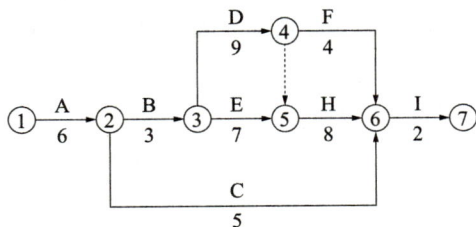

图 3-22　某双代号网络计划

A．0 　　　　　　　　　　　　B．4

C．2 　　　　　　　　　　　　D．5

25．在网络计划中，工作 N 最早完成时间为第 17 天，其持续时间为 5 天。该工作三项紧后工作的最早开始时间分别为第 25 天、第 27 天和第 30 天，则工作 N 的自由时差为（　　　）天。

A．3 　　　　　　　　　　　　B．7

C．10 　　　　　　　　　　　　D．13

26．在工程网络计划中，如果某项工作的拖延时间超过其自由时差，但没有超过总时差，则该项工作（　　　）。

A．会影响工程总工期

B．会变成关键工作

C．对后续工作及工程总工期无影响

D．使其紧后工作不能按最早时间开始

27．在工程网络计划中，已知某工作总时差和自由时差分别为 7 天和 5 天，其工作持续时间延长 3 天，则该工作（　　　）。

A．既不影响总工期，也不影响其后续工作的正常进行

B．将使总工期延长 3 天，但不影响其后续工作的正常进行

C．不影响总工期，但将其后续工作的开始时间推迟 3 天

D．将其后续工作的开始时间推迟 3 天，并使总工期延长 2 天

28．某双代号时标网络计划如图 3-23 所示，工作 F、工作 H 的最迟完成时间分别为（　　　）。

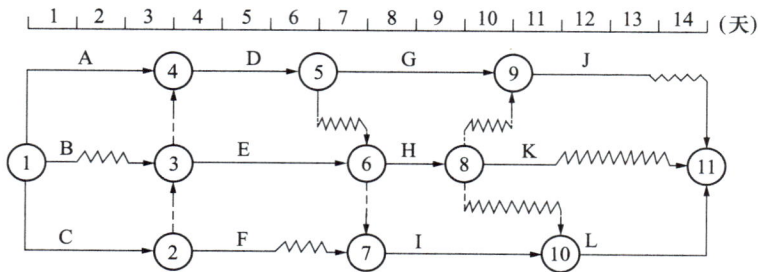

图 3-23　某双代号时标网络计划

A．第 7 天、第 9 天

B．第 7 天、第 11 天

C．第 8 天、第 9 天

D．第 8 天、第 11 天

29．某单代号网络计划如图 3-24 所示（时间单位：天），该网络计划的计算工期是（　　　）天。

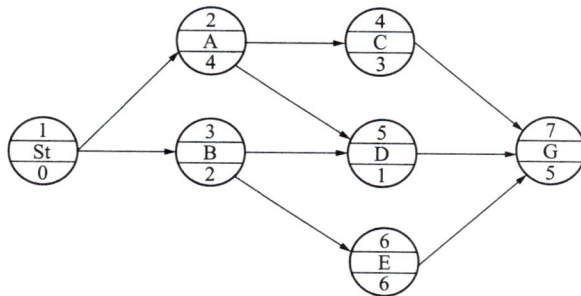

图 3-24　某单代号网络计划

A．8

B．10

C．12

D．13

30．在双代号网络计划中，如果其计划工期与计算工期相等，且工作 i-j 的完成节点在关键线路上，则工作 i-j 的自由时差（　　　）。

A．等于零

B．小于零

C．小于其总时差

D．等于其总时差

31. 检查网络计划时，发现某工作尚需作业 M 天，到该工作计划最迟完成时刻尚余 N 天，原有总时差为 P 天，则该工作尚有总时差为（   ）天。

    A．$P-N$

    B．$P-M$

    C．$M-N$

    D．$N-M$

32. 某项工作有两项紧后工作，两项紧后工作的最迟完成时间分别为第 14 天和第 16 天，持续时间为 7 天和 8 天，则该项工作的最迟完成时间是（   ）。

    A．第 6 天

    B．第 7 天

    C．第 8 天

    D．第 9 天

33. 在双代号网络计划中，当某一工作有紧后工作时，其自由时差等于其（   ）减去该工作的最早完成时间。

    A．紧后工作最早开始时间的最小值

    B．紧后工作最早开始时间的最大值

    C．紧后工作最早完成时间的最小值

    D．紧后工作最早完成时间的最大值

34. 某一工作 E 有两项紧后工作 F 和 G，F 的最早完成时间和最迟完成时间分别为第 16 天和第 18 天，持续时间为 7 天，G 的最早完成时间和最迟完成时间分别为第 14 天和第 15 天，持续时间为 9 天，则工作 E 的最迟完成时间是（   ）。

    A．第 11 天

    B．第 9 天

    C．第 6 天

    D．第 5 天

35. 单代号网络计划图中相邻两项工作之间的间隔时间是指（   ）。

    A．其紧后工作的最早开始时间与本工作最早完成时间的差值

    B．其紧后工作的最晚开始时间与本工作最早完成时间的差值

    C．其紧后工作的最早完成时间与本工作最早完成时间的差值

    D．其紧后工作的最晚完成时间与本工作最早完成时间的差值

36. 在网络计划的相关时间参数中，工作最早开始时间是指（   ）。

    A．所有紧前工作最早完成时间中的最大值

    B．所有紧前工作最早完成时间中的最小值

    C．所有紧前工作最迟完成时间中的最大值

    D．所有紧前工作最迟完成时间中的最小值

37. 在双代号时标网络计划中，关键线路是指（   ）。

    A．各项工作持续时间之和最小的线路

    B．自始至终不出现波形线的线路

    C．自始至终不出现虚工作的线路

    D．节点编号依次连续的线路

38. 关于总时差、关键工作和关键线路的说法，正确的是（   ）。

    A．总时差最大的工作是关键工作

    B．关键线路上不能有虚工作

    C．关键线路上的工作都是关键工作

    D．关键线路上工作的总持续时间最短

39. 某双代号网络计划如图 3-25 所示，关键线路有（　　）条。

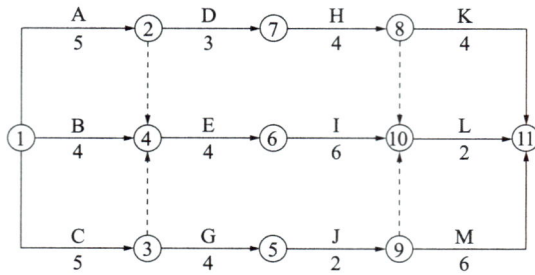

图 3-25　某双代号网络计划

A．1　　　　　　　　　　　B．2
C．3　　　　　　　　　　　D．4

40. 在某工程的时标网络计划中，若某项工作上没有波形线且工作的完成节点为关键节点，则该工作（　　）。

A．总时差大于 0　　　　　　B．自由时差小于总时差
C．属于关键工作　　　　　　D．与其紧后工作都属于关键工作

41. 某双代号网络计划如图 3-26 所示，关键线路是（　　）。

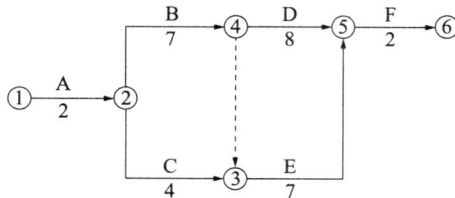

图 3-26　某双代号网络计划

A．①→②→④→⑤→⑥　　　B．①→②→③→⑤→⑥
C．①→②→④→③→⑤→⑥　　D．①→②→③→④→⑤→⑥

42. 某双代号网络计划如图 3-27 所示，关键工作有（　　）个。

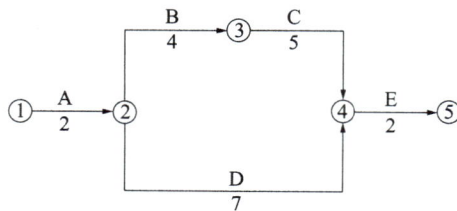

图 3-27　某双代号网络计划

A．2　　　　　　　　　　　B．3
C．4　　　　　　　　　　　D．5

43. 关于关键工作的说法，正确的是（　　）。

A．关键工作的进度落后必定影响工期

B．非关键线路上不可能存在关键工作

C．关键工作的总时差必定为 0

D．关键节点之间的工作必定是关键工作

44．某双代号网络图各工作间逻辑关系表见表 3-6，属于关键线路的是（　　　）。

表 3-6　某双代号网络图各工作间逻辑关系

工作	A	B	C	D	E	F	G
紧后工作	B、C	D、E	E	F、G	G	—	—
工作时间	1	3	2	3	3	2	3

A．A→C→E→G   B．A→B→D→F

C．A→C→E→F   D．A→B→E→G

45．在网络计划中，区别关键工作的条件是（　　　）一定最小。

A．自由时差   B．总时差

C．时间间隔   D．持续时间

46．在计划工期等于计算工期的双代号网络计划中，关键节点说法正确的是（　　　）。

A．相邻关键节点之间的工作一定是关键工作

B．以关键节点为完成节点的工作总时差和自由时差相等

C．关键节点连成的线路一定是关键线路

D．两个关键节点之间的线路一定是关键线路

二　多项选择题

1．肯定型网络计划包括（　　　）。

A．图示评审技术   B．CPM 时标网络计划

C．CPM 单代号网络计划   D．CPM 双代号网络计划

E．计划评审技术

2．主体框架结构、围护砌体工程两个分部工程，分 A、B 两个施工段，其中木工班组有两个，下列施工顺序中，属于工艺逻辑关系的有（　　　）。

A．先 A 施工段，后 B 施工段

B．先安装主体钢筋，后浇筑混凝土构件

C．先施工主体结构，后砌筑围护砌体

D．先砌墙，后浇筑混凝土圈梁

E．先木工班 A，后木工班 B

3．某单代号网络图如图 3-28 所示，该图存在的错误有（　　　）。

A．多个起点节点   B．出现循环回路

C．虚箭线用法错误   D．箭线交叉不规范

E．没有终点节点

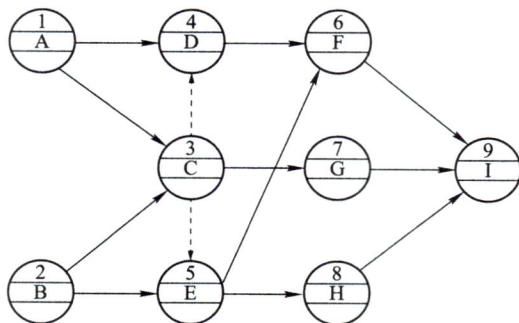

图 3-28　某单代号网络图

4. 某双代号网络计划如图 3-29 所示，绘图的错误有（　　　　）。

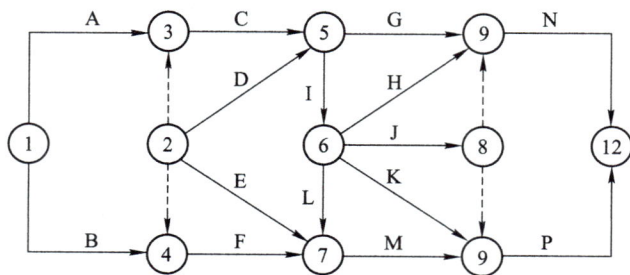

图 3-29　某双代号网络计划

A. 有多个起点节点　　　　　　B. 有多个终点节点

C. 节点编号有误　　　　　　　D. 存在循环回路

E. 有多余虚工作

5. 工程网络计划的优化目标有（　　　　）。

A. 寻求工程总成本最低时的工期

B. 缩短计算工期满足要求工期

C. 资源限制条件下工期最短

D. 工期不变条件下资源需用量均衡

E. 降低工作总的资源消耗量指标

6. 某分部工程双代号网络计划如图 3-30 所示，存在的绘图错误有（　　　　）。

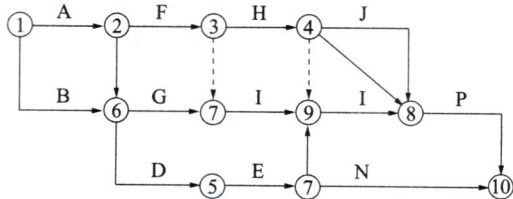

图 3-30　某分部工程双代号网络计划

A. 存在循环回路　　　　　　　B. 节点编号错误

C. 多个起点节点　　　　　　　D. 两项工作有相同的代号

E. 节点编号重复

7. 关于双代号网络图的绘图规则的说法，正确的有（   ）。

   A. 虚箭线代表实际工作

   B. 不允许出现循环回路

   C. 可以有多个起点节点

   D. 不可用过桥法处理箭线交叉

   E. 不能出现双向箭头或无箭头的连线

8. 工程网络计划按工作持续时间的特点划分，包括（   ）。

   A. 搭接网络计划　　　　　　　　B. 单目标网络计划

   C. 随机型网络计划　　　　　　　D. 肯定型目标网络计划

   E. 非肯定型网络计划

9. 与双代号网络图相比，单代号网络图的特点有（   ）。

   A. 工作之间的逻辑关系用虚箭线，故绘图较复杂

   B. 便于检查和修改

   C. 工作持续时间表示在节点之中，没有长度，故不够直观

   D. 箭线可能产生较多的纵横交叉现象

   E. 便于资源优化及调整

10. 在双代号网络图中，虚箭线的作用有（   ）。

    A. 指向　　　　　　　　　　　　B. 联系

    C. 区分　　　　　　　　　　　　D. 断路

    E. 过桥

11. 关于双代号网络计划中时间参数的说法，正确的有（   ）。

    A. 总时差最小的工作为关键工作

    B. 工作自由时差为零，其总时差必为零

    C. 以终点节点为完成节点的工作自由时差与总时差相等

    D. 关键线路上允许有虚箭线和波形线的存在

    E. 工作自由时差一定小于或等于总时差

12. 下列网络计划参数中，最终以计划工期作为约束条件的有（   ）。

    A. 最早完成时间　　　　　　　　B. 总时差

    C. 最迟完成时间　　　　　　　　D. 自由时差

    E. 时间间隔

13. 某双代号网络计划如图 3-31 所示（时间单位：周），关于时间参数计算正确的有（   ）。

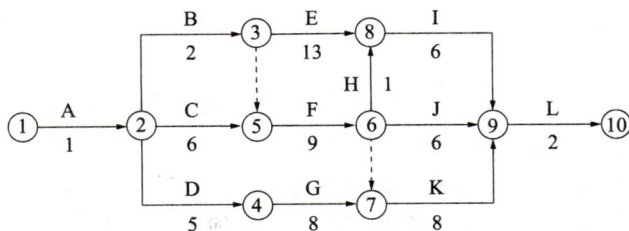

图 3-31　某双代号网络计划

A．工作 F 最早开始时间为 7 周末　B．工作 D 的总时差为 1 周

C．工作 G 的总时差 2 周　　　　　D．工作 D + G 的总时差为 4 周

E．整个计划的总工期为 26 周

14．某双代号网络计划如图 3-32 所示（时间单位：天），已知每项工作的最早开始时间和最迟开始时间，该计划表明（　　）。

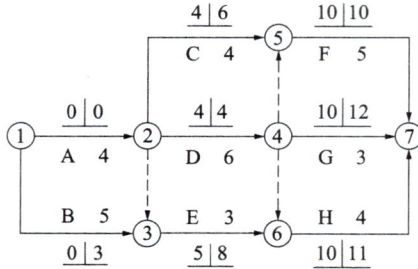

图 3-32　某双代号网络计划

A．工作 D 的总时差为 0　　　　　B．工作 H 为关键工作

C．工作 E 的自由时差为 3 天　　　D．工作 C 的自由时差为 2 天

E．工作 B 的自由时差为 0

15．某双代号时标网络计划如图 3-33 所示（时间单位：天），工作总时差正确的有（　　）。

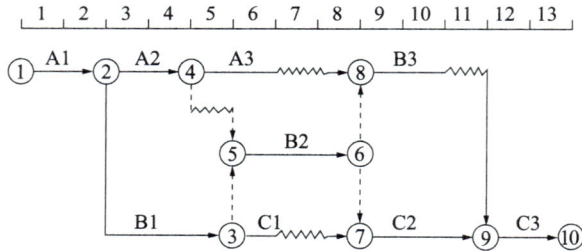

图 3-33　某双代号时标网络计划

A．$TF_{A1} = 0$　　　　　　　　　　B．$TF_{A2} = 1$ 天

C．$TF_{B2} = 2$ 天　　　　　　　　　D．$TF_{C1} = 2$ 天

E．$TF_{B3} = 2$ 天

16．关于工作最迟完成时间计算的说法，正确的有（　　）。

A．单代号网络计划中，等于该工作最早完成时间加上该工作的总时差

B．单代号网络计划中，等于各紧后工作最迟完成时间减工作持续时间的最大值

C．双代号网络计划中，等于各紧后工作最迟开始时间的最小值

D．双代号网络计划中，等于该工作完成节点的最迟时间

E．双代号时标网络计划中，等于该工作实箭线结束点对应的时间坐标

17．双代号网络计划中，某工作最早第 3 天开始，工作持续时间 2 天，有且仅有 2 项紧后工作，紧后工作最早开始时间分别是第 5 天和第 6 天，对应总时差是 4 天和 2 天。

关于该工作总时差和自由时差的说法，正确的有（　　）。

  A．总时差为 3 天   B．总时差为 4 天

  C．自由时差为 0   D．自由时差为 2 天

  E．总时差和自由时差均为 0

18. 在工程网络计划中，若某一工作的最早开始时间为第 5 天，最早完成时间为第 13 天，则关于该工作有关时间参数的说法，正确的有（　　）。

  A．最早在第 5 天上班时间开始 B．最早在第 6 天上班时间开始

  C．最早在第 13 天下班时间完成 D．最早在第 14 天下班时间完成

  E．工作的持续时间为 8 天

19. 在如下双代号时标网络图（图 3–34）中，正确的时间参数有（　　）。

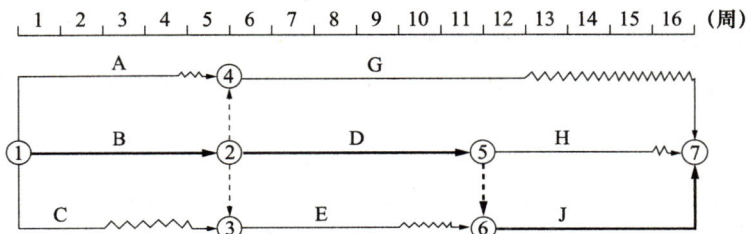

图 3–34　双代号时标网络图

  A．时标网络计划的计算工期为 16 周

  B．工作 G 的自由时差与总时差均为 4 周

  C．工作 A 的最迟完成时间为第 9 周末

  D．工作 A 的最早完成时间为第 5 周末

  E．工作 B、D、J 的自由时差均为 0

20. 在一工程的双代号网络计划中，某一工作 E 的最早开始时间为第 7 天，持续时间为 4 天，其有两项紧后工作 F 和 G，其中 F 的最早开始时间和最迟开始时间分别为第 13 天和第 15 天，G 的最早开始时间和最迟开始时间分别为第 14 天和第 17 天，则关于工作 E 的总时差和自由时差的说法，正确的有（　　）。

  A．工作 E 的总时差为 6 天

  B．工作 E 的总时差为 4 天

  C．工作 E 的自由时差为 3 天

  D．工作 E 的自由时差为 2 天

  E．总时差通过紧后工作最早开始时间计算，自由时差通过紧后工作最迟开始时间计算

21. 关于总时差和自由时差的说法，正确的有（　　）。

  A．自由时差为 0 时，总时差一定为 0

  B．总时差为 0 时，自由时差一定为 0

  C．在不影响紧后工作最早开始时间的情况下，工作的机动时间为自由时差

  D．在不影响紧后工作最早开始时间的情况下，工作的机动时间为总时差

  E．自由时差有可能大于总时差

22. 在如下双代号网络计划图（图3-35）中（时间单位：月），关于工作时间参数和关键线路的说法，正确的有（   ）。

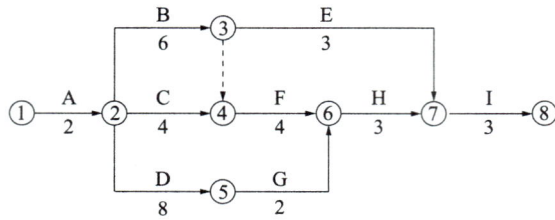

图3-35　双代号网络计划图

A. 工作C的总时差为2个月　　　B. 关键线路上工作总时差为0

C. 该计划总工期为16个月　　　D. 工作E的总时差为4个月

E. 该计划图仅有一条关键线路

23. 在双代号网络图中，计划工期等于计算工期，则关于关键线路上工作的说法，正确的有（   ）。

A. 关键工作的最早开始时间等于最迟开始时间

B. 总工期等于某一关键线路上所有关键工作的总持续时间

C. 关键工作的最早完成时间小于最迟完成时间

D. 该计划中关键工作的自由时差有可能不等于0

E. 该计划中关键工作的总时差等于0

24. 在某一工程网络计划中，若某一项工作的总时差被全部利用时，会影响时间参数的有（   ）。

A. 紧后工作的最早开始时间　　　B. 紧后工作的最迟开始时间

C. 本工作的最早完成时间　　　　D. 本工作的最迟完成时间

E. 整个网络计划的总工期

【答案与解析】

一、单项选择题

*1. D；　　*2. D；　　3. D；　　*4. B；　　*5. C；　　*6. A；　　7. B；　　*8. B；

9. B；　　10. D；　　11. D；　　12. B；　　*13. B；　　14. C；　　15. A；　　*16. C；

17. B；　　*18. C；　　19. B；　　*20. C；　　*21. C；　　*22. B；　　23. C；　　24. C；

*25. B；　　*26. D；　　27. A；　　28. B；　　*29. D；　　*30. D；　　31. D；　　32. B；

33. A；　　34. C；　　35. A；　　36. A；　　37. B；　　38. C；　　39. C；　　40. C；

41. A；　　*42. C；　　43. A；　　*44. D；　　45. B；　　*46. B

【解析】

1.【答案】D

网络计划中箭线的表达有一定的规则，双代号网络计划中箭线表示工作，而单代号网络计划中箭线表示工作之间的联系；虚箭线（虚工作）不占用时间；普通网络计划中箭线长度是任意的，故选项A、B、C不正确。箭线水平投影的方向应自左向右，表示工作的行进方向。选项 D 正确。

2.【答案】D

在双代号和单代号网络计划中，节点分别表示工作之间的联系和工作本身，具有不同的含义。中间节点（不是所有节点）均既有向内又有向外的箭线。因此，选项 A、B、C 不正确。网络图节点的编号顺序应从小到大，可不连续，但不允许重复。选项 D 正确。

4.【答案】B

该双代号网络图正确表达了已确定的逻辑关系，但工作名称及其时间参数的标注方法不一致。一般要求工作名称在上面，时间参数在下面。图中 1–3、7–8 工作标注方法有误，4–5 工作遗漏名称，且实线表示的工作时间不应该为零。选项 B 正确。

5.【答案】C

双代号时标网络计划的一般规定：（1）双代号时标网络计划必须以水平时间坐标为尺度表示工作时间；（2）节点中心必须对准相应的时标位置；（3）时标网络计划中虚工作必须以垂直方向的虚箭线表示。选项 C 正确。

6.【答案】A

双代号网络计划中的虚箭线是实际工作中不存在的一项虚设工作，它既不占用时间，也不消耗资源，一般起着工作之间的联系、区分和断路三个作用。根据题意，图中的虚箭线是将工作 A 和工作 D 之间的逻辑关系联系起来。选项 A 正确。

8.【答案】B

单代号网络图中的每一个节点表示一项工作，节点宜用圆圈或矩形表示。节点所表示的工作名称、持续时间和工作代号等应标注在节点内。单代号网络图中的节点必须编号，编号标注在节点内，其号码可间断，但严禁重复。箭线的箭尾节点编号应小于箭头节点的编号。一项工作必须有唯一的一个节点及相应的一个编号。选项 B 正确。

13.【答案】B

本题主要考查总时差的概念。总时差指在不影响总工期的前提下，本工作可以利用的机动时间，即工作最迟开始时间与最早开始时间之差，或是最迟完成时间与最早完成时间之差。若非关键工作拖延时间 δ 小于或等于 TF，则总工期不会推延；若大于 TF 则拖延的时间为 $\delta - TF$。选项 B 正确。

16.【答案】C

本题主要考查单代号网络图中工作总时差的计算方法。由于某工作的总时差等于其紧后工作的总时差与其紧后工作的时间间隔之和的最小值，因而本题总时差 $TF = \min\{3+8, 5+7\} = 11$。选项 C 正确。

18.【答案】C

由该双代号时标网络图可以看出，C–F–I 为关键线路，工作 A 最早完成时间 $EF_A = 2$，最迟完成时间 $LF_A = \min\{LS_D, LS_E\} = \min\{4, 4\} = 4$，所以 $TF_A = 4 - 2 = 2$。选项 C 正确。

20.【答案】C

最早开始时间等于各紧前工作的最早完成时间的最大值，即该工作最早开始时间 $= \max\{2, 4\} = 4$；最早完成时间等于最早开始时间加上其持续时间，即该工作最早完成时间＝ 4 ＋ 5 ＝ 9。选项 C 正确。

21.【答案】C

自由时差（FF_{i-j}）是指在不影响其紧后工作最早开始的前提下，工作 $i-j$ 可以利用的机动时间。在双代号时标网络计划中，当某工作之后有虚工作时，则该工作的自由时差为本工作与各紧后工作间波形线水平长度的最小值。选项 C 正确。

22.【答案】B

因为工作 M 的完成节点为关键节点，则该工作的紧后工作中必有一项是关键工作。如果该工作的完成节点是终点节点，那么其总时差就等于该工作的自由时差，就是时标网络图中波形线的长度。如果该工作的完成节点非终点节点，那么该工作的总时差等于其紧后工作的总时差与该工作自由时差的最小值。该工作紧后工作总时差的最小值是 0，所以该工作的总时差等于自由时差。选项 B 正确。

25.【答案】B

工作的自由时差是指在不影响紧后工作的最早开始时间的前提下，本工作可以利用的机动时间，因此 $FF_N = \min\{24，26，29\} - 17 = 7$。选项 B 正确。

26.【答案】D

总时差是指在不影响总工期的前提下，工作可以利用的机动时间；自由时差是指在不影响其紧后工作最早开始的前提下，工作可以利用的机动时间。选项 D 正确。

29.【答案】D

经过计算，网络计划的关键线路：①→③→⑥→⑦，其持续时间总和为：2 ＋ 6 ＋ 5 ＝ 13 天，即工期为 13 天。选项 D 正确。

30.【答案】D

本题考查自由时差和总时差的概念。由于工作 $i-j$ 的完成节点在关键线路上，说明该节点 j 为关键节点，即工作 $i-j$ 的紧后工作中必有关键工作，此时工作 $i-j$ 的自由时差就等于其总时差。选项 D 正确。

42.【答案】C

计算时间参数确定关键线路为①→②→③→④→⑤，关键工作有 A、B、C、E。选项 C 正确。

44.【答案】D

根据逻辑关系画双代号网络计划如图 3-36 所示。

计算时间参数确定关键线路为①→②→③→④→⑥→⑦和①→②→③→⑤→⑥→⑦。选项 D 正确。

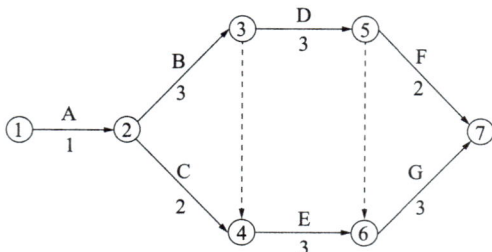

图 3-36　双代号网络计划

46.【答案】B

当计划工期与计算工期相等时,双代号网络计划中的关键节点具有以下特性:
(1)开始节点和完成节点均为关键节点的工作,不一定是关键工作;(2)以关键节点为完成节点的工作,其总时差和自由时差必然相等。选项 B 正确。

二、多项选择题

*1. B、C、D;	2. B、C、D;	3. A、C、D;	4. A、C;
*5. A、B、C、D;	6. B、D、E;	7. B、E;	*8. C、D、E;
*9. B、C、D;	10. B、C、D;	11. A、C、E;	*12. B、C;
13. A、C、E;	*14. A、D、E;	*15. A、B、D;	*16. A、C、D;
*17. A、C;	18. D、E;	*19. A、B、C、E;	*20. B、D;
21. B、C;	22. A、B、D;	23. A、B、E;	24. A、C

【解析】

1.【答案】B、C、D

按工作持续时间的性质不同,工程网络计划可分为肯定型网络计划、非肯定型网络计划和随机型网络计划。关键线路法(CPM)就是一种肯定型网络计划,计划评审技术(PERT)属于非肯定型网络计划,图示评审技术(GERT)、风险评审技术(VERT)则属于随机型网络计划。选项 B、C、D 正确。

5.【答案】A、B、C、D

工程网络计划的优化目标是:(1)工期优化是指网络计划的计算工期不满足要求工期时,通过压缩关键工作的持续时间以满足要求工期的过程;(2)费用优化是指寻求工程总成本最低时的工期安排,或按要求工期寻求最低成本的计划安排的过程;(3)资源优化分两种:"资源有限,工期最短"和"工期固定,资源均衡"。工作总的资源消耗量指标与工作的持续时间的关系不明显,优化意义不大。选项 A、B、C、D 正确。

8.【答案】C、D、E

按工作持续时间的性质不同,工程网络计划可分为肯定型网络计划、非肯定型网络计划和随机型网络计划。选项 C、D、E 正确。

9.【答案】B、C、D

单代号网络图与双代号网络图相比,具有以下特点:(1)工作之间的逻辑关系容易表达且不用虚箭线,故绘图较简单;(2)网络图便于检查和修改;(3)由于工作持续时间表示在节点之中,没有长度,故不够直观;(4)表示工作之间逻辑关系的箭线可能产生较多的纵横交叉现象。选项 B、C、D 正确。

12.【答案】B、C

工作最早完成时间、自由时差、时间间隔的计算都与计划工期无关,而总时差和最迟完成时间的计算依赖于计划工期。选项 B、C 正确。

14.【答案】A、D、E

简单的参数计算后可知工作 H 的总时差为 1 天,不是关键工作,工作 E 的自由时差为 2 天,所以选项 B、C 错误。选项 A、D、E 正确。

15.【答案】A、B、D

经观察该网络计划关键线路为:①→②→③→⑤→⑥→⑦→⑨→⑩,故工作 A1、

B2 时差都为零，工作 B3 的总时差是 1 天。选项 A、B、D 正确。

16. 【答案】A、C、D

单代号网络计划中，最迟完成时间等于各紧后工作最迟完成时间减工作持续时间的最小值；双代号时标网络计划中，实箭线结束对应的时间坐标表示的是最早完成时间，故选项 B、E 错误。选项 A、C、D 正确。

17. 【答案】A、C

根据题意，该工作的最早开始时间是 3，则其最早完成时间为 3 ＋ 2 ＝ 5；两个紧后工作的最早开始时间分别为 5 和 6，最迟开始时间分别为 5 ＋ 4 ＝ 9 和 6 ＋ 2 ＝ 8，则该工作的最迟完成时间为 8（8 和 9 中取小值）；该工作的总时差＝最迟完成时间－最早完成时间＝（8－5）＝ 3 天，自由时差＝紧后工作最早开始时间的最小值－本工作的最早完成时间＝ 5－5 ＝ 0。选项 A、C 正确。

19. 【答案】A、B、C、E

网络计划的计算工期应等于终点节点所对应的时标值与起点节点所对应的时标值之差：16－0 ＝ 16 周，选项 A 正确。

以终点节点为完成节点的工作，其自由时差与总时差相等，等于计划工期与本工作最早完成时间之差，故工作 G 的自由时差与总时差为：16－12 ＝ 4 周，工作 J 的自由时差为：16－16 ＝ 0，工作 B、D 箭线中波形线的水平投影长度为 0，自由时差为 0，选项 B、E 正确。

工作 A 的总时差为其紧后工作 G 的总时差加上工作 A 与其紧后工作 G 之间的时间间隔：4 ＋ 1 ＝ 5 周，工作 A 的最迟完成时间等于其最早完成时间与其总时差之和：4 ＋ 5 ＝ 9，选项 C 正确，选项 D 错误。

20. 【答案】B、D

工作 E 的最迟完成时间＝紧后工作最迟开始时间的最小值＝ 15。

工作 E 的总时差＝工作 E 的最迟完成时间（15）－工作 E 的最早完成时间（7 ＋ 4）＝ 4 天。

工作 E 的自由时差＝紧后工作最早开始时间的最小值（13）－工作 E 的最早完成时间（7 ＋ 4）＝ 2 天。

选项 B、D 正确。

3.4 施工进度控制

复习要点

1. 施工进度计划实施中的检查与分析

施工进度目标和计划确定后，在工程实施过程中，还应进行监测和调整。

1）施工进度监测比较

对进度计划的监测，主要包括收集整理实际进度数据、实际进度与计划进度比较分析两项工作。

收集实际进度数据的方式主要有：施工进度报表、现场实地检查和施工进度协调会议等。

收集到的实际进度数据还要加工成具有可比性的数据。实际进度与计划进度的比较方法主要有：横道图比较法、S曲线比较法和前锋线比较法等，比较的目的是确定实际施工进展与计划目标的偏差。

2）施工进度调整

出现进度偏差后，应分析其产生原因及对后续工作和总工期的影响，并判断是否采取措施或调整进度计划。

造成进度偏差的原因按造成的后果可分为两类，即：施工单位自身原因、施工单位以外原因，前者是工期延误，后者是工期延期。

分析工作的进度偏差对后续工作及总工期的影响时，可以利用自由时差和总时差，如延误在自由时差和总时差之间，只影响后续工作；如延误超过总时差，则既影响后续工作，又会影响总工期。

在调整施工进度计划前，应根据施工合同分析，确定可调整的范围，即关键节点、后续工作限制条件及总工期允许变化的范围。

确定限制条件后，应以此为依据，选取适宜的方法调整施工进度计划。

2．实际进度与计划进度比较方法

1）横道图比较法

横道图比较法是将检查收集的实际进度数据加工整理后，直接以横道线形式平行绘制于原计划横道线下方，从而形象直观地反映各项工作的实际进度、计划进度及其偏差情况的工程进度比较的方法。

横道图比较法通常适用于施工进度计划中各项工作都是匀速进展的情况，如工作是非匀速进展的，尚应辅以工作量累计完成信息（工作量累计完成百分比），分别对各工作在不同时间段的实际进度与计划进度进行比较。

2）S曲线比较法

S曲线比较法是指以横坐标表示时间，纵坐标表示累计完成工程任务量的实际进度与计划进度比较的方法。

若工程实际进度在计划S曲线左侧，表明进度超前；若工程实际进度在计划S曲线右侧，表明进度拖后；若工程实际进度与计划S曲线重合，表示实际进度与计划一致。

在S曲线比较图中实际与计划水平偏差即是进度偏差，竖向偏差即是任务量偏差。

如后期工程仍按原计划速度进行，可预测工期偏差。

3）前锋线比较法

前锋线比较法是指在时标网络计划中通过绘制实际进度前锋线进行实际进度与计划进度比较的方法。所谓前锋线，是指在施工进度时标网络计划中，从实际进度检查时刻的时标点出发，用点划线依次将各项工作实际进展位置点连接而成的折线。

工作实际进展位置点在进度检查时的左侧，工作实际进度拖后；工作实际进展位置点与进度检查时重合，工作实际进度与计划进度一致；工作实际进展位置点在进度检查时的右侧，工作实际进度超前。

3．施工进度计划调整方法及措施

调整施工进度计划的方法主要有两种，即压缩可被压缩的关键工作的持续时间来缩短工期、改变某些工作的逻辑关系来缩短工期。

压缩关键工作的持续时间的措施可分为：组织措施、技术措施、经济措施和其他配套措施。

改变工作间的逻辑关系通常是将顺序作业的工作改为平行作业、搭接作业或分段组织流水作业等。

一 单项选择题

1. 当工程施工出现实际进度偏离计划进度时，依据施工进度监测和调整的系统过程，首先要（　　）。

  A．确定后续工作及总工期的限制条件

  B．收集整理实际进度数据

  C．采取赶工措施加快施工进度

  D．分析进度偏差产生原因

2. 分析某项工作的实际进度偏差对后续工作及总工期影响的时间参数是（　　）。

  A．自由时差和总时差

  B．实际工程量的完成情况

  C．单项工作的施工时长

  D．实际进度偏差造成的经济损失

3. 在工程建设过程中，会影响后续工作的正常进行及总工期的情况是（　　）。

  A．实际偏差为零

  B．实际偏差未超过该工作的自由时差

  C．实际偏差超过该工作的自由时差，但未超过该工作的总时差

  D．实际偏差超过该工作的总时差

4. 在双代号网络计划中，若某项工作进度发生拖延，需要重新调整原进度计划的情况是（　　）。

  A．项目总工期可以拖延有限时间，实际拖延时间未超过限制

  B．该工作进度拖延已超过其总时差，但总工期不可以拖延

  C．该工作进度拖延已超过其自由时差但未超过总时差，其后续工作可以拖延

  D．该工作进度拖延已超过其自由时差但未超过总时差，其总工期不可以拖延

5. 某工程网络计划如图3-37所示，计划工期等于计算工期时，需要对进度计划进行调整的情况是（　　）。

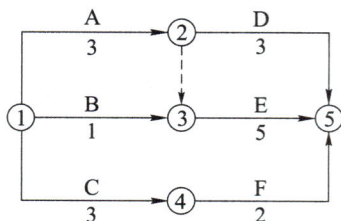

图3-37　某工程网络计划

A. 工作 A 延期 1 天   B. 工作 B 延期 1 天

C. 工作 C 延期 1 天   D. 工作 D 延期 1 天

6. 在某工程的网络计划图中，如果工作 Q 的总时差和自由时差分别为 4 天、3 天，监理工程师检查实际进度时发现，该工作的持续时间延长了 2 天，则说明工作 Q 的实际进度（   ）。

     A. 影响总工期和其后续工作

     B. 不影响总工期，但其后续工作最早开始时间延迟 2 天

     C. 总工期延长 2 天

     D. 不影响总工期和其后续工作

7. 已知工程网络计划中某工作的自由时差为 4 天，总时差为 6 天。在检查进度时发现只有该工作实际进度拖延，且影响工期 4 天，则该工作实际进度比计划进度拖延（   ）天。

     A. 0   B. 4

     C. 8   D. 10

8. 由于总工期延期而造成的损失，应由施工单位承担的情况是（   ）。

     A. 施工单位未能按时收到施工图纸导致工期延误

     B. 施工单位施工过程中管理混乱导致工期延误

     C. 施工过程中设计变更频繁导致工期延误

     D. 施工过程中业主未能按约提供建设资金导致工期延误

9. 某工程网络计划如图 3-38 所示，如果工作 E 实际进度延误了 3 周，则施工进度计划工期延误（   ）周。

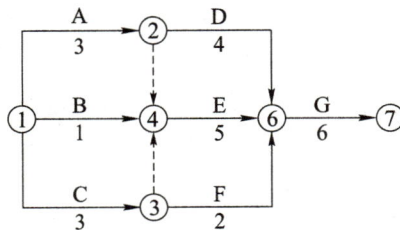

图 3-38   某工程网络计划

     A. 2   B. 3

     C. 4   D. 5

10. 采用横道图比较法比较实际进度与计划进度时，如粗黑线表示匀速进展横道图中的实际进度，且其右端位于检查日期左侧，此时（   ）。

     A. 实际进度与计划进度一致   B. 实际进度超前

     C. 实际进度拖后   D. 计划进度超前

11. 某施工项目进度计划及截至第 8 周末实际进度如图 3-39 所示（空心横道表示计划进度，实心横道表示实际进展），正确的是（   ）。

     A. 工作 A、B 按时完工   B. 工作 B 超额完成工作量

     C. 工作 C 实际只完成了 2/3   D. 工作 D 提前完成

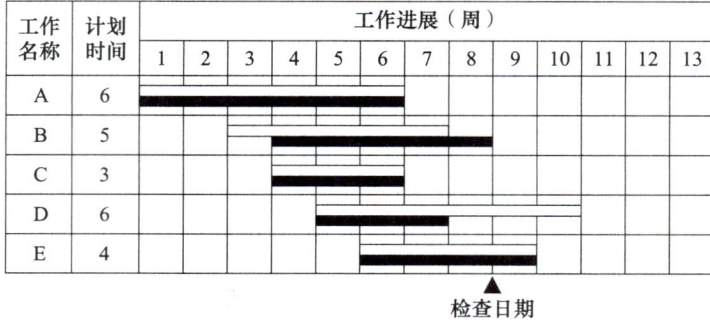

图 3-39　某施工项目进度计划及截至第 8 周末实际进度

12. 某工程应用 S 曲线比较法来比较实际进度与计划进度的偏差，通过实际进度 S 曲线和计划进度 S 曲线，可以得到的信息是（　　）。

　　A．预测对后续工作的影响　　　　B．实际超额或拖欠的工程量

　　C．累计资金的使用量　　　　　　D．工程进度是否匀速展开

13. 在实际进度与计划进度比较方法中，关于 S 曲线比较法的说法，正确的是（　　）。

　　A．工程累计完成任务量曲线类似"S"形状是因为单位时间投入的资源量在开始和结束时多

　　B．若工程实际进展点落在 S 曲线右侧，则表明此时进度超前

　　C．S 曲线可以在同一坐标系中表示整个工程在不同时间点的计划进度、实际进度及其偏差情况

　　D．S 曲线能表达工程实际进展等情况，但不可以预测后期工程

14. 某工程施工进度检查运用 S 曲线中比较法，某检查日期实际进展点落在了计划 S 曲线的右侧，则该点与 S 曲线纵坐标的距离表示（　　）。

　　A．实际进度拖后的时间　　　　　B．实际进度超前的时间

　　C．实际进度拖后的工作量　　　　D．实际进度超前的工作量

15. S 曲线比较法示意图如图 3-40 所示，正确的是（　　）。

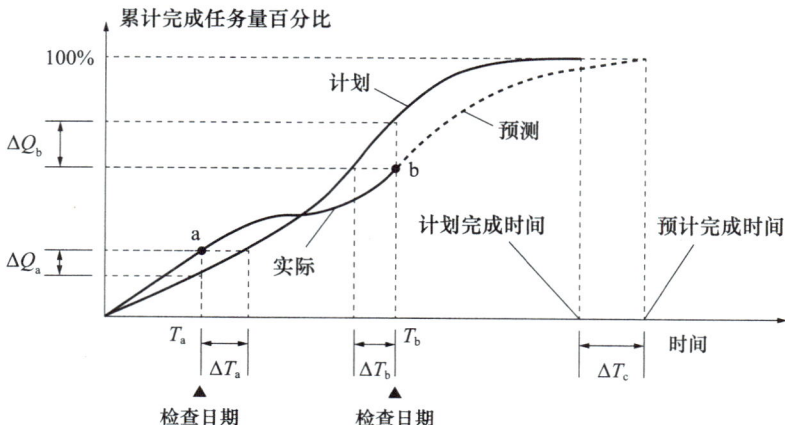

图 3-40　S 曲线比较法示意图

A. 图中 ΔT_b 表示的是此时刻拖后的工程量

B. 图中 ΔQ_b 表示的是在 ΔT_b 时刻实际进度拖后的时间

C. 图中 ΔT_c 的值一定大于 0

D. 图中点 b 位置表示此时实际进度落后计划进度

16. 某工程利用 S 曲线比较工程项目的实际进度与计划进度时，检查日期实际进展点落在 S 曲线左侧，则该实际进展点与计划 S 曲线在水平方向的距离表示工程项目的（　　　　）。

A. 实际进度拖后的时间　　　　B. 实际进度超前的时间

C. 超额完成的任务量　　　　　D. 实际拖欠的任务量

17. 进度计划检查时，前峰线应采用（　　　　）绘制。

A. 实箭线　　　　　　　　　　B. 波形线

C. 虚线　　　　　　　　　　　D. 点划线

18. 为了分析某工程项目实际进度偏差对后续工作及总工期的影响，可以利用的实际进度与计划进度的比较方法是（　　　　）。

A. 匀速进展横道图比较法

B. 非匀速进展横道图比较法

C. S 曲线比较法

D. 前峰线比较法

19. 某工程施工进度时标网络计划如图 3-41 所示，根据第 7 周末实际进度检查结果绘制前峰线如图中点划线所示，正确的是（　　　　）。

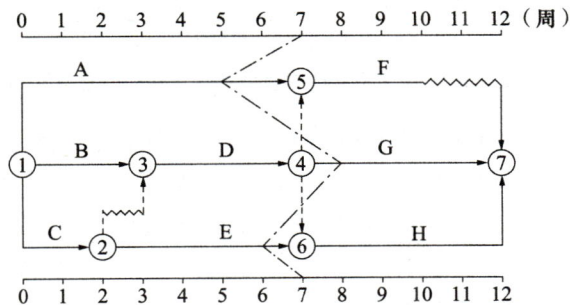

图 3-41　某工程施工进度时标网络计划

A. 工作 A 的实际进度拖后 2 周，将使其后续工作 F 的最早开始时间推迟 2 周，并使总工期延长 1 周

B. 工作 G 的实际进度提前 1 周，会使总工期缩短 1 周

C. 工作 E 的实际进度拖后 1 周，将使其后续工作 H 的最早开始时间推迟 1 周，不影响总工期

D. 第 7 周末，工作 A、E 的延误不影响工期

20. 某工程在第 6 天末检查实际进度如图 3-42 所示，说法正确的是（　　　　）。

A. 工作 E 的实际进度拖延 1 天，不影响总工期

B. 工作 G 进度超前，不影响总工期

C. 工作 H 的实际进度拖延 1 天，将使其后续工作 J 的最早开始时间推迟 1 天

D. 工作 I 的最早开始时间推迟 1 天，总工期延长 1 天

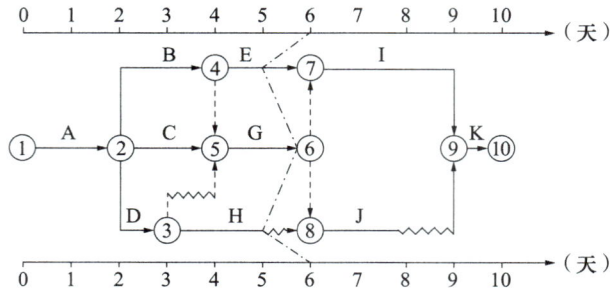

图 3-42　某工程在第 6 天末检查实际进度

21. 某建设工程项目施工期间第 3 天和第 5 天的检查情况如图 3-43 所示，关于该项目进度情况的说法，正确的是（　　　）。

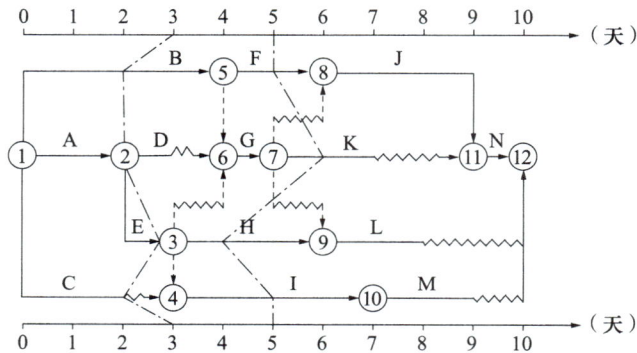

图 3-43　某建设工程项目施工期间第 3 天和第 5 天的检查情况

  A. 如果工作 F 的施工速度不变，工作 B 的实际施工时间是 4 天

  B. 工作 D 的实际开工时间比计划提前了 1 天

  C. 如果后续工作施工速度不变，工作 H 将影响总工期 1 天

  D. 如果工作 I 施工速度不变，工作 C 将有 1 天的自由时差

22. 在某基础工程中，若某项工作出现了拖延的情况导致总工期延长，为了保证工期符合原计划，正确的做法是（　　　）。

  A. 应该调整该工作的紧后工作

  B. 应调整该工作的平行工作

  C. 应调整该工作的紧前工作

  D. 应调整所有工作

23. 当关键线路的实际进度比计划进度提前时，若不拟提前工期，正确的做法是（　　　）。

  A. 将工作在其最早开始时间与最迟完成时间范围内移动

  B. 延长非关键线路上工作的持续时间

  C. 立马停止施工，将提前的工期数度过后再继续施工

  D. 选用资源占用量大或者直接费用高的后续关键工作，延长其持续时间

24. 某工程为加快进度，将进度计划由 A 调整为 B（图 3-44），则该进度计划的调整属于（   ）。

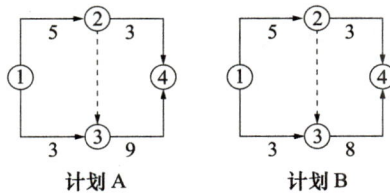

图 3-44   进度计划调整

A．调整关键线路的长度　　　　B．调整非关键线路的时差

C．增、减工作项目　　　　　　D．调整逻辑关系

25. 某工程为加快施工进度，将进度计划由 A 调整为 B（图 3-45），则该进度计划的调整属于（   ）。

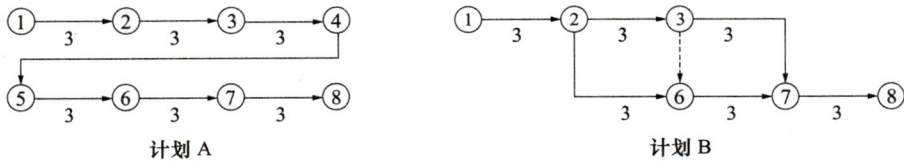

图 3-45   进度计划调整

A．调整关键线路的长度　　　　B．调整非关键线路的时差

C．增、减工作项目　　　　　　D．调整逻辑关系

26. 某工程的网络计划如图 3-46 所示，为了使总工期提前 2 天，正确的做法是（   ）。

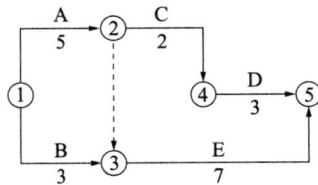

图 3-46   某工程的网络计划

A．将工作 D 持续时间压缩为 2 天

B．将工作 D 持续时间压缩为 1 天

C．将工作 B 持续时间压缩为 2 天

D．将工作 E 持续时间压缩为 5 天

27. 某工程网络计划如图 3-47 所示，为使得总工期提前 1 天，正确的做法是（   ）。

A．将工作 A 持续时间压缩为 1 天

B．将工作 B 持续时间压缩为 4 天

C．将工作 D 持续时间压缩为 3 天

D．将工作 F 持续时间压缩为 2 天

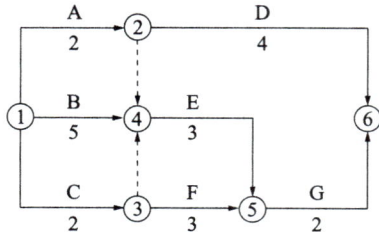

图 3-47 某工程网络计划

28. 某项目初始网络计划图如计划 A 所示，经调整，将 C 工作分为 C1、C2，调整后的网络计划如计划 B 所示（图 3-48）。调整后网络计划的变化是（　　）。

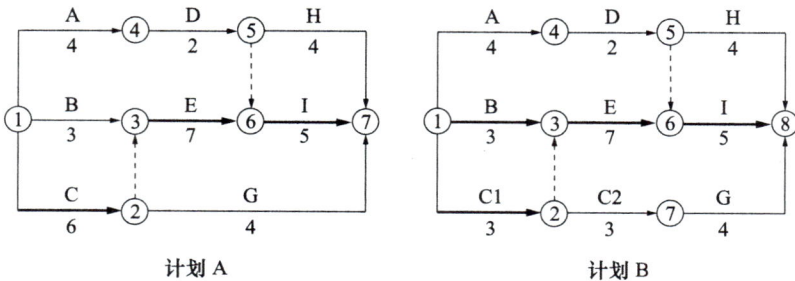

计划 A

计划 B

图 3-48 网络计划调整

A. 总工期不变
B. 工作 B 总时差增加
C. 工作 E 自由时差减少
D. 工作 I 开始时间提前

29. 某工程双代号网络计划如图 3-49 所示，所有工作均可压缩，现要求缩短工期 1 天，应首先选择（　　）。

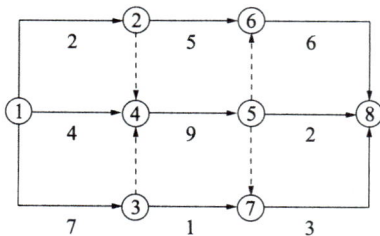

图 3-49 某工程双代号网络计划

A. 压缩工作③→⑦工作时间 1 天
B. 同时压缩工作①→②和工作①→④工作时间 1 天
C. 压缩工作④→⑤工作时间 1 天
D. 同时压缩工作⑤→⑧和工作⑦→⑧工作时间 1 天

二　多项选择题

1. 施工进度计划中，收集实际进度数据的方法有（　　）。
A. 施工进度报表
B. 现场实地检查

C．专家调查　　　　　　　　　D．施工进度协调会议

E．进度计划分析

2．在施工进度计划实施过程中，应经常地、定期地对进度计划执行情况进行动态监测，施工进度监测系统过程中需要做的工作有（　　）。

A．分析产生进度偏差的原因

B．收集反映工程实际进度的有关数据

C．调整施工进度计划

D．对实际进度数据进行加工处理

E．实际进度与计划进度比较分析

3．某些工程的实际进度偏离计划进度，为确保施工进度目标的实现，需要进行施工进度调整，施工进度调整系统过程中需要做的工作有（　　）。

A．判断施工任务是否完成

B．分析进度偏差产生原因

C．分析进度偏差对后续工作及总工期的影响

D．确定后续工作及总工期的限制条件

E．调整施工进度计划

4．造成施工进度偏差的原因有很多种，属于工期延误的情况有（　　）。

A．设计交底不清，造成技术处理方面造成分歧

B．建设单位延迟提供施工场地、施工图纸等

C．施工组织设计不落实，管理混乱

D．施工技术方案变动频繁

E．施工质量及施工安全事故发生

5．下列施工进度偏差产生的原因中，不属于施工单位自身原因的有（　　）。

A．出现罕见的台风天气导致进度偏差

B．设计变更频繁，工程量变化大或返工浪费大

C．业主未按合同规定及时提供材料、设备及资金

D．施工调度不合理，导致工期延长

E．施工单位应进场的设备未能按期进场

6．某工程项目由于设计变更频繁的原因，导致施工实际进度偏离计划进度，为了对工期进行调整，首先确定后续工作及总工期的限制条件，此时需要考虑的限制条件有（　　）。

A．实际偏差的幅度大小　　　　B．进度产生偏差原因

C．逻辑关系的改变　　　　　　D．总工期允许变化的范围

E．关键节点、后续工作限制条件

7．某项目在施工进度管理中，若要将实际进度与计划进度进行比较，其方法有（　　）。

A．横道图比较法　　　　　　　B．网络计划图比较法

C．S曲线比较法　　　　　　　D．前锋线比较法

E．工作量比较法

8. 某工程所有工作匀速进展，实际每日完成工程量同计划，空心横道表示计划进度，实心横道表示实际进展，第 8 周的检查情况如图 3-50 所示，下列说法正确的有（　　　）。

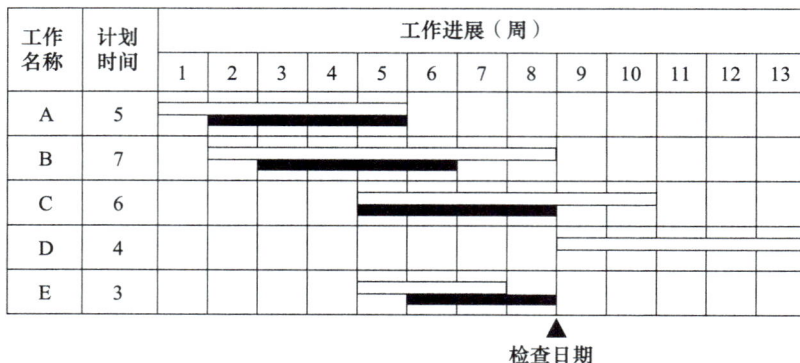

工作名称	计划时间	工作进展（周）												
		1	2	3	4	5	6	7	8	9	10	11	12	13
A	5													
B	7													
C	6													
D	4													
E	3													

检查日期

图 3-50　第 8 周的检查情况

A．工作 A 已完成

B．工作 B 的实际进度提前 2 周

C．工作 C 的实际进度正常

D．工作 D 尚未开始

E．工作 E 的实际进度拖后 1 周

9. 通过比较实际进度 S 曲线和计划进度 S 曲线，可以获得的信息有（　　　）。

A．项目的实际进展情况

B．项目实际进度超前或拖后的时间

C．项目实际超额或拖欠的任务量

D．后期项目进度的预测

E．项目某工作的自由时差

10．某工程 S 曲线比较图如图 3-51 所示，正确的有（　　　）。

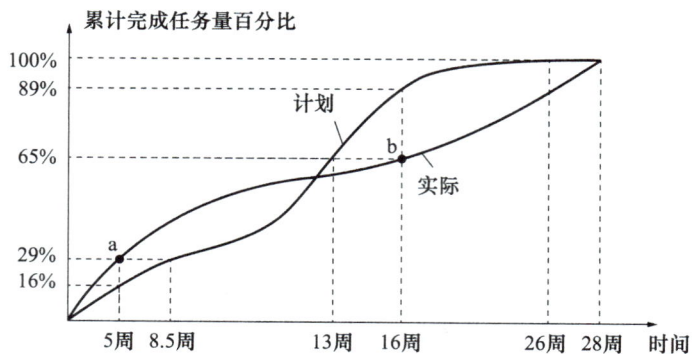

图 3-51　某工程 S 曲线比较图

A．该项工程实际进度比计划进度快 2 周

B．图中实际进度落在点 a 时，表明此时实际进度快于计划进度

C. 图中实际进度落在点 b 时，表明此时实际进度快于计划进度

D. 在第 5 周末，实际进度比计划进度快 3.5 周

E. 在第 16 周末，实际进度比计划进度快 3 周

11. 在应用前峰线比较法进行工程实际进度与计划进度比较时，工作实际进展点的位置标定的方法有（　　）。

A. 实际累计完成任务量　　　　B. 计划累计任务量

C. 实际检查时间　　　　　　　D. 单位时间完成任务量

E. 单位时间计划任务量

12. 实际进度前锋线可以直观反映实际进度检查时刻有关工作实际进度与计划进度之间的关系。关于进度前锋线的说法，正确的有（　　）。

A. 工作实际进展位置点落在实际进度检查时刻的左侧，表明该工作实际进度拖后，两者之差即为实际进度拖后的时间

B. 工作实际进展位置点落在实际进度检查时刻的左侧，表明该工作实际进度超前，两者之差即为实际进度超前的时间

C. 工作实际进展位置点落在实际进度检查时刻的右侧，表明该工作实际进度拖后，两者之差即为实际进度拖后的时间

D. 工作实际进展位置点与实际进度检查时刻重合，表明该工作实际进度与计划进度一致

E. 工作实际进展位置点落在实际进度检查时刻的右侧，表明该工作实际进度超前，两者之差即为实际进度超前的时间

13. 某项目时标网络计划第 2、4 周末实际进度前锋线如图 3-52 所示。关于该项目进度情况的说法，正确的有（　　）。

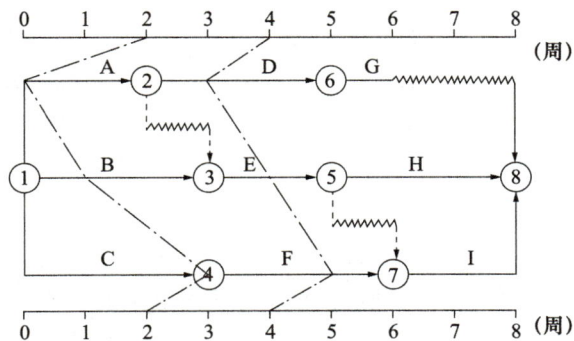

图 3-52　某项目时标网络计划第 2、4 周末实际进度前锋线

A. 第 2 周末，工作 A 拖后 2 周，该工作影响工期 2 周

B. 第 2 周末，工作 B 拖后 1 周，该工作不影响工期

C. 第 2 周末，工作 C 提前 1 周，该工作产生时差 1 周

D. 第 4 周末，工作 D 拖后 1 周，该工作不影响工期

E. 第 4 周末，工作 F 提前 1 周，该工作保留时差 1 周

14. 某工程双代号时标网络计划图执行到第 3 周末和第 5 周末时，检查实际进度如图 3-53 所示，检查结果表明（　　）。

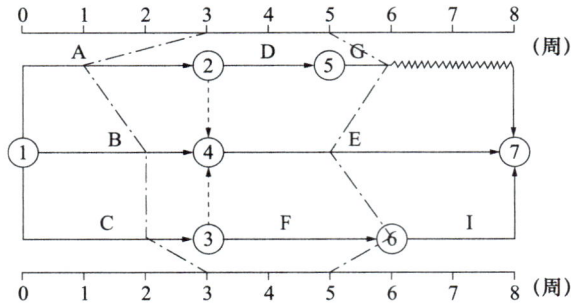

图 3-53　检查实际进度

A．第 3 周末检查时，工作 A 拖后 2 周，预计工期拖延 2 周

B．第 3 周末检查时，工作 B 拖后 1 周，预计工期拖延 1 周

C．第 5 周末检查时，工作 E 按时完成，预计工期不变

D．第 5 周末检查时，工作 F 提前 1 周，预计工期提前 1 周

E．第 5 周末检查时，工作 G 提前 1 周，预计工期提前 1 周

15．某工程双代号时标网络计划如图 3-54 所示，检查第 5 周末与第 10 周末的实际进度，正确的有（　　）。

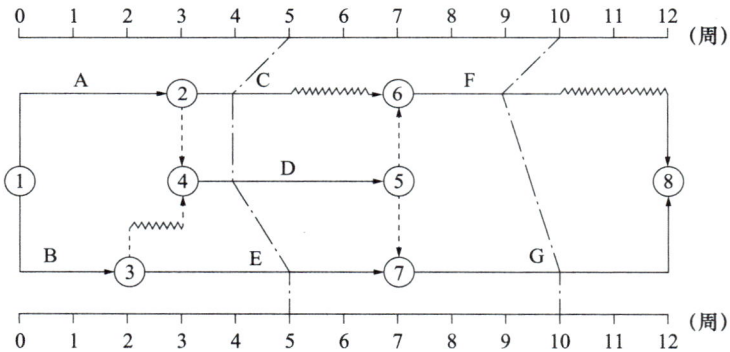

图 3-54　某工程双代号时标网络计划

A．第 5 周末，工作 C 拖后 1 周，该工作影响工期 1 周

B．第 5 周末，工作 D 拖后 1 周，该工作影响工期 1 周

C．第 5 周末，工作 E 按时完成，该工作不影响工期

D．第 10 周末，工作 F 拖后 1 周，该工作影响工期 1 周

E．第 10 周末，工作 G 按时完成，该工作不影响工期

16．在某工程的双代号时标网络计划图中，在第 3 周末和第 7 周末进行了进度检查，检查结果显示的实际进度如图 3-55 所示。正确的有（　　）。

A．第 3 周末，工作 A 拖后 2 周，该工作影响工期 2 周

B．第 3 周末，工作 B 拖后 1 周，该工作影响工期 1 周

C．第 3 周末，工作 C 按时完成，该工作不影响工期

D．第 7 周末，工作 E 拖后 1 周，该工作影响工期 1 周

E．第 7 周末，工作 G 提前 1 周，该工作影响工期 1 周

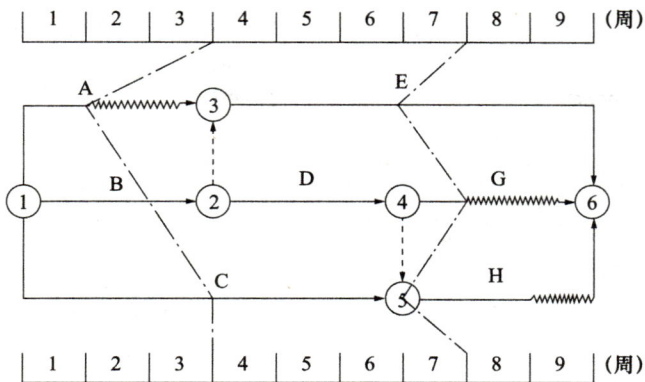

图 3-55　检查结果显示的实际进度

17. 为了缩短工期，可以采取的措施有（　　）。

A．增加每天施工时间　　　　　B．缩短技术间歇时间

C．实行包干奖励制度　　　　　D．改善施工作业环境

E．调整最小安全工作面

18. 在施工过程中，为了加快施工进度，可采取的经济措施有（　　）。

A．实行包干奖励

B．提高奖金数额

C．改进施工工艺和施工技术

D．改善劳动条件

E．对采取的技术措施给予相应经济补偿

19. 某工程实际进度偏差过大，导致影响到后续工作、总工期，属于压缩某些工作的持续时间的方法有（　　）。

A．增加资源的投入量，例如增加劳动力和施工机械数量等

B．采用更先进的施工方式，提高该工作的效率

C．将顺序作业的工作改为平行作业

D．将顺序作业的工作改为搭接作业

E．对所采取的技术措施给予相应经济补偿，促进效率

20. 施工进度计划调整可以通过改变某些工作间的逻辑关系，其中（　　）方法的特点是改变工作的起止时间。

A．缩短工作的时长　　　　　　B．组织平行作业

C．组织搭接作业　　　　　　　D．运用先进的施工机械

E．分段组织流水作业

【答案与解析】

一、单项选择题

1. D;　　2. A;　　*3. D;　　4. B;　　*5. A;　　6. D;　　*7. D;　　8. B;

*9. B;　　10. C;　　*11. D;　　12. B;　　13. C;　　14. C;　　15. D;　　16. B;

17. D;　　18. D;　*19. B;　*20. D;　*21. A;　22. A;　　23. D;　*24. A;

25. D;　*26. D;　*27. B;　*28. D;　*29. C

【解析】

3.【答案】D

当工作实际进度拖后的时间（偏差）未超过该工作的自由时差时，则该工作实际进度偏差既不影响该工作后续工作的正常进行，也不会影响总工期；当工作实际进度拖后的时间（偏差）超过该工作的自由时差，但未超过该工作的总时差时，则该工作实际进度偏差会影响该工作后续工作的正常进行，但不会影响总工期；当工作实际进度拖后的时间（偏差）超过该工作的总时差时，则既影响该工作后续工作的正常进行，也会影响总工期。选项 D 正确。

5.【答案】A

关键线路为①→②→③→⑤。选项 B、C、D 均调整非关键线路上的工作，且延期均未超过自由时差与总时差。选项 A 正确。

7.【答案】D

由于该工作造成影响工期 4 天，实际进度超过其总时差，所以该工作实际进度比计划进度拖延 4＋6＝10 天。选项 D 正确。

9.【答案】B

由网络计划可知，工作 E 为关键线路上的工作，其延误 3 周，即导致施工进度计划工期延误 3 周。选项 B 正确。

11.【答案】D

根据横道图上的线条所示，工作 A 按时完工，工作 B 延后一周开始，延后一周完成，工作 C 跟计划的进度相同，工作 D 实际完成了 1/2，工作 E 提前 1 周完成。选项 D 正确。

19.【答案】B

工作 A 的总时差＝2 周，自由时差＝0，实际进度拖后 2 周，将使其后续工作 F 的最早开始时间推迟 2 周，但实际进度拖后未超过总时差，不会影响总工期。

工作 G 为关键工作，其实际进度提前 1 周会使总工期缩短 1 周。

工作 E 为关键工作，实际进度拖后 1 周，会使总工期延长 1 周。

选项 B 正确。

20.【答案】D

由时标网络计划图可以直观看出有关的时间参数：

工作 E：总时差＝0，自由时差＝0。

工作 G：总时差＝0，自由时差＝0。

工作 H：总时差＝2 天，自由时差＝1 天。

工作 I：总时差＝0，自由时差＝0。

所以，在第 6 天末，工作 E 的实际进度拖延 1 天，工期延后 1 天。

工作 G 按时完成，但由于工作 E 的影响，工期延后 1 天。

工作 H 实际进度拖延 1 天，但未超过自由时差，所以不影响紧后工作。

工作 I 由于紧前工作 E 拖延 1 天，导致最早开始时间推迟 1 天，总工期延长 1 天。

选项 D 正确。

21.【答案】A

选项 A，第 5 天末检查施工进度时，工作 F 按时完成 1 天进度且施工速度不变，即工作 B 实际施工时间是 4 天；选项 B，工作 D 的实际开工时间比计划晚了 1 天；选项 C，工作 H 的总时差＝2 天，自由时差＝2 天，第 5 天末检查施工进度，工作 H 进度拖后 1 天，但不影响工期；选项 D，与选项 A 同理，工作 C 无自由时差。选项 A 正确。

24.【答案】A

通过网络计划图可以看出，计划 A 与计划 B 的关键线路均为①→②→③→④，即将进度计划由 A 调整为 B 属于调整关键线路的长度。选项 A 正确。

26.【答案】D

该工程网络计划图的关键线路为：①→②→③→⑤，选项 D 将关键线路上的工作 E 持续时间压缩为 5 天，使得总工期提前 2 天。选项 D 正确。

27.【答案】B

该工程网络计划图的关键线路为：①→④→⑤→⑥，选项 B 将关键线路上的工作 B 持续时间压缩为 4 天，使得总工期提前 1 天。选项 B 正确。

28.【答案】D

由图可知计划 A 的总工期为 18，计划 B 的总工期为 15，所以选项 A 错误；计划 A 中，工作 B 的总时差为 3，而计划 B 中，工作 B 的总时差为 0，所以选项 B 错误；工作 E 在计划 A、计划 B 中均属于关键线路上的工作，自由时差均为 0，选项 C 错误。选项 D 正确。

29.【答案】C

关键线路为①→③→④→⑤→⑥→⑧，选项 A、B、D 均未压缩关键线路上的工作持续时间。选项 C 正确。

二、多项选择题

1. A、B、D；	2. B、D、E；	3. B、C、D、E；	*4. C、D、E；
*5. A、B、C；	*6. D、E；	7. A、C、D；	*8. C、D、E；
9. A、B、C、D；	*10. B、D；	11. A、C；	12. A、D、E；
*13. C、D、E；	*14. A、C；	*15. B、C、E；	*16. B、C、D；
17. A、B、C、D；	18. A、B、E；	19. A、B、E；	20. B、C、E

【解析】

4.【答案】C、D、E

如因施工单位自身原因造成施工进度拖后而延长工期，属于工期延误。选项 C、D、E 属于施工单位自身原因造成的进度偏差。选项 C、D、E 正确。

5.【答案】A、B、C

选项 A 属于不可抗拒的因素引发的进度偏差；选项 B、C 属于业主方面的原因引起的进度偏差。选项 A、B、C 正确。

6.【答案】D、E

当实际进度偏差影响后续工作及总工期时，在采取措施调整施工进度计划前，应首先确定施工进度可调整的范围，即关键节点、后续工作限制条件及总工期允许变化的范围。这些限制条件往往与施工合同条款有关，需要认真分析后确定。选项 D、E 正确。

8.【答案】C、D、E

根据横道图上的线条所示，工作 A 只完成了 4/5 就停止了，工作 B 也只是完成了 4/7 就停止了，工作 C 跟计划的进度相同，工作 D 尚未开始，工作 E 已经完成了，但是比计划进度拖后了 1 周。选项 C、D、E 正确。

10.【答案】B、D

选项 A 未说明比较的时间点，不能确定准确的具体情况。选项 C 的实际进度比计划慢，故错误。选项 E 实际进度比计划慢 3 周，故错误。选项 B、D 正确。

13.【答案】C、D、E

此类问题的分析分两种情况：（1）只分析某工作对项目的影响，此时不需考虑其他工作对项目的影响；（2）综合分析实际情况对项目的影响，此时对项目的影响需综合考虑其他工作的影响。本题为第一种情况。由于工作 A 有 1 周总时差，该工作只影响工期 1 周，所以选项 A 错误。工作 B 没有时差，影响工期 1 周，所以选项 B 错误。工作 C 提前 1 周，使工作 F、I 有提前 1 周开始的可能，故 C、F、I 可以共享 1 周的总时差，所以选项 C 正确。工作 D 有 2 周总时差，只拖后 1 周，故不影响工期，所以选项 D 正确。工作 F 提前 1 周，表示 I 能有 1 周提前开始的可能，总时差没有被使用，F、I 能保留 1 周的总时差。选项 C、D、E 正确。

14.【答案】A、C

从时标网络计划图中可以判断出有关的时间参数：

工作 A：总时差＝0，自由时差＝0。

工作 B：总时差＝0，自由时差＝0。

工作 E：总时差＝0，自由时差＝0。

工作 F：总时差＝0，自由时差＝0。

工作 G：总时差＝2 周，自由时差＝2 周。

第 3 周末实际进度前锋线：

工作 A：比原计划落后 2 周，因为总时差为 0，所以预计工期拖延 2 周。

工作 B：比原计划落后 1 周，因为总时差为 0，由于工作 A 拖延工期 2 周，所以实际工期预计拖延为 2 周。

第 5 周末实际进度前锋线：

工作 E：按照计划完成，预计不影响工期。

工作 F：比原计划提前 1 周，但由于工作 E 也为关键工作，所以预计工期不变。

工作 G：比原计划提前 1 周，因为总时差为 2，预计工期不变。

选项 A、C 正确。

15.【答案】B、C、E

本题只考虑本工作的影响。工作 C 有 4 周的总时差，2 周的自由时差，故不影响工期，选项 A 错误。工作 F 有 2 周的总时差和自由时差。只拖后 1 周，不影响工期，选项 D 错误。工作 D、E、G 均在关键线路上，其完成情况即是对工期的影响情况。选项 B、C、E 正确。

16.【答案】B、C、D

　　本题只考虑本工作的影响。工作A有2周的总时差和自由时差，故不影响工期，选项A错误。工作G有2周自由时差，且不在关键线路上，提前1周不影响工期，选项E错误。工作B、E在关键线路上，拖后1周，影响1周；工作C按时完成，不影响工期。选项B、C、D正确。

第 4 章　施工质量管理

4.1　施工质量影响因素及管理体系

复习要点

1. 工程质量形成过程及影响因素

1）建设工程固有特性（图 4-1）

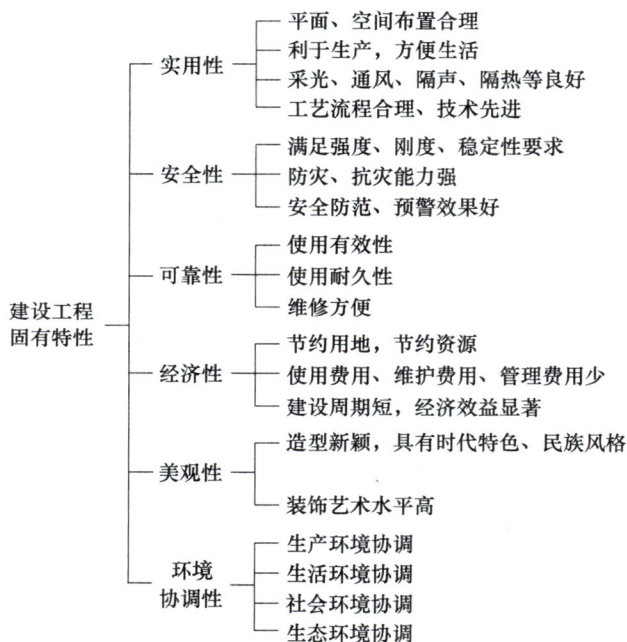

图 4-1　建设工程固有特性

2）工程质量形成过程

建设工程投资决策和建设实施过程，就是工程质量的形成过程。因此，工程质量的形成过程是一个循序渐进的过程，这个过程就是工程建设程序。

建设工程投资决策阶段主要是确定建设工程应达到的质量目标及水平。

建设工程勘察设计是根据投资决策阶段已确定的质量目标和水平，通过工程勘察、设计使其具体化。

工程施工阶段是根据合同约定、设计文件和图纸要求，通过施工形成工程实体。这一阶段直接影响工程的最终质量。因此，工程施工阶段是工程质量控制的关键阶段。

工程竣工验收是对施工阶段的质量（施工质量）进行试车运转、检查评定、考核质量目标是否符合合同约定、设计文件的质量要求。

工程竣工验收合格后，在规定的保修期限内，因勘察、设计、施工、材料等原因造成的质量缺陷，由施工承包单位负责维修、返工或更换，由责任单位负责赔偿损失。

3）工程质量影响因素

影响工程质量的因素有很多，可归纳为人（Man）、材料（Material）、机械（Machine）、方法（Method）及环境（Environment）五大方面，即：4M1E。

（1）人因影响

在工程质量管理中，人的因素起着决定性作用。工程质量管理，应以控制人的因素为基本出发点。

作为控制对象，人的工作应避免失误；作为控制动力，应充分调动人的积极性，发挥人的主导作用。

（2）工程材料影响

工程材料是指构成工程实体的原材料、半成品、成品、构配件等。这些材料是构成工程实体的物质条件，是工程实体质量的基础。工程材料选用是否得当、质量是否经过检验、质量是否合格等，都会影响工程质量。加强材料质量控制，是控制工程质量的重要基础。

（3）机械设备影响

机械设备可分为两类：一类是构成工程实体及配套的工艺设备和各类机具，这些机械设备作为工程实体的一部分，其质量会直接影响工程质量；另一类是指施工机具，即施工过程中使用的各类机械设备，是现代工程施工中不可缺少的手段。这些机械设备选型是否符合工程特点，性能是否先进和稳定，操作是否安全方便等，都会影响工程质量和施工安全。

（4）方法或工艺影响

方法或工艺是指施工方法、施工工艺、施工方案和技术措施等。施工方案的合理性、施工方法或工艺的先进性、技术措施是否适当，均会对工程质量产生较大影响。在制定和审核施工方案和施工工艺时，必须结合工程施工实际，从技术、组织、经济等方面进行全面综合分析，确保施工方案技术上可行、经济上合理，且有利于提高工程质量水平。

（5）环境影响

自然环境包括地质、水文、气象条件和周边建筑、地下障碍物及其他不可抗力等因素；技术环境包括施工所依据的规范、规程、设计图纸、质量评价标准等因素；管理环境包括质量检验、监控制度、质量管理制度等。

环境因素对施工质量的影响具有复杂和多变的特点，且有些因素是人难以控制的。因此，要求全面地了解可能影响工程质量的各种环境因素，采取相应的预防性控制措施，确保工程质量符合相关要求。

2. 质量管理体系的建立和运行

1）质量管理原则及体系文件

（1）质量管理原则

① 以顾客为关注焦点。质量管理的首要关注点是满足顾客要求并且努力超越顾客期望。

② 领导作用。各级领导建立统一的宗旨和方向，并创造全员积极参与实现组织的

质量目标的条件。

③ 全员积极参与。整个组织内各级胜任、经授权并积极参与的人员，是提高组织创造和提供价值能力的必要条件。

④ 过程方法。将活动作为相互关联、功能连贯的过程组成的体系来理解和管理时，可更加有效和高效地得到一致的、可预知的结果。

⑤ 改进。成功的组织持续关注改进。改进对于组织保持当前的绩效水平，对其内、外部条件的变化做出反应，并创造新的机会，都是非常必要的。

⑥ 循证决策。基于数据和信息的分析和评价的决策，更有可能产生期望的结果。

⑦ 关系管理。组织与供方是相互依存的，互利的关系可增强双方创造价值的能力。

（2）质量管理体系文件

质量管理体系文件主要由质量手册、程序文件、质量计划、作业指导书和质量记录等构成。

① 质量手册是企业战略管理的纲领性文件，也是企业开展各项质量活动的指导性、法规性文件。每个企业的质量手册都具有唯一性。质量手册的主要内容包括：质量方针和质量目标；组织机构和质量职责；引用文件；质量管理体系的描述；质量手册的评审、批准和修订。

② 程序文件是质量手册的支持性文件，是企业各职能部门为落实质量手册要求而规定的细则。程序文件的内容及详略可视企业的实际情况而定，一般有六个通用性管理程序：文件控制程序、质量记录管理程序、内部审核程序、不合格品控制程序、预防措施控制程序和纠正措施控制程序。

③ 作业指导书是程序文件的支持性文件，是保证过程质量的最基础文件，并为开展纯技术性质量活动提供指导。

④ 质量计划是质量管理体系文件的重要组成部分。质量计划的内容包括：质量计划的范围；产品或项目的质量要求；组织机构和管理职责；质量活动的控制；增补岗位文件和相应的质量记录；检测的安排；异常情况处理等。

⑤ 质量记录是记载过程状态和过程结果的文件，是质量管理体系文件的一个重要组成部分。质量记录应完整地反映质量活动实施、验证和评审的情况，并记载关键活动的过程参数，具有可追溯性。

2）质量管理体系的建立

（1）质量管理体系策划与设计

企业的最高管理者应对质量管理体系进行策划，以满足企业确定的质量目标要求及质量管理体系总体要求。该阶段主要是做好各种准备工作，包括教育培训，统一认识；组织落实，拟定计划；确定质量方针，制定质量目标；现状调查和分析；调整组织结构，配备资源等。

（2）质量管理体系文件编制

质量管理体系文件的编制应满足以下要求：

① 质量管理体系文件一般应在第一阶段工作完成后才正式编制，必要时也可交叉进行。

② 除质量手册需统一组织编制外，其他质量管理体系文件应按分工由归口职能部

门分别编制，先提出草案，再组织审核。

③ 质量管理体系文件的编制应结合本单位质量管理职能分工进行。

④ 为了使所编制的质量管理体系文件做到协调统一，在编制前应制定"质量管理体系文件明细表"，确定新编、增编或修订质量管理体系文件项目。

⑤ 为了提高质量管理体系文件的编制效率，减少返工，在文件编制过程中要加强不同层次的文件之间、同一层次不同文件之间的协调。

⑥ 编制质量管理体系文件的关键是讲求实效，不走形式。

（3）质量管理体系试运行

在质量管理体系试运行过程中，要重点抓好以下工作：

① 有针对性地宣贯质量管理体系文件。使全体职工认识到新建立或完善的质量管理体系是对过去质量管理体系的变革，是为了向国际标准接轨。要适应这种变革，就必须认真学习、贯彻质量管理体系文件。

② 通过试运行检验质量管理体系。质量管理体系文件通过试运行，必然会出现一些问题，全体员工应将实践中出现的问题和改进意见如实反映给有关部门，以便采取纠正措施。

③ 持续改进存在的问题。将质量管理体系试运行中暴露出的问题，如对质量管理体系设计不周、项目不全等进行协调、改进。

④ 加强信息管理。信息管理不仅是质量管理体系试运行本身的需要，也是保证试运行成功的关键。所有与质量活动有关的人员都应按质量管理体系文件要求，做好质量信息的收集、分析、传递、反馈、处理和归档等工作。

（4）质量管理体系审核与评审

质量管理体系审核与评审的主要内容包括：

① 规定的质量方针和质量目标是否可行。

② 体系文件是否覆盖了所有主要质量活动，各文件之间的接口是否清楚。

③ 组织结构能否满足质量管理体系运行的需要，各部门、各岗位的质量职责是否明确。

④ 质量管理体系要素的选择是否合理。

⑤ 规定的质量记录是否能起到见证作用。

⑥ 所有职工是否养成了按体系文件操作或工作的习惯，执行情况如何。

3）质量管理体系运行

（1）质量管理体系实施程序

质量管理体系文件编制工作结束后，通常通过会议或下达文件等方式发布企业管理者指令，宣布质量管理体系文件开始生效，质量管理体系便投入运行实施；通过宣传实施质量管理体系的目的、意义和作用，组织员工学习有关质量管理体系文件，使之掌握各项指令活动的程序管理要求，明确各自的职责和权限，以提高员工执行质量管理体系文件的自觉性和责任感。

（2）质量管理体系运行控制机制

要对质量管理体系保持控制才能使其实现效能。质量管理体系运行控制机制包括：组织协调、质量监控、质量信息管理、质量体系审核和评审等。

4）质量管理体系认证与监督

（1）质量管理体系认证

质量管理体系认证是指由取得质量管理体系认证资格的第三方认证机构，依据正式发布的质量管理体系标准，对申请认证企业质量管理体系的质量保证能力依据质量保证模式标准进行检查和评价，对符合标准要求者颁发质量管理体系认证证书，并给予注册公布，以证明企业质量管理和质量保证能力符合相应标准，并有能力按规定的质量要求提供产品的活动。质量管理体系认证是一种外部审核活动。

质量管理体系认证按申请、检查和评定、审批与注册发证等程序进行。

（2）获得认证后的监督管理

企业质量管理体系获准认证的有效期为 3 年。获准认证后，企业应通过经常性的内部审核，维持质量管理体系的有效性，并接受认证机构对企业质量管理体系实施的监督管理。监督管理工作的主要内容包括企业通报、监督检查、认证注销、认证暂停、认证撤销、复评及重新换证等。

3．施工质量保证体系

1）施工质量保证体系的作用

（1）确保质量目标实现。

（2）规范施工行为。

（3）提升施工管理水平。

（4）增强质量稳定性。

（5）预防质量问题。

（6）提高质量意识。

（7）增强客户满意度。

（8）促进持续改进。

（9）保障工程安全。

（10）提高企业竞争力。

2）施工质量保证体系的构成

施工质量保证体系主要包括以下几方面内容：

（1）施工质量目标。施工质量目标是施工质量保证体系的核心导向，它明确了工程项目在质量方面的具体期望结果，如达到特定的质量等级、满足相关标准规范等；质量目标应具有明确性、可衡量性、可实现性、相关性和时限性。

（2）施工质量计划。施工质量计划是施工企业根据自身的质量方针和目标，针对特定的工程项目，为确保施工质量而制定的具体规划和行动方案。施工质量计划的具体内容通常包括以下方面：① 工程特点及施工条件分析；② 质量目标和要求；③ 质量管理组织和职责；④ 施工工艺和流程；⑤ 资源需求计划；⑥ 质量控制措施；⑦ 检验和验收计划；⑧ 质量问题的预防和处理；⑨ 质量记录和文档管理；⑩ 培训计划。

（3）思想保证体系。思想保证体系是施工质量保证体系的基础。要运用全面质量管理的思想、观点和方法，使全体人员树立"质量第一"的观点，增强质量意识，在工程施工全过程中全面贯彻"一切为用户服务"的思想，以达到提高施工质量的目的。

（4）组织保证体系。施工质量保证体系必须建立健全各级质量管理组织，分工负责，形成一个有明确任务、职责、权限、互相协调和互相促进的有机整体。组织保证体系的内容主要包括：成立质量管理领导小组，负责质量方针政策的制定和重大质量问题的决策；明确各职能部门的质量责任，如工程部负责施工过程的质量控制，采购部负责材料设备的质量把关等；设置专门的质量监督岗位，对施工全过程进行实时监督和检查。

（5）工作保证体系。工作保证体系主要是明确工作任务和建立工作制度，并在施工准备阶段、施工阶段和竣工验收阶段这三个阶段予以落实。

（6）制度保证体系。制度保证体系是指为了确保施工质量而建立的一套完善的制度框架和运行机制。这一体系涵盖以下几个方面：① 各参与方在施工质量方面的责任和义务；② 一系列具体的质量管理制度；③ 质量监督和考核机制；④ 质量教育培训制度；⑤ 质量信息反馈和处理制度。

3）施工质量保证体系的建立

施工质量保证体系建立的过程如下：

（1）确定质量方针和目标。

（2）完善组织架构。

（3）制定质量计划。

（4）强化人员培训。

（5）建立质量管理制度。

（6）明确施工过程控制要点。

（7）建立质量信息管理系统。

（8）开展内部审核和管理评审。

通过以上步骤的逐步实施和不断完善，能够建立起一个有效的施工质量保证体系，确保工程项目的质量达到预期要求。

4）施工质量保证体系的运行

施工质量保证体系的运行主要包括以下要点：

（1）质量目标和施工质量计划作为行动的指引，工程项目管理机构的各个部门和岗位都应依此展开工作。

（2）在施工过程中，技术部门严格按照既定的工艺和技术要求进行指导，确保施工操作的规范性；施工人员则认真执行各项规定，保证每一道工序的质量。

（3）质量管理人员持续进行现场的巡查和监督，及时发现潜在的质量隐患或已经出现的质量问题，并做好详细记录。

（4）一旦发现问题，立即启动处理机制，组织相关人员进行分析和讨论，确定整改措施并迅速实施，确保质量问题得到及时、有效的解决。

（5）通过信息反馈渠道，将质量情况及时反馈给管理层和其他相关部门，以便他们作出相应决策和调整。

（6）为提高人员的积极性和责任心，激励机制发挥作用，对保证质量工作有突出贡献的给予奖励，对违反规定导致质量问题的进行惩处。

此外，要定期对施工质量保证体系的运行效果进行评估和审核，检查体系的有效性和适应性，发现不足之处及时改进和完善，从而推动整个体系的持续、高效运行。

5）施工质量的"三全控制"

（1）全面质量控制。全面质量控制涵盖了对工程项目的各方面质量进行控制，不仅包括工程实体质量，如建筑物的结构、强度、外观等，还包括工作质量，如管理工作的效率和效果、施工操作的规范性等。同时，要对影响工程质量的各种因素，如人员、材料、机械、方法、环境等进行全面管控。对于建设工程项目而言，全面质量控制还应包括工程建设各参与主体工作质量的全面控制。

（2）全过程质量控制。全过程质量控制是指对工程项目从开始策划到最终交付使用以及后续保修的整个过程进行全面、系统的质量管控。它不仅关注最终的质量结果，更注重从最初的项目规划、需求确定，到工程设计、原材料采购、生产制造、施工过程、检验检测、安装调试、竣工验收，直至投入使用和后期维护等各个环节的质量。

（3）全员参与质量控制。全员参与的质量控制强调工程项目相关的所有人员，包括管理层、技术人员、一线工人、后勤人员等各个层面的人员，都要积极主动地参与到工程质量控制工作中来。

一 单项选择题

1. 关于影响施工质量因素的说法，错误的是（　　　）。
   - A. 工程材料质量是工程实体质量的基础
   - B. 工程设备质量的优劣直接影响工程施工质量
   - C. 施工质量控制应以控制人的因素为基本出发点
   - D. 加强材料质量控制是控制工程质量的重要基础

2. "将活动作为相互关联、功能连贯的过程组成的体系来理解和管理时，可更加有效和高效地得到一致的、可预知的结果"，这属于质量管理原则中的（　　　）。
   - A. 改进
   - B. 过程方法
   - C. 询证决策
   - D. 关系管理

3. 质量管理体系文件主要由质量手册、程序文件、质量计划、作业指导书和（　　　）等构成。
   - A. 质量方针
   - B. 质量目标
   - C. 质量记录
   - D. 质量评审

4. 质量管理体系文件中，由企业最高管理者批准发布的是（　　　）。
   - A. 质量手册
   - B. 程序文件
   - C. 质量计划
   - D. 作业指导书

5. 关于企业质量管理体系文件构成的说法，正确的是（　　　）。
   - A. 质量计划是纲领性文件
   - B. 质量记录应阐述企业质量方针和目标
   - C. 程序文件是质量手册的支持性文件
   - D. 质量手册应阐述工程各阶段的质量责任和权限

6. 企业质量管理体系文件中，在实施和保持质量体系过程中要长期遵循的纲领性文件是（　　　）。

    A．质量计划
    B．质量手册

    C．质量记录
    D．作业指导书

7．建立施工质量保证体系的目标是（　　　）。

    A．保证体系文件的严格执行
    B．控制产品生产的过程质量

    C．保证管理体系运行的质量
    D．控制和保证施工产品的质量

8．关于质量管理体系认证与监督的说法，正确的是（　　　）。

    A．企业质量管理体系由国家认证认可的监督委员会认证

    B．企业获准认证的有效期为6年

    C．企业获准认证后第3年接受认证机构的监督管理

    D．企业获准认证后应经常进行内部审核

9．根据全面质量管理的思想，工程项目的全面质量控制是指对（　　　）的全面控制，以及对影响工程质量的各种因素的全面管理和控制。

    A．工程质量形成过程
    B．工程建设各参与方

    C．工程实体质量和工作质量
    D．工程建设所需的材料设备

10．企业质量管理体系获准认证的有效期是（　　　）。

    A．1年
    B．2年

    C．3年
    D．4年

11．施工企业通过质量管理体系认证后，由于管理不善，经认证机构调查作出了撤销认证的决定，则该企业（　　　）。

    A．不能提出申诉，也不能再提出认证申请

    B．不能提出申诉，但在一年后可以重新提出认证申请

    C．可以提出申诉，并在半年后方可重新提出认证申请

    D．可以提出申诉，并在一年后方可重新提出认证申请

12．建设工程投资决策阶段的质量控制工作是（　　　）。

    A．确定项目应采用的质量标准和管理方法

    B．编制项目质量控制工作计划

    C．确定项目应达到的质量目标和水平

    D．编制项目质量管理体系文件

13．质量管理体系认证的主要工作是由第三方认证机构依据标准，对申请认证企业质量管理体系的（　　　）进行检查和评价。

    A．质量监控效果
    B．质量管理记录

    C．质量保证能力
    D．质量改进机制

二　多项选择题

1．建设工程质量特性中的"环境协调性"是指工程与（　　　）的协调。

    A．所在地区社会环境
    B．周围生态环境

    C．周围已建工程
    D．周围生活环境

E．所在地经济环境

2．工程项目质量的内涵，从功能和使用价值来看，包括（　　　）等方面。

    A．实用性　　　　　　　　　　B．可靠性

    C．经济性　　　　　　　　　　D．合理性

    E．环境协调性

3．下列影响施工质量的因素中，属于材料因素的有（　　　）。

    A．计量器具　　　　　　　　　B．建筑构配件

    C．工程设备　　　　　　　　　D．新型模板

    E．安全防护设施

4．ISO质量管理体系中，质量管理原则包括（　　　）。

    A．以顾客为关注焦点　　　　　B．顾客作用

    C．全员积极参与　　　　　　　D．过程方法

    E．关系管理

5．质量管理体系认证一般要经过（　　　）等程序。

    A．申请　　　　　　　　　　　B．检查和评定

    C．内容审核　　　　　　　　　D．审批

    E．注册发证

6．在质量管理体系认证证书有效期内，出现（　　　）时，可按规定重新换证。

    A．体系认证标准变更　　　　　B．体系认证范围变更

    C．企业发生安全事故　　　　　D．体系认证证书持有者变更

    E．企业出现质量事故

7．下列施工质量保证体系的工作内容中，属于组织保证体系的有（　　　）。

    A．进行技术培训　　　　　　　B．编制施工质量计划

    C．成立质量管理小组　　　　　D．明确各职能部门的质量责任

    E．分解施工质量目标

8．下列施工质量保证体系的工作内容中，属于工作保证体系的有（　　　）。

    A．明确工作任务　　　　　　　B．编制质量计划

    C．成立质量管理小组　　　　　D．分解质量目标

    E．建立工作制度

9．施工企业质量管理体系策划与设计阶段需要进行的工作有（　　　）。

    A．进行教育培训　　　　　　　B．编制质量手册

    C．调整组织结构　　　　　　　D．制定质量目标

    E．提出质量管理体系认证申请

【答案与解析】

一、单项选择题

1．B；　　2．B；　　3．C；　　*4．A；　　*5．C；　　6．B；　　7．D；　　*8．D；

9．C；　　*10．C；　　*11．D；　　12．C；　　13．C

4.【答案】A

质量手册是企业战略管理的纲领性文件，也是企业开展各项质量活动的指导性、法规性文件。由企业最高领导人批准发布的、有权威的、实施各项质量管理活动的基本法规和行动准则；对外部实行质量保证时，是证明企业质量体系存在，是取得用户和第三方信任的手段。选项 A 正确。

5.【答案】C

质量手册是企业战略管理的纲领性文件，也是企业开展各项质量活动的指导性、法规性文件。程序文件是质量手册的支持性文件，是企业各职能部门为落实质量手册要求而规定的细则。质量计划提供了一种将某一产品、项目或合同的特定要求与现行的通用质量体系程序联系起来的途径。质量记录是记载过程状态和过程结果的文件，是质量管理体系文件的一个重要组成部分。选项 C 正确。

8.【答案】D

质量管理体系认证由公正的第三方认证机构认证。依据质量管理体系的要求标准，审核企业质量管理体系要求的符合性和实施的有效性，进行独立、客观、科学、公正的评价，得出结论。企业获准后的有效期为 3 年。获准认证后，企业应通过经常性的内部审核，维持质量管理体系的有效性，并接受认证机构对企业质量管理体系实施的监督管理。选项 D 正确。

10.【答案】C

企业质量管理体系获准认证的有效期为 3 年。获准认证后，企业应通过经常性的内部审核，维持质量管理体系的有效性，并接受认证机构对企业质量管理体系实施的监督管理。选项 C 正确。

11.【答案】D

当获证企业发生质量管理体系存在严重不符合规定，或在认证暂停的规定期限未予整改的，或发生其他构成撤销体系认证资格情况时，认证机构作出撤销认证的决定。企业不服的，可提出申诉。撤销认证的企业一年后可重新提出认证申请。选项 D 正确。

二、多项选择题

1. A、B、D;　　　2. A、B、C、E;　　3. B、D;　　　4. A、C、D、E;
5. A、B、D、E;　　*6. A、B、D;　　*7. C、D;　　　*8. A、E;
9. A、D

【解析】

6.【答案】A、B、D

在认证有效期内，出现体系认证标准变更、体系认证范围变更、体系认证证书持有者变更情形的，可按规定重新换证。选项 A、B、D 正确。

7.【答案】C、D

施工质量保证体系主要包括：施工质量目标、施工质量计划、思想保证体系、组织保证体系、工作保证体系和制度保证体系。组织保证体系的内容主要包括：成立质量管理领导小组，负责质量方针政策的制定和重大质量问题的决策；明确各职能部门的质量责任，如工程部负责施工过程的质量控制，采购部负责材料设备的质量把关等；设置专门的质量监督岗位，对施工全过程进行实时监督和检查。选项 C、D 正确。

8.【答案】A、E

工作保证体系主要是明确工作任务和建立工作制度，要落实在以下三个阶段：

（1）施工准备阶段的质量控制：施工准备是为整个工程施工创造条件，准备工作的好坏，不仅直接关系到工程建设能否高速、优质地完成，而且也决定了能否对工程质量事故起到一定的预防、预控作用。因此，做好施工准备的质量控制是确保施工质量的首要工作。

（2）施工阶段的质量控制：施工过程是建筑产品形成的过程，在此阶段的质量控制是确保施工质量的关键。必须加强工序质量控制，严格按照既定工序进行施工，确保每道工序的质量；建立质量检查制度，严格实行自检、交接检和专检；开展群众性的 QC 活动，强化过程控制，以确保施工阶段的工作质量；对施工中的各项参数进行实时监测，发现问题及时采取措施。

（3）竣工验收阶段的质量控制：工程竣工验收是指单位工程或单项工程竣工后，经质量检查合格后移交给建设单位的过程。这一阶段主要应做好：对整个工程进行细致的全面质量检查；针对发现的问题及时整改；成品保护；整理验收资料，确保各项验收资料完整、准确。

选项 A、E 正确。

4.2 施工质量抽样检验和统计分析方法

复习要点

1．施工质量抽样检验方法

1）抽样检验缘由

由于下列原因，工程实践中必须采用抽样检验方式：

（1）破坏性检验，无法采取全数检验方式。

（2）全数检验有时会耗时长，在经济上也未必合算。

（3）采取全数检验方式，未必能绝对保证 100% 的合格品。

2）检验批

提供检验的一批产品称为检验批，检验批中所包含的单位产品数量称为批量，通常记作 N。

3）随机抽样方法

随机抽样可分为简单随机抽样、系统随机抽样、分层随机抽样、分级随机抽样和整群随机抽样等。

4）抽样检验分类

（1）按检验目的的不同，抽样检验可分为监督检验和验收检验。

（2）按产品质量特征不同，抽样检验可分为计数抽样检验和计量抽样检验。

（3）按抽取样本次数不同，抽样检验可分为一次、二次、多次抽样。

（4）按抽样方案是否可调整，抽样检验可分为调整型抽样检验和非调整型抽样检验。

（5）按是否可组成批，抽样检验可分为逐批检验和连续抽样检验。

5）施工质量检验方法

施工质量检验可采用感观检验法、物理检验法、化学检验法和现场试验法等。

（1）感观检验法。感观检验法是以施工规范和检验标准为依据，利用人体的视觉器官、听觉器官和触觉器官来检验施工质量情况。这类方法主要是根据质量要求，采用看、摸、敲、照等方法对检查对象进行检查。

感观检验法是施工质量检验的重要方法。

（2）物理检验法。物理检验法是指利用物理原理借助各种检测工具和仪器设备对施工质量进行检验的方法。物理检验法是一种在施工质量检验中被广泛应用的重要方法，包括度量检测、电性能检测、机械性能检测和无损检测等。

（3）化学检验法。化学检验法是指利用化学试剂和试验仪器对工程材料的化学成分及其含量进行测定的方法。这种方法常用来检测水泥、钢材的化学成分。

（4）现场试验法。现场试验法是指直接在施工现场对工程构件、设备等进行试验的方法。常见的试验有：桩基的静载试验、小应变试验；给水工程、供暖工程中的压力试验；设备安装工程中的设备试运行；电器安装工程中的电器设备动作试验等。

2．施工质量统计分析方法

1）分层法

分层法是指将调查收集的原始数据，根据不同的目的和要求，按某一性质进行分组整理的分析方法。每组就称为一层，因此，分层法又称为分类法或分组法。分层的结果是使各层间数据的差异突显出来，在此基础上进行层间、层内的比较分析，可以更深入地发现和认识质量问题及其产生原因。

分层法是工程质量统计分析中的一种最基本方法。排列图法、直方图法、控制图法、相关图法等统计方法通常需要与分层法配合使用，常常是首先利用分层法将原始数据分组后，再应用其他统计分析方法进行分析。

2）调查表法

调查表法又称为调查分析法、检查表法，是指利用专门设计的统计表对工程质量数据进行收集和整理，并粗略地进行原因分析的一种方法。

根据使用目的不同，采用的调查表有：工序分布检查表、缺陷位置检查表、不良项目检查表、不良原因检查表等。检查表的形式繁多，也可根据数据收集的需要自行设计调查表。

调查表法往往会与分层法结合起来应用，可以更好、更快地找出问题的原因，以便采取改进措施。

3）因果分析图法

因果分析图又称为质量特性因果图、鱼刺图或树枝图，是一种反映质量特性与质量缺陷产生原因之间关系的图形工具，可用来分析、追溯质量缺陷产生的最根本原因。

应用因果分析图法进行质量特性因果分析时，应注意以下几点：（1）一个质量特性或一个质量问题使用一张图分析；（2）通常采用 QC 小组活动的方式进行，集思广益，共同分析；（3）必要时可邀请 QC 小组以外的有关人员参与，广泛听取意见；（4）分析时要充分发表意见，层层深入，列出所有可能的原因；（5）在充分分析的基础上，由各参与人员采用投票或其他方式，从中选择1~5项多数人达成共识的最主要原因。

4）排列图法

排列图法又称为主次因素分析法或帕累托图法，是用来分析影响质量主次因素的有效方法。

在实际应用中，一般将累计频率在0~80%范围内的因素定为A类因素，即主要因素；累计频率在80%~90%范围内的因素定为B类因素，即次要因素；累计频率在90%~100%范围内的因素定为C类因素，即一般因素。A类因素是需要加强控制、重点管理的对象；对B类因素可按常规管理；对C类因素则可放宽管理，以利于将主要精力放在改善A类因素上。

5）相关图法

相关图又称为散布图，是用来观察分析两种质量数据之间相关关系的图形方法。在生产过程中，质量特性与影响因素都是变量，这些变量之间有的存在确定性关系，即根据一个变量可准确地算出另一个变量值，如碳素钢中含碳量与硬度的关系。还有些变量之间虽然存在一定的因果关系，但彼此却无确定性的对应关系，这种关系称为相关关系。通过绘制散布图，计算相关系数等，可分析研究两个变量之间是否存在相关关系，以及这种关系的密切程度，进而对相关程度密切的两个变量，通过对其中一个变量的观察控制，去估计控制另一个变量的数值，以达到控制工程质量的目的。

6）直方图法

直方图又称频数分布直方图，是用来反映产品质量数据分布状态和波动规律的统计分析方法。直方图的主要用途是：判断工序的稳定性；推断工序质量规格标准的满足程度；分析不同因素对质量的影响；计算工序能力等。

直方图观察分析：将直方图分布状态与正态分布图进行对比，可分析判断产品质量状况。

常见的直方图形状：正常直方图，其基本符合正态分布规律，其形状特征为中间高、两侧低，左右接近对称；异常直方图，呈偏态分布，常见的异常直方图有折齿型、左（或右）缓坡型、孤岛型、双峰型和峭壁型。

7）控制图法

控制图又称为管理图，是一种在直角坐标系内画有控制界限，描述生产过程中产品质量波动状态的图形。利用控制图分析质量波动原因，判明生产过程是否处于稳定状态的方法，称为控制图法。

一 单项选择题

1. 根据概率数理统计，计点值数据服从（　　　）。
   A．正态分布　　　　　　　　B．二项分布
   C．线性分布　　　　　　　　D．泊松分布
2. 根据检验项目特征所确定的抽样数量、接受标准和方法的是（　　　）。
   A．抽样检验方案　　　　　　B．检验

C．接受概率 D．批不合格品率

3. 某工程承包商从一生产厂家购买了相同规格的大批预制构件，进场后码放整齐。对其进行进场检验时，为了使样本更有代表性宜采用（　　）的方法。

A．全数检验 B．分层随机抽样

C．等距抽样 D．简单随机抽样

4. 描述质量特性数据离散趋势的特征值是（　　）。

A．极差 B．中位数

C．期望值 D．算术平均值

5. 计数标准型一次抽样方案为（N，n，C），其中 N 为送检批的大小，n 为抽检样本大小，c 为合格判定数。当从 n 中查出有 d 个不合格品时，若（　　），应判定该送检批合格。

A．$d > C$ B．$d \leqslant C$

C．$d = C + 1$ D．$d > C + 1$

6. 对总体中的全部个体进行编号，然后抽签、摇号确定中选号码，相应的个体即为样品。这样的抽样方法是（　　）。

A．整群抽样 B．分层抽样

C．等距抽样 D．完全随机抽样

7. 抽样检验中，将不合格产品判为合格而接受时所发生的风险称为（　　）风险。

A．系统 B．供应方

C．使用方 D．生产方

8. 施工质量统计分析方法中，应用分层法的关键是（　　）。

A．分层的类别和层数 B．分层数据的统计和分析

C．逐层深入的排查和分析 D．调查分析的类别和层次划分

9. 某工程有三位工人甲、乙、丙进行钢结构焊接作业，抽检 120 个焊点，发现 18 个不合格点。根据表 4-1 可以确定影响焊接质量总体水平的主要是（　　）。

表 4-1　分层调查统计数据表

作业工人	抽查点数	不合格点数	个体不合格率	占不合格点数百分率
甲	40	2	5%	11%
乙	40	12	30%	67%
丙	40	4	10%	22%
合计	120	18	—	100%

A．工人甲 B．工人乙

C．工人丙 D．工人乙、丙

10. 由于工程质量形成的影响因素多，所以对工程质量状况的调查和质量问题的分析必须分门别类地进行，以便准确地找到问题及其原因。这是（　　）的基本思想。

A．分层法 B．排列图法

C．因果分析图法 D．直方图法

11. 关于因果分析图的说法，正确的是（　　）。

A．一张因果分析图可以分析多个质量问题

B．通常采用 QC 小组活动的方式进行

C．具有直观、主次分明的特点

D．可以了解质量数据的分布特征

12．在质量管理排列图中，对应于累计频率曲线 80%～90% 部分的，属于（　　）影响因素。

A．一般　　　　　　　　　　B．次要

C．主要　　　　　　　　　　D．其他

13．采用直方图法对工程质量进行统计分析时，其主要的用途是（　　）。

A．分析产生施工质量问题的原因

B．分门别类地对施工质量状态进行调查

C．对施工质量问题进行状态描述

D．分析不同因素对质量的影响

14．下列直方图中，属于孤岛型直方图的是（　　）。

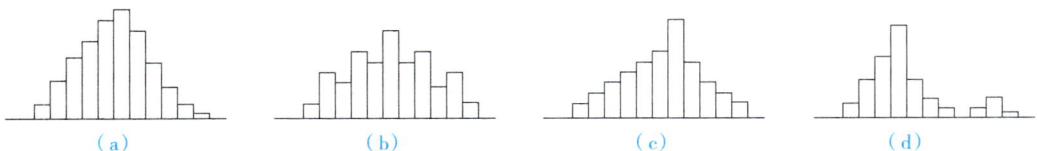

（a）　　　　　　（b）　　　　　　（c）　　　　　　（d）

A．（a）　　　　　　　　　　B．（b）

C．（c）　　　　　　　　　　D．（d）

15．在控制图中出现了"链"的异常现象，根据规定，当连续出现（　　）链时，应开始调查原因。

A．五点　　　　　　　　　　B．六点

C．七点　　　　　　　　　　D．八点

16．在施工质量控制过程中，通过抽样取得数据，将其描在控制图中，如果点子（　　）则表明生产过程处于稳定状态，不会产生不合格品。

A．出现七点链　　　　　　　B．呈周期性变动

C．全部落在中心线一侧　　　D．随机落在上、下控制界限内

二　多项选择题

1．按抽样检验方式分，常用的抽样检验方案有（　　）。

A．标准型抽样检验方案　　　B．多次抽样检验方案

C．分选型抽样检验方案　　　D．调整型抽样检验方案

E．计数值标准型抽样检验方案

2．计数值标准型二次抽样方案为（ N ，n_1 ，n_2 ，C_1 ，C_2 ），其中 C 为合格判定数，r 为不合格判定数，若 n_1 中有 d_1 个不合格品，n_2 中有 d_2 个不合格品，则可判断送检品合格的情况有（　　）。

A. $d_1 = C_1$ B. $d_1 < C_1$

C. $d_2 < C_2$ D. $d_2 = C_2$

E. $d_1 + d_2 < C_2$

3. 施工质量抽样检验工作中，与计量抽样检验相比，计数抽样检验的优点有（   ）。

A. 所需样本量较小 B. 样本信息利用充分

C. 使用简便 D. 运用范围广泛

E. 检验结果可信度高

4. 关于因果分析图法应用的说法，正确的有（   ）。

A. 一张因果分析图可以分析多个质量问题

B. 通常采用 QC 小组活动的方式进行，有利于集思广益

C. 因果分析图法专业性很强，QC 小组以外的人员不能参加

D. 分析时要充分发表意见，层层分析，列出所有可能的原因

E. 通过因果分析图可以了解统计数据的分布特征，从而掌握质量能力状态

5. 在施工质量统计分析方法中，排列图法可用于（   ）的数据状况描述。

A. 质量偏差 B. 质量缺陷

C. 质量稳定程度 D. 质量受控状况

E. 造成质量问题原因

6. 在施工质量统计分析方法中，直方图一般用来（   ）。

A. 找出影响质量问题的主要因素

B. 分析生产过程质量是否处于正常状态

C. 分析生产过程质量是否处于稳定状态

D. 整理统计数据，了解统计数据的分布特征

E. 分析质量水平是否保持在公差允许的范围内

7. 下列施工质量统计分析方法中，可用于过程评价或过程控制的有（   ）。

A. 排列图 B. 相关图

C. 直方图 D. 控制图

E. 因果分析图

8. 控制图法是施工质量控制的统计方法之一，其用途包括（   ）。

A. 过程控制 B. 评价过程能力

C. 找出薄弱环节 D. 过程分析

E. 掌握质量分布规律

【答案与解析】

一、单项选择题

*1. D;   *2. A;   3. B;   *4. A;   5. B;   6. D;   7. C;   8. D;

9. B;   10. A;   *11. B;   12. B;   13. D;   14. D;   *15. B;   16. D

【解析】

1.【答案】D

概率数理统计在对大量统计数据研究过程中，总结归纳出许多分布类型，一般计量值数据服从正态分布，计件值数据服从二项分布，计点值数据服从泊松分布。选项 D 正确。

2.【答案】A

抽样检验方案是根据检验项目特征所确定的抽样数量、接受标准和方法。选项 A 正确。

4.【答案】A

描述质量特性数据离散趋势的特征值主要有三种：（1）极差 R；（2）标准差 σ；（3）变异系数 C_v。选项 A 正确。

11.【答案】B

一个质量特性或一个质量问题使用一张因果分析图分析，且通常采用 QC 小组活动的方式进行，集思广益，共同分析。选项 C 为排列图法的特点，而选项 D 为直方图法的特点。选项 B 正确。

15.【答案】B

"链"是指点子连续出现在中心线一侧的现象。出现五点链，应注意生产过程发展状况；出现六点链，应开始调查原因；出现七点链，应判断工序异常，需采取处理措施。选项 B 正确。

二、多项选择题

*1. A、C、D；　　*2. A、B、E；　　3. C、D；　　4. B、D；

5. A、B、E；　　 6. B、D、E；　　7. C、D；　　8. A、D

【解析】

1.【答案】A、C、D

常用的抽样检验方案有：标准型抽样检验方案、分选型抽样检验方案、调整型抽样检验方案。选项 A、C、D 正确。

2.【答案】A、B、E

计数值标准型二次抽样检验的程序是：第一次抽检 n_1 后，检出不合格品数为 d_1，则当 $d_1 \leqslant C_1$ 时，接受该检验批；$d_1 \geqslant r_1$ 时，拒绝该检验批；$C_1 < d_1 < r_1$ 时，抽检第二个样本。第二次抽检 n_2 后，检出不合格品数为 d_2，则当 $(d_1 + d_2) \leqslant C_2$，接受该检验批；$(d_1 + d_2) > C_2$ 时，拒绝该检验批。选项 A、B、E 正确。

4.3　施工质量控制

复习要点

1. 施工准备质量控制

1）施工准备工作基本要求

（1）施工准备工作应有组织、有计划、分阶段、有步骤地进行。

（2）要建立严格的施工准备工作责任制及相应的检查制度。

（3）要坚持按工程建设程序办事，严格执行开工报告制度。

（4）施工准备工作必须贯穿于施工全过程。

（5）施工准备工作要取得各相关单位的支持与配合。

2）施工技术准备

（1）熟悉与会审图纸

施工单位收到拟建工程的设计图纸和有关技术文件后，应尽快组织有关工程技术人员熟悉和自审图纸，写出自审图纸记录。

施工图会审会议由建设单位主持，设计单位和施工单位、工程监理单位参加。图纸会审时，首先由设计单位的工程主设人向与会者说明拟建工程的设计依据、意图和功能要求，并对特殊结构、新材料、新工艺和新技术提出设计要求。然后，施工单位根据自审图纸记录以及对设计意图的了解，提出对设计图纸的疑问和建议，形成"图纸会审纪要"，与会各方会签、盖章，作为与设计文件同时使用的技术文件和指导施工的依据。

（2）编制和报审施工组织设计

施工组织设计是施工准备工作的重要组成部分，也是指导施工现场全部生产活动的技术经济文件。

施工单位在完成施工组织设计的编制及内部审批工作后，报请项目监理机构审查，由总监理工程师审核签认。项目监理机构审查批准的施工组织设计应报送建设单位。施工单位应按审查批准的施工组织设计文件组织施工。

3）施工现场准备

（1）测量控制网的控制

① 按照工程总平面图及给定的永久性经纬坐标控制网和水准控制基桩，进行施工测量，设置永久性经纬坐标桩、水准基桩和建立场区工程测量控制网。

② 在测量放线时，应校验校正全站仪、经纬仪、水准仪、钢尺等测量仪器；编制切实可行的测量方案，包括平面控制、标高控制、沉降观测和竣工测量等工作。

③ 工程定位放线，一般通过设计图中平面控制轴线来确定工程（建筑物）位置，测定并经自检合格后提交有关部门和建设单位或监理人员验线，以保证定位的准确性。沿红线的建设工程放线后，还要由城市规划部门验线，以防止建设工程压红线或超红线，为正常顺利地施工创造条件。

（2）施工平面布置的控制

施工单位应根据批准的施工平面布置图和施工进度计划的安排，科学合理地使用施工场地，正确布置施工机械设备和其他临时设施，维护现场施工道路畅通，合理控制材料的进场与堆放，保证充足的水电供应，保持良好的防洪排涝能力。

项目监理机构要检查施工现场平面布置是否合理，是否有利于保证施工的正常、顺利地进行，是否有利于保证质量，特别要对场区的道路、防洪排水、器材存放、给水及供电、混凝土供应及主要垂直运输机械设备布置等方面进行重点检查与控制。

4）材料、构配件质量控制

施工单位应从以下几方面做好材料、构配件质量控制：

（1）编制材料、构配件需要量计划。

（2）做好材料、构配件采购订货。

（3）把好进场材料、构配件检验关。

（4）加强材料、构配件的现场储存和使用管理。

5）施工机械配置的控制

施工机械设备的选择，要考虑其技术性能、工作效率、可靠性及维修难易、能源消耗，以及安全、灵活等因素，要满足施工生产的实际需求。还要考虑所选择的施工机械设备对施工质量的影响及保证质量的程度。其质量控制主要围绕施工机械设备的选型、机械设备性能参数的确定、机械设备数量、使用操作等方面进行。

2．施工过程质量控制

1）作业技术准备状态的控制

作业技术准备状态的控制，应着重抓好以下环节的工作：

（1）质量控制点的设置

质量控制点是指为保证作业过程质量而确定的重点控制对象、关键部位或薄弱环节。设置质量控制点是保证施工质量达到质量要求的必要前提。

施工单位在工程施工前，应根据施工过程质量控制的要求，列出质量控制点明细表，表中详细地列出各质量控制点的名称或控制内容、检验标准及方法等，在此基础上实施质量预控。

质量控制点的设置应遵循以下原则：

① 施工过程中的关键工序或环节及隐蔽工程，例如预应力结构的张拉工序、钢筋混凝土结构中的钢筋架立等。

② 施工中的薄弱环节或质量不稳定的工序、部位或对象，例如地下防水层施工等。

③ 对后续工程施工或对后续工序质量或安全有重大影响的工序、部位或对象，例如预应力结构中的预应力钢筋质量、模板的支撑与固定等。

④ 采用新技术、新工艺、新材料的部位或环节。

⑤ 施工无足够把握、施工条件困难或技术难度大的工序或环节，例如复杂曲线模板的放样等。

质量控制点中重点控制的对象主要包括以下几方面：① 人的行为；② 材料质量与性能；③ 施工方法与关键操作；④ 施工技术参数；⑤ 施工顺序；⑥ 技术间歇；⑦ 易发生质量通病的施工过程；⑧ 新技术、新材料及新工艺的应用；⑨ 产品质量不稳定和不合格率较高的工序；⑩ 特殊地基或特种结构。

（2）作业技术交底控制

每一分项工程开始实施前均要进行交底。由项目技术人员编制技术交底书，并经项目技术负责人批准。技术交底书的内容主要包括：施工方法、质量要求和验收标准、施工过程中需注意的问题、可能出现意外情况的应急方案等。技术交底要紧紧围绕和具体施工有关的操作者、机械设备、使用的材料、构配件、工艺、工法、施工环境、具体管理措施等方面进行。

关键部位或技术难度大、施工复杂的检验批，在分项工程施工前，施工单位的技术交底书（或作业指导书）要报项目监理机构。经项目监理机构审查后，如技术交底书不能保证作业活动的质量要求，施工单位要进行修改补充。

没有做好技术交底的工序或分项工程，不得进入正式实施阶段。

（3）进场材料、构配件质量控制

① 凡运到施工现场的原材料、半成品或构配件，必须附有产品出厂合格证及技术说明书。

② 进口材料设备的检查、验收，应会同国家商检部门进行。

③ 材料构配件存放条件的控制。

④ 对于某些当地材料及现场配制的制品，施工单位事先要进行试验，达到要求的标准方准施工。

（4）作业环境状态控制

① 施工作业环境控制。施工单位要对施工作业环境条件（水电供应、施工照明、安全防护设备、施工场地空间条件和通道、交通运输和道路条件）做好预先安排并准备妥当。当确认其准备可靠、有效后，方准许进行施工作业。

② 施工质量管理环境控制。施工单位的质量管理体系和质量控制自检系统是否处于良好状态；项目管理组织结构、管理制度、检测制度、检测标准、人员配备等方面是否完善和明确；质量责任制是否落实。项目监理机构要对施工单位施工质量管理环境进行检查并督促其落实，是保证施工作业效果的重要前提。

③ 现场自然环境条件控制。施工单位对于未来施工期间，可能出现对施工作业质量不利影响的自然环境条件，要有充分的认识并做好充足的准备和制定有效预防措施与对策，以保证工程质量。

（5）进场施工机械设备性能及工作状态控制

① 施工机械设备进场前，施工单位应向项目监理机构报送进场设备清单，列出进场机械设备型号、规格、数量、技术性能（技术参数）、设备状况、进场时间等。

施工机械设备进场后，项目监理机构需要根据施工单位报送的清单进行现场核对，核对是否与施工组织设计中所列的内容相符。

② 施工单位要检查进场施工机械的使用、保养记录，判断其工作状况。对重要的工程机械，如大马力推土机等，施工单位应在现场实际复验，以保证投入作业的机械设备状态良好。

施工单位还应经常了解施工作业中机械设备的工作状况，防止带病运行。一旦发现问题，必须及时修理，以保持良好的作业状态。

③ 对于现场使用的塔式起重机及有特殊安全要求的设备，投入使用前，必须经当地劳动安全部门鉴定，符合要求并办好相关手续后方允许投入使用。

④ 在现场组装大型临时设备（如龙门式起重机、悬灌施工中的挂篮、架梁起重机、吊索塔架、缆索起重机等），施工单位必须取得本单位上级安全主管部门的审查批准，办好相关手续后，经项目监理机构批准后方可投入使用。

（6）施工测量及计量器具性能、精度的控制

施工测量开始前，施工单位应向项目监理机构提交测量仪器的型号、技术指标、精度等级、法定计量部门的标定证明、测量工的上岗证明，经项目监理机构审核确认后，方可进行正式测量作业。在作业过程中应经常检查了解计量仪器、测量设备的性

能、精度，使其处于良好状态之中。

（7）施工现场劳动组织及作业人员上岗资格的控制

从事特殊作业的人员（如电焊工、电工、起重工、架子工、爆破工）必须持证上岗。

2）作业技术活动过程质量控制

保证作业活动的效果与质量是施工过程质量控制的基础。

（1）施工单位"三检"制度

"三检"制度：作业活动结束后，作业者必须自检；不同工序交接，相关人员必须进行交接检查；施工单位专职质检员的专检。

项目监理机构的质量检查与验收，是对施工单位作业活动质量的复核与确认；项目监理机构的检查决不能代替施工单位的自检。

（2）技术复核工作

凡涉及施工作业技术活动基准和依据的技术工作，都应该严格进行专人负责的复核性检查，以避免基准失误给整个工程质量带来难以补救或全局性危害。技术复核是施工单位应履行的技术工作责任，其复核结果应报送项目监理机构复验确认后，才能进行后续相关工序施工。

（3）见证取样、送检

施工单位在对工程施工中使用的材料、半成品、构配件进行现场取样、工序活动效果检查时，由监理人员进行全程见证。

（4）工程变更控制

① 施工单位的变更要求及处理

技术修改：施工单位根据施工现场具体条件和自身的技术、经验和施工设备等条件，在不改变原设计图纸和技术文件的前提下，提出对设计图纸和技术文件进行某些技术上的修改，施工单位应向项目监理机构提交《工程变更单》，说明要求修改的内容及原因或理由，并附图纸和有关文件→专业监理工程师组织，施工单位和现场设计代表参加，经各方同意后签字并形成纪要，作为工程变更单附件，经总监理工程师批准→施工单位按会签的纪要实施。

工程变更：对于设计单位在设计图纸和设计文件中所表达的设计标准状态的改变和修改，施工单位就要求变更的问题填写《工程变更单》，送交项目监理机构→总监理工程师根据施工单位的申请，经与设计、建设、施工单位研究并作出变更决定后，签发《工程变更单》，并附设计单位提出的变更设计图纸→施工单位签收后按变更后的图纸施工。

如果工程变更涉及结构主体及安全，该工程变更还要按有关规定报送施工图原审查单位进行审查，否则变更不能实施。

② 设计单位提出变更的处理

设计单位将"设计变更通知"及有关附件报送建设单位→建设单位会同项目监理机构、施工单位对设计单位提交的"设计变更通知"进行研究→总监理工程师签发《工程变更单》→施工单位按变更后并经审图机构审查的施工图实施。

③ 建设单位（项目监理机构）要求变更的处理

建设单位将变更要求及建议通知设计单位→设计单位对工程变更要求进行研究，

并将工程变更方案提交建设单位→项目监理机构对工程变更费用及工期影响进行评估，并在此基础上组织建设单位、施工单位等共同协商确定工程变更费用及工期变化，会签《工程变更单》→施工单位按《工程变更单》要求组织施工。

（5）质量记录资料

质量记录资料是施工单位进行工程施工或安装期间，实施质量控制活动的记录，还包括项目监理机构对这些质量控制活动的意见及施工单位对这些意见的答复。质量记录资料详细记录了工程施工阶段质量控制活动的全过程。

3）作业技术活动结果控制

（1）工序质量检验

工程施工过程是由一系列相互关联、相互制约的工序所构成，工序质量是基础，直接影响工程项目整体质量。工序质量的检验就是利用一定的方法和手段，对工序操作及其完成产品的质量进行实际而及时的测定、查看和检查，并将所测得的结果与该工序的操作规程及形成质量特性的技术标准进行比较，从而判断是否合格或是否优良。

工序质量检验也是对工序活动效果进行评价，主要包括以下内容：① 标准具体化；② 度量；③ 比较；④ 判定；⑤ 处理；⑥ 记录。

在工程施工过程中，施工管理人员要坚持做到：上道工序不合格，不准进入下道工序施工；不合格的材料、构配件、半成品不准进入施工现场且不允许使用，已经进场的不合格品应及时做出标识、记录，指定专人看管，避免用错，并限期清理出现场；不合格的工序或工程产品，不予计价。

（2）隐蔽工程验收

隐蔽工程验收是指将被其后工程施工所隐蔽的分项、分部工程，在隐蔽前所进行的检查验收。隐蔽工程验收是质量控制的一个关键环节。

隐蔽工程施工完毕，施工单位按有关技术规程、规范、施工图纸进行自检。自检合格后，填写《隐蔽工程报验申请表》，并附隐蔽工程检查记录及有关证明材料，报送项目监理机构。

项目监理机构收到报验申请后，对质量证明资料进行审查，并在合同规定的时间内到现场检查（检测或核查），施工单位的专职质检员及相关施工人员随同。

经项目监理机构现场检查确认质量符合隐蔽要求，在《隐蔽工程报验申请表》上签字确认，准予施工单位隐蔽、覆盖，进入下一道工序施工。

如经现场检查发现隐蔽工程质量不合格，项目监理机构签发"不合格项目通知"，指令施工单位整改，整改后自检合格再报项目监理机构复查。

（3）工序交接验收

工序交接验收是指作业活动中一种必要的技术停顿、作业方式转换及作业活动效果的中间确认。上道工序应满足下道工序的施工条件和要求。对相关专业工序之间也是如此。通过工序间交接验收，使各工序间和相关专业工程间形成一个有机整体。

3．施工质量检查验收

1）施工质量验收一般规定

（1）施工质量验收层次

施工质量验收应包括单位工程、分部工程、分项工程和检验批施工质量验收，并应符合下列规定：

① 检验批应根据施工组织、质量控制和专业验收需要，按工程量、楼层、施工段划分，检验批抽样数量应符合有关专业验收标准的规定。

② 分项工程应根据工种、材料、施工工艺、设备类别划分。

③ 分部工程应根据专业性质、工程部位划分。

④ 单位工程应为具备独立使用功能的建筑物或构筑物。

（2）工程文件资料管理要求

① 应建立工程质量信息公示制度。工程竣工验收合格后，建设单位应在建（构）筑物的明显位置设置有关工程质量责任主体的永久性标牌。

② 工程文件资料的形成和积累应随工程建设进度同步形成，并应纳入工程建设管理各个环节和有关人员职责范围。

2）施工质量验收要求

（1）工程施工质量应符合国家现行强制性工程建设标准规定，并应符合工程勘察设计文件要求和合同约定。

（2）检验批质量应按主控项目和一般项目验收，并应符合下列规定：

① 主控项目和一般项目的确定应符合国家现行强制性工程建设标准和现行相关标准的规定。

② 主控项目的质量经抽样检验应全部合格。

③ 一般项目的质量应符合国家现行相关标准的规定。

④ 应具有完整的施工操作依据和质量验收记录。

（3）当检验批施工质量不符合验收标准时，应按下列规定进行处理：

① 经返工或返修的检验批，应重新进行验收。

② 经有资质的检测机构检测能够达到设计要求的检验批，应予以验收。

③ 经有资质的检测机构检测达不到设计要求，但经原设计单位核算认可能够满足安全和使用功能的检验批，应予以验收。

（4）分项工程质量验收合格应符合下列规定：

① 所含检验批的质量应验收合格。

② 所含检验批的质量验收记录应完整、真实。

（5）分部工程质量验收合格应符合下列规定：

① 所含分项工程的质量应验收合格。

② 质量控制资料应完整、真实。

③ 有关安全、节能、环境保护和主要使用功能的抽样检验结果应符合要求。

④ 观感质量应符合要求。

（6）单位工程质量验收合格应符合下列规定：

① 所含分部工程的质量应全部验收合格。

② 质量控制资料应完整、真实。

③ 所含分部工程中有关安全、节能、环境保护和主要使用功能的检验资料应完整。

④ 主要使用功能的抽查结果应符合国家现行强制性工程建设标准规定。

⑤ 观感质量应符合要求。

（7）当经返修或加固处理的分项工程、分部工程，确认能够满足安全及使用功能要求时，应按技术处理方案和协商文件的要求予以验收。

（8）经返修或加固处理仍不能满足安全或重要使用功能要求的分部工程及单位工程，严禁验收。

3）施工质量验收组织

（1）检验批应由专业监理工程师组织施工单位项目专业质量检查员、专业工长等进行验收。

（2）分项工程应由专业监理工程师组织施工单位项目专业技术负责人等进行验收。

（3）分部工程应由总监理工程师组织施工单位项目负责人和项目技术负责人等进行验收。勘察、设计单位项目负责人和施工单位技术、质量部门负责人应参加地基与基础分部工程的验收，设计单位项目负责人和施工单位技术、质量部门负责人应参加主体结构、节能分部工程的验收。

（4）单位工程完工后，各相关单位应按下列要求进行工程竣工验收：

① 勘察单位应编制勘察工程质量检查报告，按规定程序审批后向建设单位提交。

② 设计单位应对设计文件及施工过程的设计变更进行检查，并应编制设计工程质量检查报告，按规定程序审批后向建设单位提交。

③ 施工单位应自检合格，并应编制工程竣工报告，按规定程序审批后向建设单位提交。

④ 项目监理机构应在施工单位自检合格后组织工程竣工预验收，预验收合格后应编制工程质量评估报告，按规定程序审批后向建设单位提交。

⑤ 建设单位应在竣工预验收合格后组织监理、施工、设计、勘察单位等相关单位项目负责人进行工程竣工验收。

4）工程质量保修

（1）对于建筑工程，施工单位应编制工程使用说明书。工程使用说明书应包括下列内容：① 工程概况；② 工程设计合理使用年限、性能指标及保修期限；③ 主体结构位置示意图、房屋上下水布置示意图、房屋电气线路布置示意图及复杂设备的使用说明；④ 使用维护注意事项。

（2）建设单位应建立工程质量回访和质量投诉处理机制。施工单位应履行工程质量保修义务，并应与建设单位签署施工质量保修书，施工质量保修书中应明确保修范围、保修期限和保修责任。

（3）当工程在保修期内出现一般质量缺陷时，建设单位应向施工单位发出保修通知，施工单位应进行现场勘察、制定保修方案，并及时进行修复。

（4）当工程在保修期内出现涉及结构安全或影响使用功能的严重质量缺陷时，应由原设计单位或相应资质等级的设计单位提出保修设计方案，施工单位实施保修。保修完成后，工程应符合原设计要求。

（5）建设单位、施工单位或受委托的其他单位在保修期内应明确保修和质量投诉受理部门、人员及联系方式，并建立相关工作记录文件。

1. 工程建设活动中，形成工程实体质量的决定性环节是（　　）阶段。
   A．工程设计　　　　　　　　B．工程施工
   C．工程决策　　　　　　　　D．工程竣工验收

2. 下列施工质量控制的工作中，属于事前质量控制的是（　　）。
   A．隐蔽工程的检查验收
   B．施工质量事故的处理
   C．进场材料抽样检验试验
   D．分析可能导致质量问题的因素并制定预防措施

3. 对于重要的或对工程质量有重大影响的工序，应严格执行（　　）的"三检"制度。
   A．事前检查、事中检查、事后检查
   B．自检、互检、专检
   C．工序检查、分项检查、分部检查
   D．操作者自检、质量员检查、监理工程师检查

4. 下列施工准备阶段的质量控制工作中，属于施工技术准备的是（　　）。
   A．做好施工测量工作　　　　B．布置施工机械
   C．规划施工场地　　　　　　D．报审施工组织设计

5. 为了做好作业技术交底，应由（　　）编制技术交底书，并经项目技术负责人批准。
   A．专业监理工程师　　　　　B．总监理工程师
   C．项目技术人员　　　　　　D．施工单位技术负责人

6. 下列施工质量控制点中，属于从施工技术参数角度进行重点控制的是（　　）。
   A．预应力钢筋的张拉力控制
   B．大体积混凝土内外温差控制
   C．大模板施工时的模板稳定控制
   D．装配式构件吊装中的稳定控制

7. 建设工程施工质量验收的基本单元是（　　）。
   A．施工过程的质量验收　　　B．项目竣工质量验收
   C．检验批和分项工程　　　　D．分项工程和分部工程

8. 根据《建筑工程施工质量验收统一标准》GB 50300—2013，建筑工程施工质量验收逐级划分为（　　）。
   A．分部工程、分项工程和检验批
   B．分部工程、分项工程、检验批和隐蔽工程
   C．单位工程、分部工程、分项工程和检验批
   D．单位工程、分部工程、分项工程、检验批和隐蔽工程

9. 根据《建筑工程施工质量验收统一标准》GB 50300—2013，检验批的质量验收

应由（   ）组织进行。

  A．项目负责人   B．专业监理工程师

  C．总监理工程师   D．建设单位项目负责人

10．施工质量验收中，检验批的质量合格主要取决于（   ）。

  A．主控项目的检验结果

  B．主控项目和一般项目的检验结果

  C．资料检查完整、合格和主控项目检验结果

  D．资料检查完整、合格和一般项目检验结果

11．检验批验收时，发现部分混凝土试块强度值不满足要求，经（   ）对混凝土实体强度进行实测，能够达到设计要求，应予以验收。

  A．监理单位   B．建设单位

  C．设计单位   D．有资质的检测机构

12．根据《建筑工程施工质量验收统一标准》GB 50300—2013，分项工程的质量验收应由（   ）组织进行。

  A．项目负责人   B．专业监理工程师

  C．总监理工程师   D．建设单位项目负责人

13．分部工程质量验收时，应给出综合质量评价的检查项目是（   ）。

  A．观感质量验收   B．质量控制资料验收

  C．分项工程质量验收   D．主体结构功能检测

14．根据《建筑工程施工质量验收统一标准》GB 50300—2013，有关安全、节能、环境保护和主要使用功能的分部工程应进行（   ）。

  A．抽样检验   B．化学成分分析

  C．破坏性试验   D．观感质量验收

15．勘察单位项目负责人应参加（   ）工程的验收。

  A．节能分部   B．主体结构分部

  C．地基与基础分部   D．设备安装分部

二 多项选择题

1．下列施工现场质量检查的内容中，属于"三检"制度范围的有（   ）。

  A．巡视检查   B．自检自查

  C．互检互查   D．平行检查

  E．专职人员的质量检查

2．下列施工准备阶段的质量控制工作中，属于施工技术准备工作内容的有（   ）。

  A．图纸会审   B．编制施工组织设计

  C．工程定位和标高基准测量 D．施工现场平面布置

  E．进场材料检验

3．施工质量验收中，检验批质量验收的内容包括（   ）。

  A．质量资料   B．主控项目

C．一般项目　　　　　　　　　　　　D．观感质量

E．允许偏差项目

4．分部工程施工质量验收合格的基本条件包括（　　　）。

A．所含分项工程的资料验收合格

B．质量控制质量完整、真实

C．观感质量符合要求

D．主控项目和一般项目质量检验合格

E．有关安全、节能、环境保护和主要使用功能的抽样检验结果符合要求

5．下列分部工程中，需要设计单位项目负责人参加验收的有（　　　）。

A．主体结构分部工程　　　　　　　　B．电梯分部工程

C．建筑节能分部工程　　　　　　　　D．建筑屋面分部工程

E．地基与基础分部工程

【答案与解析】

一、单项选择题

*1．B；　　2．D；　　*3．B；　　4．D；　　5．C；　　6．B；　　7．C；　　8．C；

9．B；　　10．B；　　*11．D；　　12．B；　　*13．A；　　14．A；　　15．C

【解析】

1．【答案】B

施工阶段是工程实体最终形成的阶段，也是工程质量和工程使用价值最终形成和实现的阶段。选项 B 正确。

3．【答案】B

"三检"制度，即作业活动结束后，作业者必须自检；不同工序交接，相关人员必须进行交接检查；施工单位专职质检员的专检。选项 B 正确。

11．【答案】D

当检验批施工质量不符合验收标准时，应按下列规定进行处理：（1）经返工或返修的检验批，应重新进行验收；（2）经有资质的检测机构检测能够达到设计要求的检验批，应予以验收；（3）经有资质的检测机构检测达不到设计要求，但经原设计单位核算认可能够满足安全和使用功能的检验批，应予以验收。选项 D 正确。

13．【答案】A

以观察、触摸或简单量测的方式进行观感质量验收，并结合验收人的主观判断，检查结果并不给出"合格"或"不合格"的结论，而是综合给出"好""一般""差"的质量评价结果。选项 A 正确。

二、多项选择题

1．B、C、E；　　　2．A、B；　　　3．A、B；　　　*4．A、B、C、E；

*5．A、C、E

4.【答案】A、B、C、E

分部工程质量验收合格应符合下列规定：（1）所含分项工程的质量应验收合格；（2）质量控制资料应完整、真实；（3）有关安全、节能、环境保护和主要使用功能的抽样检验结果应符合要求；（4）观感质量应符合要求。选项 A、B、C、E 正确。

5.【答案】A、C、E

分部工程应由总监理工程师组织施工单位项目负责人和项目技术负责人等进行验收。勘察、设计单位项目负责人和施工单位技术、质量部门负责人应参加地基与基础分部工程的验收，设计单位项目负责人和施工单位技术、质量部门负责人应参加主体结构、节能分部工程的验收。选项 A、C、E 正确。

4.4　施工质量事故预防与调查处理

复习要点

1. 施工质量事故分类

（1）按事故造成后果分类，施工质量事故可分为未遂事故和已遂事故。

（2）按事故责任分类，施工质量事故可分为指导责任事故和操作责任事故。指导责任事故是指在工程施工过程中，由于指导或领导失误而造成的质量事故；操作责任事故是指在工程施工过程中，由于操作人员违规操作造成的质量事故。

（3）按事故产生原因分类，施工质量事故可分为因技术原因引发的质量事故；因管理原因引发的质量事故和社会、经济原因引发的质量事故。

（4）按事故严重程度分类

① 特别重大事故，是指造成 30 人及以上死亡，或者 100 人及以上重伤，或者 1 亿元及以上直接经济损失的事故。

② 重大事故，是指造成 10 人及以上 30 人以下死亡，或者 50 人及以上 100 人以下重伤，或者 5000 万元及以上 1 亿元以下直接经济损失的事故。

③ 较大事故，是指造成 3 人及以上 10 人以下死亡，或者 10 人及以上 50 人以下重伤，或者 1000 万元及以上 5000 万元以下直接经济损失的事故。

④ 一般事故，是指造成 3 人以下死亡，或者 10 人以下重伤，或者 100 万元及以上 1000 万元以下直接经济损失的事故。

2. 施工质量事故预防

1）施工质量事故的成因分析

施工质量事故的表现形式千差万别，类型多种多样，但究其原因，归纳起来主要有以下几方面：

（1）违背工程建设基本规律。如违反工程建设程序、违反有关法规和工程合同规定。

（2）工程地质勘察失误或地基处理失误。如工程地质勘察失误、地基处理失误。

（3）设计计算失误。盲目套用图纸，采用不正确的结构方案，计算简图与实际受力情况不符，荷载取值过小，内力分析有误，沉降缝或变形缝设置不当，悬挑结构未进行抗倾覆验算以及计算错误等。

（4）材料构配件不合格。如钢筋物理力学性能不良会导致钢筋混凝土结构产生裂缝或脆性破坏；集料中活性氧化硅会导致碱集料反应，使混凝土产生裂缝；水泥安定性不良，会造成混凝土爆裂；预制构件断面尺寸不足，支承锚固长度不足，未可靠地建立预应力值，漏放或少放钢筋，板面开裂等，均可能出现断裂、坍塌事故。

（5）施工与管理失控。主要表现为：① 未经设计单位同意，擅自修改设计；或不按图施工。② 图纸未经会审即仓促施工；或不熟图纸，盲目施工。③ 不按有关施工规范和操作规程施工。④ 不懂装懂，蛮干施工。⑤ 管理混乱，施工方案考虑不周，施工顺序错误，技术交底不清，违章作业，疏于检查、验收等，均可能导致质量事故。

（6）自然条件影响。温度、湿度、日照、雷电、大风、暴雨或其他不可抗力都可能成为施工质量事故的诱因。

2）施工质量事故预防措施

（1）坚持按工程建设程序办事。

（2）做好必要的技术复核、技术核定工作。

（3）严格把好建筑材料及制品的质量关。

（4）加强质量培训教育，提高全员质量意识。

（5）加强施工过程组织管理。

（6）做好应对不利施工条件和各种灾害的预案。

（7）加强施工安全与环境管理。

3．施工质量事故调查处理

1）施工质量事故处理要求及依据

（1）施工质量事故处理基本要求

① 事故处理要达到安全可靠、不留隐患、满足生产和使用要求、施工方便、经济合理的目的。

② 要重视消除造成质量事故的原因，注意综合治理。

③ 要合理确定处理范围和正确选择处理的时机和方法。

④ 要加强事故处理的检查验收工作，认真复查事故处理的实际情况。

⑤ 要确保事故处理期间的安全。

（2）施工质量事故处理依据：① 法律法规；② 合同文件；③ 工程建设标准；④ 企业内部管理制度。

2）施工质量事故调查处理程序

（1）事故报告

① 工程质量事故发生后，事故现场有关人员应当立即向本单位负责人报告；单位负责人接到报告后，应于 1h 内向事故发生地县级以上人民政府住房和城乡建设主管部门及有关部门报告。

情况紧急时，事故现场有关人员可直接向事故发生地县级以上人民政府住房和城乡建设主管部门报告。

② 住房和城乡建设主管部门接到事故报告后，应当依照规定上报事故情况，并同时通知公安、监察机关等有关部门。

③ 事故报告。事故报告应包括下列内容：事故发生单位概况；事故发生的时间、地点以及事故现场情况；事故的简要经过；事故已经造成或者可能造成的伤亡人数（包括下落不明的人数）和初步估计的直接经济损失；已经采取的措施；其他应当报告的情况。

（2）事故调查

① 事故调查组及其职责

工程质量事故调查组由事故发生地的市、县以上住房和城乡建设主管部门或国务院有关主管部门组织成立。特别重大事故由国务院或国务院授权有关部门组织事故调查组进行调查。

重大事故、较大事故、一般事故分别由事故发生地省级人民政府、设区的市级人民政府、县级人民政府负责调查。省级人民政府、设区的市级人民政府、县级人民政府可以直接组织事故调查组进行调查，也可以授权或委托有关部门组织事故调查组进行调查。

未造成人员伤亡的一般事故，县级人民政府也可以委托事故发生单位组织事故调查组进行调查。

事故调查组履行下列职责：查明事故发生的经过、原因、人员伤亡情况及直接经济损失；认定事故的性质和事故责任；提出对事故责任者的处理建议；总结事故教训，提出防范和整改措施；提交事故调查报告。

② 事故调查报告

事故调查报告应包括下列内容：事故发生单位概况；事故发生经过和事故救援情况；事故造成的人员伤亡和直接经济损失；事故发生的原因和事故性质；事故责任的认定和事故责任者的处理建议；事故防范和整改措施。

③ 事故原因分析

质量事故原因分析的一般步骤：收集事故信息→确定受影响的因素→制定分析计划→进行原因分析。

事故原因分析要建立在事故情况调查的基础上，应避免情况不明就主观推断事故原因。

（3）事故处理

① 事故责任者处理。政府主管部门应依据有关人民政府对事故调查报告的批复和有关法律法规规定，对事故相关责任者实施行政处罚，对事故负有责任的建设、勘察、设计、施工、监理等单位和施工图审查、质量检测等有关单位分别给予罚款、停业整顿、降低资质等级、吊销资质证书其中一项或多项处罚，对事故负有责任的注册执业人员分别给予罚款、停止执业、吊销执业资格证书、终身不予注册其中一项或多项处罚。

② 事故处理的技术方案。事故单位在接到事故调查组提出的技术处理意见后，在正确地分析和判断事故原因的基础上，并广泛听取专家及有关方面的意见建议，经科学论证，完成事故技术处理方案。

③ 工程质量缺陷及事故处理的基本方法：返修处理、加固处理、返工处理、限制使用、不作处理及报废处理。

（4）事故处理的鉴定验收

事故处理的质量检查鉴定，应严格按施工验收规范和相关质量标准的规定进行。必要时，还应通过实际测量、试验和仪表检测等方法获取必要的数据，以便准确地对事故处理结果作出鉴定，最终形成结论。

（5）提交处理报告

事故处理结束后，还必须向主管部门和相关单位提交事故处理报告，其内容包括：事故调查报告，事故原因分析，事故处理依据，事故处理方案、方法及技术措施，处理过程中的各种原始记录资料，检查验收记录，事故处理结论等。

一　单项选择题

1. 某工程因工期紧，经项目负责人决定后采用了标准要求较低但工期短的施工工艺方法，造成质量事故。按照事故责任分类，该事故属于（　　）。

  A．指导责任事故   B．操作责任事故

  C．技术原因事故   D．管理原因事故

2. 某工程因测量仪器未及时进行校验，测量时误差较大导致工程轴线偏差，造成质量事故。按照事故发生的原因划分，该事故属于（　　）。

  A．人为原因造成的质量事故 B．管理原因引起的质量事故

  C．技术原因引起的质量事故 D．工艺原因造成的质量事故

3. 某工程发生一起质量事故，导致 3 人死亡，直接经济损失 2000 万元，则该起质量事故属于（　　）。

  A．一般事故   B．严重事故

  C．较大事故   D．重大事故

4. 某工程在浇筑混凝土时发生支模架坍塌事故，造成 3 人死亡，6 人重伤。经事故调查，系现场技术管理人员未进行技术交底所致。该质量事故应判定为（　　）。

  A．操作责任的较大事故   B．操作责任的重大事故

  C．指导责任的较大事故   D．指导责任的重大事故

5. 下列导致施工质量事故发生的原因中，属于管理原因的是（　　）。

  A．施工工艺选用错误

  B．进场材料检验不严

  C．盲目追求利润，偷工减料

  D．工人采用了不合适的施工方法

6. 某施工单位在低价中标工程后，在施工过程中偷工减料，导致发生重大质量事故。该质量事故发生的原因属于（　　）。

  A．管理原因   B．技术原因

  C．人为原因   D．违背工程建设基本规律

7. 当工程质量缺陷经加固、返工处理后仍无法保证达到规定的安全要求，但没有

完全丧失使用功能时，适宜采用的处理方法是（　　　）。

    A．不作处理
    B．限制使用

    C．报废处理
    D．返修处理

8．根据质量事故处理的一般程序，经事故调查及原因分析，则下一步应进行的工作是（　　　）。

    A．制定事故处理方案
    B．事故的责任处罚

    C．事故处理的鉴定验收
    D．提交事故报告

9．施工质量事故的处理工作包括：① 事故报告；② 事故调查；③ 事故处理的鉴定验收；④ 提交事故处理报告；⑤ 事故处理。其正确的处理程序是（　　　）。

    A．①②③④⑤
    B．②①③④⑤

    C．④②⑤①③
    D．①②⑤③④

10．施工质量事故处理过程中，确定事故处理结果是否达到预期目的、是否依然存在隐患，属于（　　　）环节的工作。

    A．事故调查
    B．事故原因分析

    C．制定事故处理技术方案
    D．事故处理鉴定验收

二 多项选择题

1．下列施工质量事故中，属于指导责任事故的有（　　　）。

    A．工程负责人放松质量标准造成的质量事故

    B．混凝土振捣疏漏造成的质量事故

    C．工程负责人追求施工进度造成的质量事故

    D．砌筑工人不按操作规程导致墙体倒塌

    E．混凝土操作工随意加水导致混凝土强度不合格

2．下列引发施工质量事故的原因中，属于管理原因的有（　　　）。

    A．施工方法选用不当
    B．质量控制不严格

    C．检验制度不严密
    D．盲目追求利润而不顾质量

    E．特大暴雨导致质量不合格

3．下列措施中，属于施工质量事故预防措施的有（　　　）。

    A．严格按基本建设程序办事
    B．依法进行施工组织管理

    C．加强施工安全与环境管理
    D．做好质量事故的调查记录

    E．进行必要的设计复核审查

4．下列工程资料中，可作为施工质量事故处理依据的有（　　　）。

    A．法律法规
    B．合同文件

    C．工程建设标准
    D．企业内部管理制度

    E．现场制备材料的质量证明文件

5．某工程发生施工质量事故后，对该事故进行调查，经原因分析评定该事故不需要处理，则后续工作有（　　　）。

    A．补充调查
    B．作出结论

C．提交处理报告   D．检查验收

E．实施保护措施

【答案与解析】

一、单项选择题

1．A；   *2．B；   3．C；   4．C；   *5．B；   6．D；   *7．B；   8．A；

9．D；   *10．D

【解析】

2.【答案】B

按事故产生原因分类，施工质量事故可分为因技术原因引发的质量事故、因管理原因引发的质量事故和社会、经济原因引发的质量事故。该质量事故由检测仪器设备管理不善引起，属于管理原因。选项 B 正确。

5.【答案】B

由于管理不完善或失误而引发的质量事故。主要包括：施工单位的质量管理体系不完善；质量检验制度不严密，质量控制不严；质量管理措施落实不力；检测仪器设备管理不善而失准；进料检验不严格等引发的质量事故。选项 B 正确。

7.【答案】B

当工程质量缺陷按返修方法处理后无法保证达到规定的使用要求和安全要求，而又无法返工处理的情况下，不得已时可作出诸如结构卸荷或减荷以及限制使用的决定。选项 B 正确。

10.【答案】D

施工质量事故处理的样本程序是：事故调查、事故原因分析、制定事故处理的技术方案、事故处理、事故处理的鉴定验收、提交处理报告。事故处理结果是否达到预期目的、是否依然存在隐患，应当通过检查鉴定和验收作出确认。选项 D 正确。

二、多项选择题

*1．A、C；   2．B、C；   *3．A、B、C、E；   4．A、B、C、D；

5．B、C

【解析】

1.【答案】A、C

指导责任事故是指在工程施工过程中，由于指导或领导失误而造成的质量事故，如工程负责人不按规范规程组织施工、盲目赶工、强令他人违章作业、降低工程质量标准等造成的质量事故。选项 A、C 正确。

3.【答案】A、B、C、E

施工质量事故预防的具体措施包括：

（1）严格按照基本建设程序办事。

（2）认真做好工程地质勘察。

（3）科学地加固处理好地基。

（4）进行必要的设计审查复核。

（5）严格把好建筑材料及制品的质量关。

（6）对施工人员进行必要的技术培训。

（7）依法进行施工组织管理。

（8）做好应对不利施工条件和各种自然灾害的预案。

（9）加强施工安全与环境管理。

选项 A、B、C、E 正确。

第 5 章　施工成本管理

5.1　施工成本影响因素及管理流程

复习要点

1. 施工成本分类

施工成本可以按照不同标准进行分类（图 5-1）。

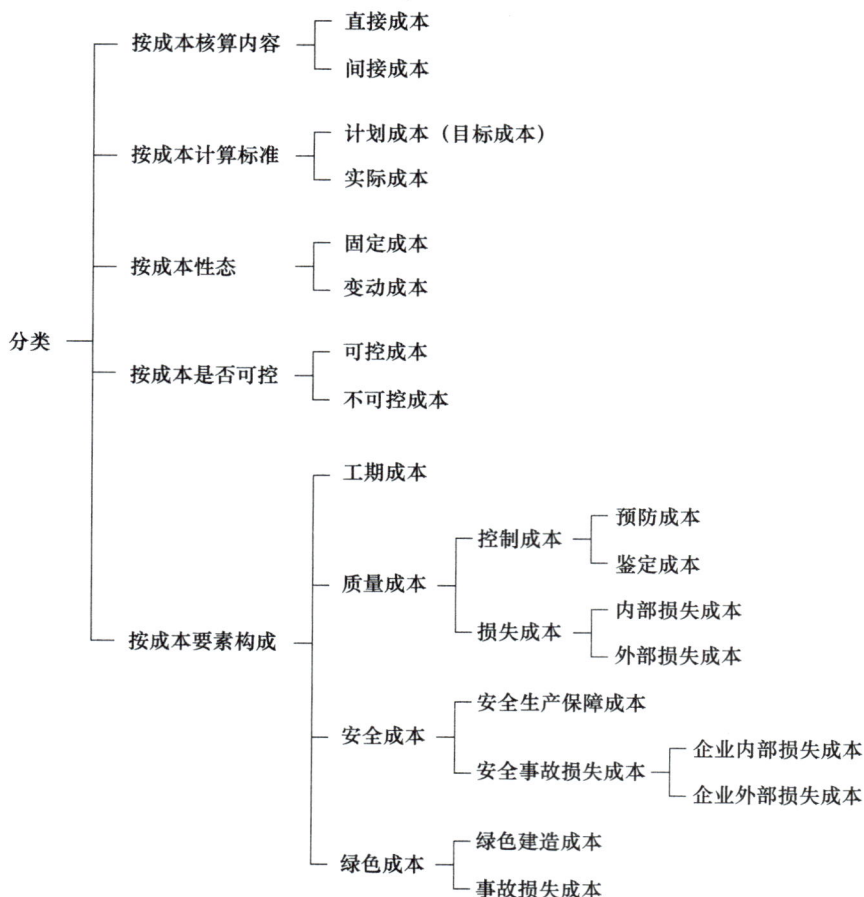

图 5-1　施工成本分类

2. 施工成本影响因素

施工成本受多种因素影响，包括劳动力成本，材料成本，施工机具成本，设计要求和规格，现场管理能力，施工方法、工期、质量、安全和环境等。

在施工成本管理过程中，不能将这些因素割裂开来，只对一个或几个因素进行单独分析，而要从整体角度，考虑各影响因素之间的关系。不能以各个目标同时达到"最优"为目的，而是要在诸多因素之间找到一个合理的"平衡点"，使得成本最低。

3. 施工成本管理流程

施工成本管理是指施工项目管理机构以责任成本为主线，对施工成本进行计划、控制、分析，并进行施工成本管理绩效考核的过程。成本计划是开展成本控制和分析的基础，也是成本控制的主要依据；成本控制能对成本计划的实施进行监督，保证成本计划的实现；成本分析是对成本计划是否实现进行的检查，并为成本管理绩效考核提供依据；成本管理绩效考核是实现责任成本目标的保证和手段。

一 **单项选择题**

1. 按施工成本核算内容划分，施工成本可分为（　　）。
   A. 直接成本和间接成本　　　　　B. 直接成本和期间费用
   C. 直接成本和营业费用　　　　　D. 直接成本和管理费用

2. 在一定期间和工程量范围内不受工程量变动影响的施工成本，称为（　　）。
   A. 直接成本　　　　　　　　　　B. 变动成本
   C. 固定成本　　　　　　　　　　D. 间接成本

3. 质量事故处理费用属于质量成本中的（　　）。
   A. 预防成本　　　　　　　　　　B. 鉴定成本
   C. 内部损失成本　　　　　　　　D. 外部损失成本

4. 施工项目管理机构应以（　　）为主线开展施工成本管理。
   A. 施工总成本　　　　　　　　　B. 合同价
   C. 责任成本　　　　　　　　　　D. 施工直接成本

5. 对成本计划是否实现进行检查，并为成本管理绩效考核提供依据的成本管理工作是（　　）。
   A. 成本预测　　　　　　　　　　B. 成本计划
   C. 成本分析　　　　　　　　　　D. 成本控制

6. 下列施工成本中，属于直接成本的是（　　）。
   A. 施工管理人员工资　　　　　　B. 施工措施费
   C. 管理用固定资产折旧费　　　　D. 项目部办公费

7. 建立施工成本管理责任制并进行施工成本控制的前提是（　　）。
   A. 进行成本核算　　　　　　　　B. 实施成本考核
   C. 做好成本开支记录　　　　　　D. 制定计划成本

8. 施工项目部采取安全防护措施发生的费用，属于安全成本中的（　　）。
   A. 非项目必需成本　　　　　　　B. 安全生产保障成本
   C. 项目部外部损失成本　　　　　D. 企业内部损失成本

9. 下列引起施工材料价格变动的情形中，导致材料成本上升的是（　　）。
   A. 供应链不稳定　　　　　　　　B. 通货膨胀
   C. 材料供过于求　　　　　　　　D. 供应链中断

10. 施工成本管理流程中，对施工成本计划的实施情况进行监督的环节是（　　）。

    A．成本规划
        B．成本估计

    C．成本控制
        D．成本核算

二　多项选择题

1. 关于施工项目质量成本的说法，正确的有（　　）。

    A．减少质量控制成本，质量损失成本也会减少

    B．质量成本可分为控制成本和损失成本

    C．质量控制成本可分为预防成本和鉴定成本

    D．质量事故处理费用属于损失成本

    E．减少质量控制成本，质量水平上升

2. 下列施工成本中，属于某一时期施工项目管理机构完全可控成本的有（　　）。

    A．建筑材料价格上升增加的成本

    B．施工项目管理机构固定资产折旧费

    C．项目施工机械租赁费

    D．项目施工机械台班费

    E．施工项目管理机构自建临时设施摊销费

3. 下列损失成本和费用中，属于内部损失成本的有（　　）。

    A．返工返修费
        B．停工损失费

    C．工程保修费
        D．质量事故处理费

    E．损失赔偿费

4. 关于项目施工工期与成本之间的一般关系的说法，正确的有（　　）。

    A．工期最短时，施工总成本最低

    B．直接成本随着工期缩短而增加

    C．间接成本随着工期缩短而减少

    D．项目部管理成本随着工期缩短减少

    E．施工人工费成本与项目工期长短无关

5. 施工质量成本可分为控制成本和损失成本，控制成本有（　　）。

    A．质量规划费
        B．新工艺鉴定费

    C．质量事故处理费用
    D．质量培训费

    E．施工图纸审查费

【答案与解析】

一、单项选择题

*1．A；　　*2．C；　　3．C；　　*4．C；　　5．C；　　6．B；　　7．D；　　*8．B；

9．B；　　10．C

【解析】

1.【答案】A

期间费用包括管理费用、财务费用和营业费用，而成本可分为直接成本和间接成本，问题为按成本核算内容划分，因此只能是直接成本和间接成本。选项 A 正确。

2.【答案】C

直接成本和间接成本是按照成本计入成本核算对象的方法（成本核算内容）划分的，按成本是否随工程量变化（成本性态），成本分为固定成本和变动成本。选项 C 正确。

4.【答案】C

施工项目管理机构应当在其责任范围内实施成本管理，施工总成本、合同价通常不是施工项目管理机构能全部控制的，而施工项目管理机构需要控制的也不仅是直接成本。选项 C 正确。

8.【答案】B

采取安全防护措施是安全管理的要求，选项 A 错误。损失成本是安全事故的损失成本，选项 C、D 错误。选项 B 正确

二、多项选择题

*1. B、C、D；　　　　*2. B、E；　　　　3. A、B、D；　　　　4. B、C、D；

*5. A、B、D、E

【解析】

1.【答案】B、C、D

质量成本是指为实现工程质量目标而采取的预防和控制措施所产生的费用，以及因不能达到质量水平而造成的各项损失费用之和。质量成本可分为控制成本和损失成本两部分。控制成本又可分为预防成本和鉴定成本。损失成本又可分为内部损失成本和外部损失成本。在通常情况下，质量控制成本增加，工程质量水平会随之提高，质量损失成本就会减少；反之，如果减少质量控制成本，工程质量水平就会下降，质量损失成本也会增加。

2.【答案】B、E

建筑材料价格上升增加的成本、项目施工机械租赁费、项目施工机械台班费均受市场价格波动影响，施工项目管理机构不能完全控制；施工项目管理机构固定资产折旧费、施工项目管理机构自建临时设施摊销费由购买或建造费用决定，在一定时期内属于施工项目管理机构可控制成本。

5.【答案】A、B、D、E

质量控制成本可进一步分为预控成本和鉴定成本，质量规划费、新工艺鉴定费、质量培训费为预控成本，施工图纸审查费为鉴定成本，质量事故处理费用为损失成本。选项 A、B、D、E 正确。

5.2 施工定额的作用及编制方法

复习要点

1. 施工定额的作用

施工定额是施工企业内部使用的、表示某一施工过程或基本工序生产数量与生产要素消耗量关系的一种定额。按施工定额反映的生产要素消耗内容不同，施工定额可分为人工定额、材料消耗定额和施工机具消耗定额三种。施工定额是施工成本管理的基础，作用主要体现在以下方面：

（1）施工定额是施工单位投标报价的依据，也是编制工程项目施工组织设计及施工方案、施工进度计划的依据。

（2）施工定额是确定施工责任成本和编制施工成本计划的依据。

（3）施工定额是组织和指挥施工生产的有效工具。施工项目管理机构通过下达施工任务书和限额领料单来实现组织管理和指挥施工生产。

（4）施工定额是施工成本控制的依据。施工定额为工人劳动报酬、材料及施工机具费用计算提供了衡量标准。

（5）施工定额是施工成本分析和施工成本管理绩效考核的基础。

2. 施工定额的编制方法

1）施工定额编制的原则

（1）施工定额水平必须遵循平均先进的原则。

（2）定额的结构形式遵循简明适用的原则。

2）人工定额的编制

编制人工定额主要包括拟定正常的施工条件和拟定定额时间两项工作，但拟定定额时间的前提是对工人工作时间按其消耗性质进行分类研究。

工人在工作班内消耗的工作时间，分为必需消耗的时间和损失时间。

（1）必需消耗的时间是工人在正常施工条件下，为完成一定产品（工作任务）所消耗的时间。必需消耗的时间包括有效工作时间、休息时间和不可避免的中断时间。其中，有效工作时间是指与产品生产直接有关的时间消耗，包括基本工作时间、辅助工作时间、准备与结束工作时间。

（2）损失时间。损失时间是指与产品生产无关，而与施工组织和技术上的缺陷有关，与工人在施工过程中的个人过失或某些偶然因素有关的时间消耗，包括多余和偶然工作、停工、违背劳动纪律所引起的损失时间。

施工作业的定额时间，是在拟定基本工作时间、辅助工作时间、准备与结束时间、不可避免的中断时间及休息时间的基础上编制的。

上述各项时间是以时间研究为基础，通过时间测定方法，得出相应的观测数据，经加工整理计算后得到的。时间测定方法有测时法、写实记录法、工作日写实法等。

人工定额按表现形式不同，可分为时间定额和产量定额。时间定额与产量定额互为倒数。按定额的标定对象不同，人工定额又可分为单项工序定额和综合定额两种，综合定额表示完成同一产品中的各单项（工序或工种）定额的综合。

人工定额编制方法有四种：技术测定法，统计分析法，比较类推法，经验估计法。

3）材料消耗定额的编制

（1）直接用于工程的材料

编制材料消耗定额，主要包括确定直接使用在工程上的材料净用量和在施工现场内运输及操作过程中不可避免的废料和损耗。

① 材料净用量的确定，一般有理论计算法、测定法、图纸计算法、经验法。

② 材料损耗一般以损耗率表示。材料损耗率可通过观察法或统计法计算确定。

（2）周转性材料

周转性材料消耗一般与下列因素有关：① 第一次制造时的材料消耗（一次使用量）；② 每周转使用一次材料的损耗（第二次使用时需要补充）；③ 周转使用次数；④ 周转材料的最终回收及其回收折价。

定额中的周转材料消耗量应采用一次使用量和摊销量两个指标表示。一次使用量是指周转材料在不重复使用时的一次使用量，供施工单位组织施工用；摊销量是指周转材料退出使用，应分摊到每一计量单位的结构构件周转材料消耗量，供施工单位成本核算或投标报价使用。

4）施工机具消耗定额的编制

施工机具消耗定额包括施工机械台班消耗定额和仪器仪表台班消耗定额。两者的编制方法类似。

施工机械台班消耗定额的编制前提是对施工机械工作时间消耗进行分类。施工机械工作时间也可分为必需消耗的时间和损失时间两大类。必需消耗的时间包括有效工作时间、不可避免的无负荷工作时间和不可避免的中断时间三项，其中，有效工作时间又包括正常负荷下、有根据地降低负荷下的工时消耗；损失的工作时间包括多余工作时间、停工时间、违背劳动纪律所消耗的工作时间和低负荷下的工作时间。

机械台班消耗定额的编制内容包括：

（1）拟定机械工作的正常施工条件。

（2）确定机械 1h 纯工作正常生产率。

（3）确定施工机械利用系数。

（4）计算机械台班定额。

（5）拟定工人小组的定额时间。

施工机械定额可表示为产量定额和时间定额，两者互为倒数关系。

一 单项选择题

1. 施工定额中的人工定额可表现为（　　）。
   - A．时间定额和产量定额
   - B．数量定额和费用定额
   - C．成本定额和费用定额
   - D．直接定额和间接定额

2. 编制施工定额时，定额水平应遵循（　　）原则。
   - A．平均水平
   - B．先进水平
   - C．平均先进水平
   - D．一般水平

3. 编制人工定额主要包括拟定正常的施工条件和（　　　）两项工作。

    A．拟定定额时间   B．确定定额水平

    C．拟定定额编制方案   D．明确编制任务

4. 采用时间定额形式表示人工定额时，时间单位为（　　　）。

    A．天   B．工日

    C．小时   D．日

5. 砌筑 $1m^3$ 240 厚标准砖墙（标准砖尺寸 240mm×115mm×53mm，灰缝宽度 10mm）的净用砖量约为（　　　）块。

    A．350   B．430

    C．530   D．590

6. 某工程甲材料净用量为 $1000m^3$，损耗率为 5%，则该种材料的总消耗量为（　　　）m^3。

    A．1050.000   B．1052.500

    C．1052.632   D．1102.632

7. 下列原因引起的施工停工时间中，编制人工定额时应合理考虑的是（　　　）。

    A．施工组织不善   B．材料供应不及时

    C．工作地点组织不良   D．水源、电源中断

8. 在施工人工定额中，1 个工日按照（　　　）h 计算。

    A．8   B．9

    C．10   D．12

9. 对施工机械工作时间进行分类时，不可避免的无负荷工作时间属于（　　　）。

    A．不可避免的中断事件   B．有效工作时间

    C．必需消耗的时间   D．多余工作时间

10. 对施工机械作业时间进行分类时，施工机械小组工人进行准备工作时引起的施工机械停止工作时间属于（　　　）。

    A．多余工作时间   B．损失工作时间

    C．无负荷工作时间   D．不可避免的中断时间

二 多项选择题

1. 按施工定额反映的生产要素消耗内容不同，施工定额可分为（　　　）。

    A．人工定额   B．材料消耗定额

    C．管理费用定额   D．施工机具消耗定额

    E．间接费用定额

2. 编制施工人工定额时，工人必需消耗的时间有（　　　）。

    A．基本工作时间   B．多余工作时间

    C．休息时间   D．停工时间

    E．准备和结束工作时间

3. 编制施工定额需要拟定正常的施工作业条件，包括的要素有（　　　）。

A．施工作业的内容　　　　　B．施工定额时间

C．施工作业的方法　　　　　D．施工作业地点的组织

E．施工作业人员的组织

4．编制施工材料消耗定额需确定的内容有（　　　）。

A．材料采购过程中的运输损耗

B．材料净用量

C．施工现场内操作过程中不可避免的废料和损耗

D．施工现场内运输过程中不可避免的损耗

E．材料计量过程中不可避免的误差

5．施工机械的有效工作时间包括（　　　）。

A．正常负荷下的工时消耗

B．不可避免的无负荷工作时间

C．有根据地降低负荷下的工作时间

D．机械小组工人休息时间

E．低负荷下的工作时间

6．施工人工定额按标定对象划分的类别有（　　　）。

A．单项工序定额　　　　　　B．时间定额

C．综合定额　　　　　　　　D．费用定额

E．数量定额

【答案与解析】

一、单项选择题

1．A；　　*2．C；　　3．A；　　4．B；　　5．C；　　*6．A；　　7．D；　　8．A；

*9．C；　　10．D

【解析】

2．【答案】C

施工定额水平必须遵循平均先进水平的原则，平均先进水平低于先进水平，略高于平均水平，是一种鼓励先进、勉励中间、鞭策后进的定额水平；贯彻"平均先进水平"的原则，才能促进企业的科学管理和不断提高劳动生产率，进而达到提高企业经济效益的目的。

6．【答案】A

$1000 \times (1 + 5\%) = 1050.000\text{m}^3$

其他选项：$1000 \times (1 + 5\%) \times 5\% + 1000 = 1052.500\text{m}^3$

$1000 / (1 - 5\%) = 1052.632\text{m}^3$

$1000 / (1 - 5\%) + 1000 \times 5\% = 1102.632\text{m}^3$

9．【答案】C

不可避免的中断时间、有效工作时间以及不可避免的无负荷工作时间，三者并列属于必需消耗的时间，而多余工作时间属于损失时间。选项C正确。

二、多项选择题

*1. A、B、D;　　　2. A、C、E;　　　3. A、C、D、E;　　　4. B、C、D;

*5. A、C;　　　6. A、C

【解析】

1.【答案】A、B、D

管理费用定额和间接费用定额不是按照生产要素划分的消耗定额，通常是以直接消耗的生产要素为基础按一定比例进行计算的费用定额。

5.【答案】A、C

机械小组工人休息时间属于必需消耗的时间，但不属于有效工作时间；低负荷下的工作时间是指由于工人或技术人员的过错所造成的施工机械在降低负荷的情况下工作的时间，属于损失时间；不可避免的无负荷工作时间属于必需消耗的时间，不属于有效工作时间。正常负荷下的工时消耗和有根据地降低负荷下的工作时间属于有效工作时间。

5.3　施工成本计划

复习要点

1. 施工责任成本

施工责任成本是以履行施工合同为前提，依据施工项目预算成本，经过施工单位和项目管理机构协商确定的由项目管理机构控制的成本总额。

施工责任成本是以责任中心为对象来进行归集的可控成本，将企业成本管理中的经济责任进行明确划分，体现出"分级控制"与"责权利一体"的现代企业管理理念。责任成本具有可考核性、可预计性、可计量性和可控制性四个条件。

施工责任成本由人工费、材料费、施工机具使用费、专业分包费、措施费、间接费、其他费用组成。

施工责任成本应以施工合同、中标清单、企业内部施工定额等为依据，按照一定方法从中标价（合同价）中分离出来。由施工单位相关责任部门进行标价分离后，施工单位管理部门与施工项目经理共同确认标价分离、成本降低率，完成施工责任成本分解。

2. 施工成本计划的类型、编制程序和依据

（1）按其发挥的作用不同，施工成本计划可分为竞争性成本计划、指导性成本计划和实施性成本计划。三类成本计划相互衔接、不断深化，构成整个工程项目的施工成本计划过程。

（2）施工成本计划的编制依据包括：合同文件；项目管理实施规划；相关设计文件；价格信息；相关定额；类似项目成本资料等。

（3）施工成本计划程序：① 预测项目成本；② 确定项目总体成本目标；③ 编制项目总体成本计划；④ 项目管理机构与企业职能部门根据其责任成本范围，分别确定各自成本目标，并编制相应的成本计划；⑤ 针对成本计划制定相应的控制措施；⑥ 由项

目管理机构与企业职能部门负责人分别审批相应的成本计划。

3．施工成本计划编制方法

1）按成本组成编制施工成本计划的方法

按成本构成分解，施工成本可分为人工费、材料费、施工机具使用费和企业管理费等。

2）按项目结构编制施工成本计划的方法

首先要把项目总成本分解到单项工程和单位工程中，再进一步分解到分部工程和分项工程中。

在编制成本支出计划时，要在项目总体层面上考虑总的预备费，也要在主要分项工程中安排适当的不可预见费，避免在具体编制成本计划时，可能发生个别单位工程或工程量表中某项内容的工程量计算有较大出入，偏离原来计划成本。

3）按工程实施阶段编制施工成本计划的方法

施工成本计划可按工程实施阶段（如基础、主体、安装、装饰装修等工程施工）或按月、季、年等实施进度进行编制。

通过将施工成本目标按时间进行分解，在网络计划基础上编制成本计划。其表示方式有两种：一种是根据时标网络计划按月编制施工成本计划；另一种是绘制时间 - 成本累积曲线（S 曲线）。

一　单项选择题

1．施工责任成本是以（　　　）为对象归集的成本。

    A．生产工人　　　　　　　　　　B．项目经理

    C．分部工程　　　　　　　　　　D．责任中心

2．对施工责任成本中措施费用进行总体控制的主要责任岗位应是（　　　）。

    A．生产经理　　　　　　　　　　B．项目经理

    C．商务经理　　　　　　　　　　D．企业技术负责人

3．以落实项目经理责任目标为出发点编制的施工成本计划是（　　　）。

    A．竞争性成本计划　　　　　　　B．指导性成本计划

    C．战略性成本计划　　　　　　　D．实施性成本计划

4．编制施工成本计划的工作包括：① 确定项目总体成本目标；② 预测项目成本；③ 编制项目总体成本计划；④ 项目管理机构与企业职能部门根据其责任成本范围，分别确定各自成本目标，并编制相应的成本计划。这四项工作的正确顺序是（　　　）。

    A．③①②④　　　　　　　　　　B．①②③④

    C．②①③④　　　　　　　　　　D．④①②③

5．做好施工成本计划编制工作的关键是（　　　）。

    A．确定目标成本　　　　　　　　B．制定控制流程

    C．制定考核标准　　　　　　　　D．确定成本责任部门

6．编制施工成本计划应考虑预备费。按项目结构编制施工成本计划时，对预备费的正确处理方式是（　　　）。

A. 在项目总体层面上考虑总的预备费，也在主要分项工程中安排适当的不可预见费

B. 只在项目总体层面上考虑总的预备费，不在分项工程中安排不可预见费

C. 不在项目总体层面上考虑总的预备费，只在主要分项工程中安排适当的不可预见费

D. 不在项目总体层面上考虑总的预备费，应在所有分项工程中安排适当的不可预见费

7. 施工责任成本是在项目标价分离基础上确定的由（　　　）控制的成本总额。

    A. 施工单位财务部门　　　　　　B. 施工单位质量部门

    C. 项目管理机构　　　　　　　　D. 项目技术负责人

8. 应由施工成本责任中心控制的成本主要是其责任范围内的（　　　）成本。

    A. 项目　　　　　　　　　　　　B. 可控

    C. 变动　　　　　　　　　　　　D. 固定

9. 中标项目标价分离是确定施工责任成本的基础，组织对编制、审核标价分离相关人员进行投标交底的工作宜由（　　　）负责。

    A. 施工项目经理　　　　　　　　B. 企业财务负责人

    C. 项目投标负责人　　　　　　　D. 施工单位商务经理

10. 制定施工项目实施性成本计划宜采用的定额是（　　　）。

    A. 概算定额　　　　　　　　　　B. 预算定额

    C. 估算定额　　　　　　　　　　D. 施工定额

二　多项选择题

1. 施工责任成本的特点有（　　　）。

    A. 以责任中心为对象归集成本

    B. 责任中心成本包括项目全部成本

    C. 体现成本分级控制的管理理念

    D. 体现责权利一体的管理理念

    E. 是责任中心的可控成本

2. 按施工成本计划的作用，施工成本计划分为（　　　）。

    A. 竞争性成本计划　　　　　　　B. 指导性成本计划

    C. 考核性成本计划　　　　　　　D. 评价性成本计划

    E. 实施性成本计划

3. 在施工单位测算施工责任成本过程中，单位财务部门应配合测算的费用有（　　　）。

    A. 机械设备费用　　　　　　　　B. 周转工具费

    C. 岗位薪酬标准　　　　　　　　D. 项目管理费

    E. 规费

4. 编制项目竞争性成本计划的主要依据有（　　　）。

A．招标文件中的合同条件　　B．设计图纸

C．施工责任成本　　　　　　D．工程量清单

E．标价分离

5．将施工成本目标按时间进行分解，并在施工进度计划图基础上表示成本计划的方式有（　　）。

A．按人工费、材料费等分解编制施工成本计划

B．按分部分项工程分解编制施工成本计划

C．根据时标网络计划按月编制施工成本计划

D．用时间－成本累积曲线编制施工成本计划

E．按成本责任部门分解编制施工成本计划

【答案与解析】

一、单项选择题

1．D；　　*2．B；　　3．D；　　*4．C；　　5．A；　　6．A；　　7．C；　　*8．B；

9．C；　　10．D

【解析】

2.【答案】B

施工措施费用主要是现场的施工措施费用，尽管多个责任岗位可能涉及措施项目有关费用，但从主要责任岗位而言，应该是项目管理机构负责人，即项目经理。

4.【答案】C

预测项目成本是确定目标成本的基础，成本计划是对目标成本的分解和实施安排，在此基础上确定相关责任中心的成本目标。因此正确顺序是：预测项目成本→确定项目总体成本目标→编制项目总体成本计划→项目管理机构与企业职能部门根据其责任成本范围，分别确定各自成本目标，并编制相应的成本计划。

8.【答案】B

为落实成本责任中心相应的管理和经济责任，严格和有效实施成本考核和奖惩，责任中心的成本控制的范围应是其责任范围内的可控制成本，既有变动成本，也有固定成本，但通常不是项目的全部成本（其中包含责任中心不可控的成本）。选项B正确。

二、多项选择题

1．A、C、D、E；　　2．A、B、E；　　*3．D、E；　　*4．A、B、D；

5．C、D

【解析】

3.【答案】D、E

在施工责任成本测算过程中，需要对中标项目标价进行分离并测算合理的可控成本，该项工作需要单位相关部门协同配合，其中机械设备费用配置及费用宜由技术部门配合，周转工具费宜由采购部门负责，岗位薪酬标准宜由人力资源部门配合完成，财务部门对按规定计取的项目管理费、规费和相关费用标准进行测算。选项D、E

正确。

4.【答案】A、B、D

竞争性成本计划是在施工投标及签订合同阶段的估算成本计划，以招标文件中的合同条件、投标者须知、技术规范、设计图纸和工程量清单为依据，以有关价格条件说明为基础，结合项目其他情况和自身情况基础上对全部费用进行估算后编制的，标价分离和施工责任成本测算是在中标项目基础上进行的工作。选项 A、B、D 正确。

5.4 施工成本控制

复习要点

1. 施工成本控制过程

施工成本控制过程可分为两类：一是管理行为控制过程；二是指标控制过程。管理行为控制是对施工成本全过程控制的基础，指标控制则是成本控制的重点。

管理行为控制的目的是确保每个岗位人员在成本管理过程中的管理行为符合事先确定的程序和方法的要求。管理行为控制过程是为规范项目成本管理行为而制定的约束和激励体系。企业必须建立项目成本管理体系的评审组织和评审程序，定期进行评审和总结，保证成本管理体系的保持和持续改进。

能否达到施工成本目标，是成本控制成功的关键。对各岗位人员的成本管理行为进行控制，就是为了保证成本目标的实现。施工成本指标控制过程包括：

（1）确定成本管理分层次目标。

（2）采集成本数据，监测成本形成过程。

（3）找出偏差，分析原因。

（4）制定对策，纠正偏差。

（5）调整改进成本管理方法。

2. 人工费的控制

人工费的控制实行"量价分离"的方法，将作业用工及零星用工按定额工日的一定比例综合确定用工数量与单价，通过专业作业分包合同进行控制。加强劳动定额管理，提高劳动生产率，降低工程耗用人工工日，是控制人工费支出的主要手段。

3. 材料费的控制

材料费控制同样按照"量价分离"原则，控制材料用量和材料价格。

（1）材料用量的控制。在保证符合设计要求和质量标准的前提下，合理使用材料，通过定额控制、指标控制、计量控制、包干控制等手段有效控制物资材料的消耗。

（2）材料价格的控制。材料价格主要由材料采购部门控制。

4. 施工机具使用费的控制

施工机具使用费主要由台班数量和台班单价两方面决定，因此为有效控制施工机具使用费，应主要从两个方面进行控制。

5. 施工分包费用的控制

对分包费用的控制，主要是做好分包工程的询价、订立平等互利的分包合同、建立稳定的分包关系网络、加强施工验收和分包结算等工作。

6．成本动态监控方法

在工程施工阶段，施工单位要进行实际成本（费用）与计划成本（费用）的动态比较，分析成本（费用）偏差产生的原因，并采取有效措施控制成本（费用）偏差。普遍采用挣值法进行工程项目费用、进度综合分析控制。

挣值法的三个基本参数：已完工程预算费用、拟完工程预算费用和已完工程实际费用。

挣值法的四个评价指标：费用偏差、进度偏差、费用绩效指数、进度绩效指数。

施工成本偏差常用的表达方法有横道图法、表格法和曲线法。

7．施工成本纠偏措施

施工成本纠偏措施通常可归纳为组织措施、技术措施、经济措施和合同措施。

一 单项选择题

1．施工成本管理行为控制的目的是（　　　）。

    A．确保一线生产人员在成本管理过程中的管理行为符合事先确定的程序和方法的要求

    B．确保每个岗位人员的成本开支不超过事先确定的成本目标和指标

    C．确保每个岗位人员在成本管理过程中的管理行为符合事先确定的程序和方法的要求

    D．确保每个岗位人员的工作量不超过事先确定的目标和指标

2．施工企业成本管理体系的评审由（　　　）组织。

    A．企业聘请的审计单位　　　　　　B．政府主管部门

    C．第三方认证机构　　　　　　　　D．企业自身

3．对于有消耗定额的材料，施工项目材料用量控制宜实行（　　　）制度。

    A．成本总额控制　　　　　　　　　B．成本包干

    C．先进先出　　　　　　　　　　　D．限额领料

4．对于工程材料价格的控制，主要应由（　　　）负责。

    A．材料领用部门　　　　　　　　　B．材料采购部门

    C．工程技术部门　　　　　　　　　D．项目投标机构

5．施工企业成本管理体系中，明确每个岗位人员在成本管理中的职责，确定每个岗位人员的管理行为应在（　　　）文件中体现。

    A．成本管理目标　　　　　　　　　B．管理程序

    C．成本记录　　　　　　　　　　　D．成本分析报告

6．项目管理机构应根据责任成本确定项目的成本管理目标，进行这项工作的时间是（　　　）。

    A．项目投标阶段　　　　　　　　　B．承包合同订立阶段

    C．中标项目标价分离阶段　　　　　D．工程开工之初

7．施工成本指标控制流程中，采集成本数据，监测成本形成过程之后进行的工作

是（　　　）。

    A．制定对策，纠正偏差   B．调整改进成本管理方法

    C．找出偏差，分析原因   D．寻找成本纠偏措施

8．施工项目人工费成本控制中，人工消耗定额控制宜采用的定额是（　　　）。

    A．企业劳动定额   B．项目所在地预算定额

    C．人工综合概算定额   D．企业费用定额

9．建筑安装工程造价中，价值占比 60% 以上的要素是（　　　）。

    A．人工费   B．材料物资价值

    C．机械台班费   D．项目管理费

10．项目管理机构决定分包范围的因素主要是施工项目的规模和（　　　）。

    A．专业性   B．盈利能力

    C．机械费比重   D．项目班子能力

二 多项选择题

1．施工成本指标控制的环节有（　　　）。

    A．建立施工企业成本控制责任制度

    B．确定成本管理分层次目标

    C．采集成本数据，监测成本形成过程

    D．找出偏差，分析原因

    E．制定对策，纠正偏差

2．施工成本中人工费控制的主要手段有（　　　）。

    A．减少劳动力投入的数量   B．加强劳动定额管理

    C．降低劳动者的薪酬标准   D．提高劳动生产率

    E．降低工程耗用人工工日

3．控制施工机械台班消耗的措施有（　　　）。

    A．尽量使用大型机械

    B．核定设备台班定额产量，实行超产奖励

    C．安排好生产工序的衔接

    D．减少不必要的设备闲置和浪费

    E．选择适合项目施工特点的施工机械

4．运用挣值法进行施工成本动态分析要确定的基本参数有（　　　）。

    A．已完工程预算费用   B．拟完工程实际费用

    C．拟完工程预算费用   D．费用绩效指数

    E．已完工程实际费用

5．施工成本偏差常用的表达方法有（　　　）。

    A．横道图法   B．连环替代法

    C．表格法   D．曲线法

    E．时间序列法

【答案与解析】

一、单项选择题

*1. C；　2. D；　*3. D；　4. B；　5. B；　*6. D；　7. C；　8. A；
9. B；　10. A

【解析】

1.【答案】C

管理行为控制首先是行为符合预先确定的程序和方法，每个岗位人员都有成本控制的责任，因此对每个岗位都有约束。而成本目标是否能实现，还受内外因素的影响，仅靠成本管理行为控制不能确保成本、费用不超支。正确表述为确保每个岗位人员在成本管理过程中的管理行为符合事先确定的程序和方法的要求。

3.【答案】D

题干要求的材料用量控制，所以有关成本选项不符合题意，先进先出是一种存货核算制度，限额领料是根据工程量和定额控制用量、数量的一种方法，正确选项为限额领料制度。

6.【答案】D

项目管理机构确定的成本是根据项目责任成本分解的各管理层次和各阶段的目标成本，是以项目责任成本为总体目标的，项目责任成本是根据承包合同以及相关成本因素，在标价分离基础上确定的，备选答案中，项目投标阶段、承包合同订立以及标价分离都是确定责任成本的前置工作。选项 D 正确。

二、多项选择题

*1. B、C、D、E；　*2. B、D、E；　3. B、C、D、E；　4. A、C、E；
*5. A、C、D

【解析】

1.【答案】B、C、D、E

施工成本指标控制是在成本目标分解基础上，将成本指标落实到各岗位并实时控制的过程，成本控制责任制是基础，不属于成本指标控制过程的一个环节。

2.【答案】B、D、E

减少劳动力投入数量不一定能够使总的人工费用降低，降低劳动者薪酬标准不是企业能够自主控制的，受政策和市场影响，也不应作为主要的手段；而加强劳动定额管理、提高劳动生产率、降低工程耗用人工工日的目的是减少总的人工工日消耗，实现降低人工费用的目标。

5.【答案】A、C、D

连环替代法可用于成本偏差原因分析，时间序列法可用于分析成本随时间变化的状况，都不是成本偏差的表达方法，可以采用表格、横道图和曲线的方式分别绘制／填制目标成本和实际成本，表达成本偏差。选项 A、C、D 正确。

5.5 施工成本分析与管理绩效考核

复习要点

1. 施工成本分析的依据、内容和步骤

（1）施工成本分析的依据包括：项目成本计划；成本核算资料；会计核算、统计核算和业务核算的资料。

（2）施工成本分析的内容包括：时间节点成本分析；工作任务分解单元成本分析；组织单元成本分析；单项指标成本分析；综合项目成本分析。

（3）施工成本分析的步骤：① 选择成本分析方法；② 收集成本信息；③ 进行成本数据处理；④ 分析成本形成原因；⑤ 确定成本结果。

2. 施工成本分析的方法

施工成本分析的基本方法包括比较法、因素分析法、差额计算法、比率法等。其中，比较法的应用通常有以下三种形式：① 将实际指标与目标指标对比；② 本期实际指标与上期实际指标对比；③ 与本行业平均水平、先进水平对比。

施工成本分析除基本的分析方法外，还有综合成本分析方法、月度（年度）成本分析法、成本项目分析方法和专项成本分析方法等。

3. 施工成本管理绩效考核的内容

施工成本管理绩效考核应分层进行，包括企业对项目成本的考核、对项目管理机构可控责任成本的考核和项目经理对所属部门、施工队和班组的考核。施工单位应建立和健全工程项目成本考核制度，作为工程项目成本管理责任体系的组成部分。

1）施工成本管理绩效考核指标

（1）企业的项目成本考核指标：

项目施工成本降低额＝项目施工合同成本－项目实际施工成本

项目施工成本降低率＝项目施工成本降低额／项目施工合同成本 ×100%

（2）项目管理机构可控责任成本考核指标：

① 项目经理责任目标总成本降低额和降低率。

目标总成本降低额＝项目经理责任目标总成本－项目竣工结算总成本

目标总成本降低率＝目标总成本降低额／项目经理责任目标总成本 ×100%

② 施工责任目标成本实际降低额和降低率。

施工责任目标成本实际降低额＝施工责任目标总成本－工程竣工结算总成本

施工责任目标成本实际降低率＝施工责任目标成本实际降低额／施工责任目标总成本 ×100%

③ 施工计划成本实际降低额和降低率。

2）施工成本管理绩效考核方法

（1）关键绩效指标：通过设定关键绩效指标，可以衡量企业在成本管理方面的表现和达成特定目标的程度。

（2）360° 反馈法：也称为"全视角反馈法"，通过收集来自不同角色和层级的反馈来考核个人的成本管理绩效，汇总上级、同级、下级和客户等多方提供的考核对象在成

本管理方面的评价，并从工作能力、工作态度、执行力、心理素质和岗位胜任能力等各方面对考核对象进行考核。

（3）PDCA管理循环法：在计划阶段，企业基于施工成本管理的现状制定绩效考核方案；在实施阶段，企业实施绩效考核方案，并监督、指导和收集信息为下一阶段工作做准备；在检查阶段，企业检查绩效考核方案的执行情况是否符合计划的预期效果；在行动阶段，企业根据检查结果采取相应措施，进行经验总结，并将遗留问题转入下一个PDCA循环中去。

（4）平衡积分卡：企业可以结合平衡积分卡的财务绩效、客户满意度、内部流程效率、学习与成长四个维度来设定适当的指标进行绩效考核。

（5）目标管理法：通过制定明确的施工成本目标来指导项目管理机构和个人的行为和绩效，并建立成本管理绩效指标体系，通过定期评估成本管理绩效水平，及时了解施工成本目标达成情况。

一　单项选择题

1. 施工成本分析依据的资料中，具有连续性、系统性、综合性的资料是（　　　）。
   A．会计核算资料　　　　　　　　B．年度统计资料
   C．业务核算资料　　　　　　　　D．企业管理制度

2. 施工过程中作业班组对各分项工程进度进行登记的行为，属于企业核算中的（　　　）。
   A．外部核算　　　　　　　　　　B．统计核算
   C．会计核算　　　　　　　　　　D．业务核算

3. 某工程甲材料成本影响因素有：① 甲材料单价；② 单位工程量甲材料消耗量；③ 工程量。采用因素分析法分析各因素对甲材料成本变动（实际与目标相比）的影响程度时，依次替换三个因素的顺序是（　　　）。
   A．③②①　　　　　　　　　　　B．①②③
   C．②③①　　　　　　　　　　　D．③①②

4. 某项目施工合同成本为2000万元，项目实际施工成本为1800万元，项目竣工结算总成本为1650万元。则项目施工成本降低率为（　　　）。
   A．8.33%　　　　　　　　　　　B．9.09%
   C．10.00%　　　　　　　　　　D．11.11%

5. 项目经理对各班组的成本管理绩效考核宜以（　　　）为责任成本。
   A．分部分项工程施工图预算　　　B．分部分项工程成本
   C．分部分项工程清单报价　　　　D．分部分项工程单价加规费

6. 施工成本分析能够依据的资料中，不仅能计算当前的实际水平，还可以确定变动速度以预测发展的趋势的是（　　　）。
   A．业务核算资料　　　　　　　　B．统计核算资料
   C．税收核算资料　　　　　　　　D．会计核算资料

7. 施工成本分析方法步骤中，进行成本数据处理后进行的工作是（　　　）。

A．选择成本分析方法　　　　B．收集成本信息

C．分析成本形成原因　　　　D．确定成本结果

8．采用比较法进行施工成本分析时，可以看出各项技术经济指标的变动情况，反映施工管理水平的提高程度的分析方法是（　　　）。

A．实际指标与目标指标对比

B．与本行业平均水平、先进水平对比

C．与本行业落后水平对比

D．本期实际指标与上期实际指标对比

9．用工资和产值进行比较以考核和分析成本的方法属于比率分析法中的（　　　）。

A．相关比率法　　　　　　　B．构成比率法

C．动态比率法　　　　　　　D．相似比率法

10．分部分项工程成本分析中的"三算"对比通常是指（　　　）之间的对比。

A．计划成本、目标成本和实际成本

B．预算成本、目标成本和实际成本

C．预算成本、目标成本和计划成本

D．直接成本、间接成本和管理费用

二　多项选择题

1．成本分析的主要依据有（　　　）所提供的资料。

A．会计核算　　　　　　　　B．业务核算

C．税收法规　　　　　　　　D．统计核算

E．企业管理制度

2．进行月（季度）施工成本分析的内容应包括（　　　）。

A．实际成本和预算成本对比

B．预算成本和目标成本对比

C．成本构成项目占比分析

D．技术组织措施执行效果的分析

E．主要技术经济指标的实际与目标对比

3．施工成本管理绩效考核应包括的层次有（　　　）。

A．企业对项目成本的考核

B．企业对销售部门销售费用的考核

C．企业对项目管理机构可控责任成本的考核

D．项目经理对所属部门、施工队和班组的考核

E．施工班组对个人的考核

4．采用因素分析法进行成本分析时，各成本影响因素排序的规则有（　　　）。

A．先消耗量大，后消耗量小　　B．先实物量，后价值量

C．先绝对值，后相对值　　　　D．先单价高，后单价低

E．先工程量，后工作量

5. 目标管理法可用于施工成本管理和考核，其特点有（　　　　）。

    A. 目标主要为定性指标
    B. 能够提高考核的客观性

    C. 目标设定难度大
    D. 不利于激发个体的积极性

    E. 有利于提高管理绩效

【答案与解析】

一、单项选择题

1. A;   2. D;   3. A;   *4. C;   5. B;   6. B;   7. C;   *8. D;

*9. A;   10. B

【解析】

4.【答案】C

项目施工成本降低率＝（项目施工合同成本－项目实际施工成本）/项目施工合同成本 ×100% ＝（2000－1800）/2000×100% ＝ 10.00%

其他选项：200/1800×100% ＝ 11.11%

150/1800×100% ＝ 8.33%

150/1650×100% ＝ 9.09%

8.【答案】D

实际指标与目标指标对比是同期同范围指标对比，检查目标完成情况，分析影响目标完成的积极因素和消极因素，以便及时采取措施，保证成本目标的实现；与本行业平均水平、先进水平对比可以反映本项目的技术和经济管理水平与行业的平均及先进水平的差距；与本行业落后水平对比没有实际意义，一般不进行该项对比；本期实际指标与上期实际指标对比，可以看出各项技术经济指标的变动情况，反映施工管理水平的提高程度。选项 D 正确。

9.【答案】A

相关比率法是将两个性质不同且相关的指标加以对比，求出比率，并以此来考查经营成果的好坏；构成比率法又称比重分析法或结构对比分析法，分析局部（部分）与总体的关系；动态比率法是将同类指标不同时期的数值进行对比，求出比率，以分析该项指标的发展方向和发展速度；相似比率法不是成本分析方法。工资和产值不是同一指标，也不是部分和总体的关系，但投入（工资）和产出（产值）具有相关关系。选项 A 正确。

二、多项选择题

1. A、B、D;   *2. A、C、D、E;   3. A、C、D;   4. B、C;

*5. B、C、E

【解析】

2.【答案】A、C、D、E

月度（季度）成本分析主要分析实际成本发生和发展情况，因此月度（季度）预算成本和目标成本对比不属于分析内容，主要将实际成本与预算、目标成本进行比较，并通过分析掌握成本控制措施效果及其对相关的技术经济指标的变动的影响，因此组织技术措施的效果及其对主要技术经济指标的影响（即有关指标值实际与目标、预算的对比）也应作为分析的内容。

5.【答案】B、C、E

目标管理强调将目标按责任主体进行具体化和量化，通过责任制方式加以考核，因而应尽量采用量化指标，以明确和指导项目管理机构和个人的行为和绩效要求，配合成本奖惩，有助于项目管理机构和个人控制成本积极性，但是合理确定成本控制目标需要多方沟通和协调，难度较大。选项 B、C、E 正确。

第6章　施工安全管理

6.1　职业健康安全管理体系

复习要点

1．职业健康安全管理体系标准
1）职业健康安全管理体系标准的特点
（1）系统化管理机制。

（2）法制化和规范化管理手段。

（3）广泛的适用性。

（4）遵循自愿原则。

（5）与其他管理体系兼容。

（6）应用的灵活性。

（7）强调预防为主和持续改进。

2）职业健康安全管理体系标准要素和作用
（1）职业健康安全管理体系标准要素

① 组织所处的环境。基本要求有：理解组织及其所处的环境；理解工作人员和其他相关方的需求和期望；确定职业健康安全管理体系范围；职业健康安全管理体系。

② 领导作用和工作人员参与。基本要求有：领导作用与承诺；职业健康安全方针；组织的角色、职责和权限；工作人员的协商和参与。

③ 策划。策划包括的内容有：应对风险和机遇的措施；职业健康安全目标及其实现的策划。

④ 支持。基本要求有：资源；能力；意识；沟通；文件化信息。

⑤ 运行。基本要求有：运行策划和控制；应急准备和响应。

⑥ 绩效评价。基本要求有：监视、测量、分析和评价绩效；内部审核；管理评审。

⑦ 改进。改进包括事件、不符合和纠正措施；持续改进。

（2）职业健康安全管理体系标准要素作用

① 理解组织及其所处的环境是确定职业健康安全管理体系边界和适用范围的依据。

② 明确组织结构和职责是建立和实施职业健康安全管理体系的组织前提。

③ 危险源辨识及风险和机遇评价、职业健康安全目标及其实现的策划是职业健康安全管理体系的基础。

④ 资源、能力、意识、沟通和文件化信息等的支持是职业健康安全管理体系建立和运行的条件。

⑤ 运行策划和控制是满足职业健康安全管理体系要求和实施职业健康安全管理措施的手段。

⑥ 监视、测量、分析和评价绩效以及事件或不符合发生时的纠正措施系统是实现职业健康安全管理体系预期目标和持续改进的保障。

3）职业健康安全管理体系标准采用的管理方法

职业健康安全管理体系标准所采用的管理方法是基于"策划－实施－检查－改进"（PDCA）循环的管理方法，可被组织用于持续改进。

2．职业健康安全管理体系的建立和运行

1）职业健康安全管理体系的建立

组织建立职业健康安全管理体系的步骤是：领导决策和承诺→成立工作小组，制定总体计划→体系建立前培训→进行初始（状态）评审→体系策划和设计→体系文件编写→体系试运行→体系评审完善。

2）职业健康安全管理体系的运行

职业健康安全管理体系运行的基本步骤：（1）管理体系文件培训；（2）管理体系文件分发；（3）管理方案实施；（4）实施过程信息管理；（5）管理体系评审和维持；（6）职业健康安全管理体系改进。

一 单项选择题

1．对于职业健康安全管理，从危险源辨识、风险评价到风险应对、跟踪监视、评审和改进，均应建立、实施和保持相应的管控过程，体现了系统化管理的内容是（　　）。

　　A．组织职责系统化　　　　　　B．风险管控系统化

　　C．管理过程系统化　　　　　　D．管理手段规范化

2．下列职业健康安全管理体系标准的基本要求中，属于组织所处环境要素的是（　　）。

　　A．组织的角色、职责和权限　　B．确定职业健康安全管理体系范围

　　C．职业健康安全方针　　　　　D．领导作用与承诺

3．下列职业健康安全管理体系标准的基本要求中，属于领导作用和工作人员参与要素的是（　　）。

　　A．职业健康安全管理体系　　　B．职业健康安全管理体系范围

　　C．职业健康安全方针　　　　　D．职业健康安全目标

4．职业健康安全管理体系标准实施的特点之一，是标准的结构系统采用了PDCA动态循环、不断上升的螺旋式运行模式，其所体现的动态管理思想是（　　）。

　　A．持续改进　　　　　　　　　B．灵活应变

　　C．预防为主　　　　　　　　　D．保持弹性

5．下列职业健康安全管理体系标准各要素中，与PDCA中的"C"存在对应关系的是（　　）。

　　A．策划　　　　　　　　　　　B．检查

　　C．改进　　　　　　　　　　　D．支持和运行

6．依据职业健康安全方针和目标，对活动和过程进行监视和测量，并报告结果是职业健康安全管理体系标准所采用的PDCA管理方法的（　　）环节。

A．策划　　　　　　　　　　　　B．实施

C．检查　　　　　　　　　　　　D．改进

7．为确保职业健康安全管理体系和环境管理体系的持续适宜性、充分性和有效性，对组织的管理体系进行评审的应是施工企业的（　　　）。

A．安全总监　　　　　　　　　　B．项目经理

C．技术总监　　　　　　　　　　D．最高管理者

8．建立、实施并保持职业健康安全方针，明确职业健康安全方针的要求和内容应是施工企业的（　　　）。

A．技术负责人　　　　　　　　　B．安全负责人

C．现场项目经理　　　　　　　　D．最高管理者

9．确定职业健康安全管理体系边界和适用范围的依据是（　　　）。

A．组织所处的环境

B．危险源辨识及风险和机遇评价

C．运行策划和控制

D．文件化信息等的支持

10．建立和实施职业健康安全管理体系的组织前提是（　　　）。

A．理解组织及其所处的环境

B．明确组织结构和职责

C．职业健康安全目标及其实现的策划

D．运行策划和控制

11．满足职业健康安全管理体系要求和实施职业健康安全管理措施的手段是（　　　）。

A．明确组织结构和职责　　　　　B．资源和能力的支持

C．运行策划和控制　　　　　　　D．评价绩效

12．建立职业健康安全管理体系的工作主要有：① 成立工作小组，制定总体计划；② 领导决策和承诺；③ 体系建立前培训和初始（状态）评审；④ 体系试运行和评审完善；⑤ 体系策划、设计和文件编写。其正确的顺序是（　　　）。

A．①②③⑤④　　　　　　　　　B．②①③④⑤

C．①②④③⑤　　　　　　　　　D．②①③⑤④

13．职业健康安全管理体系运行的基本步骤有：① 实施过程信息管理；② 管理体系文件培训；③ 管理体系文件分发；④ 管理体系评审和维持；⑤ 管理方案实施。其正确的顺序是（　　　）。

A．③②⑤①④　　　　　　　　　B．②③⑤①④

C．②③⑤④①　　　　　　　　　D．③⑤②①④

14．施工企业中层管理人员的职业健康安全管理体系文件培训的内容是（　　　）。

A．职业健康安全管理体系的原理

B．部门体系要素的工作内容

C．支持性文件中涉及的岗位操作标准

D．支持性文件中涉及的岗位规定

15．下列职业健康安全管理体系运行的基本步骤中，能够降低组织职业健康安全

风险、实现持续改进的关键是（　　　）。

  A．管理方案实施   B．实施过程信息管理

  C．管理体系文件培训   D．管理体系评审和维持

16．作为职业安全健康管理体系的一种自我保证手段的评审是（　　　）。

  A．第三方审核   B．内部审核

  C．管理评审   D．外部审核

17．职业安全健康管理体系的例行常规内审一般是（　　　）。

  A．每月1次   B．每半年1次

  C．每年1次   D．每2年1次

18．职业安全健康管理体系的管理评审一般是（　　　）。

  A．每季度1次   B．每半年1次

  C．每年1次   D．每2年1次

19．职业健康安全管理体系建立的基础工作的是（　　　）。

  A．领导决策和承诺   B．成立工作小组，制定总体计划

  C．进行初始（状态）评审 D．职业健康安全管理体系策划和设计

二　多项选择题

1．职业健康安全管理体系标准的系统化管理实现方式有（　　　）。

  A．管理手段规范化   B．管理过程系统化

  C．风险管控系统化   D．组织职责系统化

  E．管理体系的法制化

2．关于职业健康安全管理体系标准的特点的说法，正确的有（　　　）。

  A．突出强调了预防为主和持续改进的要求

  B．既规定具体的安全绩效准则，也提供职业健康安全管理体系的设计规范

  C．职业健康安全管理体系标准符合国际标准化组织对管理体系标准的要求

  D．职业健康安全管理体系标准始终强调法律法规要求和其他要求

  E．职业健康安全管理体系标准适用于特定规模、类型和活动的组织

3．在职业健康安全管理体系建立过程中，组织最高管理者的领导作用和承诺内容包括（　　　）。

  A．对提供健康安全的工作场所和活动全面负责并承担责任

  B．确保职业健康安全方针和相关职业健康安全目标得以建立

  C．确保将职业健康安全管理体系要求融入组织业务过程中

  D．确保职业健康安全管理体系实现其预期结果

  E．确保职业健康安全管理体系适用的广泛性

4．建立和实施职业健康安全管理体系必要的资源取决于（　　　）。

  A．组织所采用的形式

  B．组织所处的环境

  C．组织职业健康安全管理体系的范围

D．组织活动的性质

E．相关职业健康安全风险

5．职业健康安全管理体系要体现持续改进的核心思想需要做的工作有（　　　）。

A．严格监测管理体系的运行情况

B．对不符合要及时采取有效的纠正和预防措施

C．通过完整的管理评审来判定职业健康安全管理体系整体上是否正确运行

D．通过内部审核确定职业健康安全管理体系是否需要进行改进和调整

E．实施 PDCA 循环管理，不断持续改进

6．下列职业健康安全管理体系标准各要素中，与 PDCA 中的"D"存在对应关系的有（　　　）。

A．支持 　　　　　　　　　　B．绩效评价

C．改进 　　　　　　　　　　D．运行

E．策划

7．职业健康安全管理体系标准中策划要素包括的内容有（　　　）。

A．应对风险和机遇的措施 　　B．职业健康安全目标

C．文件化信息的控制 　　　　D．职业健康安全目标的实现

E．领导作用与承诺

8．在策划职业健康安全管理体系时，组织应考虑（　　　）。

A．所处的环境所提及的议题 　B．相关方所提及的要求

C．职业健康安全管理体系范围 D．所需应对的风险和机遇

E．职业健康安全目标的实现

9．《职业健康安全管理体系　要求及使用指南》GB/T 45001—2020 的总体结构中的"支持"项，其组成部分有（　　　）。

A．理念 　　　　　　　　　　B．资源

C．能力 　　　　　　　　　　D．意识

E．沟通

10．职业健康安全管理体系的基础包括（　　　）。

A．运行策划和控制 　　　　　B．危险源辨识

C．风险和机遇评价 　　　　　D．职业健康安全目标及其实现的策划

E．事件的纠正措施系统

11．职业健康安全管理体系建立的步骤包括（　　　）。

A．管理体系文件分发

B．管理体系评审和维持

C．领导决策和承诺

D．成立工作小组，制定总体计划

E．职业健康安全管理体系策划和设计

12．职业健康安全管理体系建立过程中，组织最高管理者授权的管理者代表的职责有（　　　）。

A．支持健康安全委员会的建立和运行

B. 具体负责职业健康安全管理体系的日常工作

C. 确保组织建立和实施工作人员的协商和参与的过程

D. 协调职业健康安全管理体系建立过程中各部门之间的关系

E. 协调职业健康安全管理体系运行过程中各部门之间的关系

13. 下列工作内容中，属于职业健康安全管理体系策划和设计的主要工作有（　　）。

A. 制定职业健康安全方针

B. 制定职业健康安全目标和管理方案

C. 进行危险源辨识及风险评价

D. 设计组织机构和职责

E. 找出管理体系要素在构成、运行、协调、监督中的缺陷

14. 组织按照职业健康安全管理体系要求，应予以文件化的内容有（　　）。

A. 主要的职业健康安全风险及其预防和控制措施

B. 职业健康安全管理方针和目标

C. 职业健康安全管理的关键岗位与职责

D. 职业健康安全管理体系框架内的管理方案、程序、作业指导书等

E. 初始（状态）评审应形成文件

15. 对于施工企业高层管理人员，职业健康安全管理体系文件培训的内容有（　　）。

A. 职业健康安全管理体系的原理

B. 部门体系要素的工作内容

C. 职业健康安全管理体系的功能及控制方法

D. 支持性文件中涉及各自岗位的操作标准

E. 支持性文件中涉及各自岗位的规定、程序

16. 职业安全健康管理体系的管理评审参与主体包括（　　）等。

A. 总经理　　　　　　　　　B. 各部门负责人

C. 内审员　　　　　　　　　D. 第三方人员

E. 主管部门监督人员

17. 职业安全健康管理体系管理评审的内容包括（　　）。

A. 职业健康安全方针的持续有效性

B. 职业健康安全目标、指标的持续适宜性

C. 职业健康安全目标、指标和职业健康安全绩效的实现程度

D. 职业健康安全管理体系内部审核结果及纠正措施实施情况

E. 职业安全健康管理体系编写人员资格

【答案与解析】

一、单项选择题

*1. C;　　*2. B;　　3. C;　　4. A;　　5. B;　　6. C;　　*7. D;　　8. D;

9. A;　　10. B;　　11. C;　　*12. D;　　13. B;　　14. B;　　15. A;　　16. B;

17. C;　　18. C;　　19. C

【解析】

1.【答案】C

职业健康安全管理体系标准的管理过程系统化是指从危险源辨识、风险评价到风险应对、跟踪监视、评审和改进，均应建立、实施和保持相应的管控过程。选项 C 正确。

2.【答案】B

组织所处环境基本要求如下：① 理解组织及其所处的环境；② 理解工作人员和其他相关方的需求和期望；③ 确定职业健康安全管理体系范围；④ 职业健康安全管理体系。选项 B 正确。

7.【答案】D

最高管理者应按策划的时间间隔对组织的职业健康安全管理体系进行评审，以确保其持续的适宜性、充分性和有效性。选项 D 正确。

12.【答案】D

组织建立职业健康安全管理体系的步骤是：领导决策和承诺→成立工作小组，制定总体计划→体系建立前培训→进行初始（状态）评审→体系策划和设计→体系文件编写→体系试运行→体系评审完善。选项 D 正确。

二、多项选择题

*1. B、C、D；　　　*2. A、C、D；　　　*3. A、B、C、D；　　　4. B、C、D、E；
5. A、B、E；　　　6. A、D；　　　7. A、B、D；　　　*8. A、B、C、D；
9. B、C、D、E；　　　10. B、C、D；　　　11. C、D、E；　　　*12. B、D、E；
13. A、B、D；　　　*14. A、B、C、D；　　　*15. A、C；　　　16. A、B、C；
17. A、B、C、D

【解析】

1.【答案】B、C、D

职业健康安全管理体系标准的系统化管理通过三个方面实现：① 组织职责系统化；② 风险管控系统化；③ 管理过程系统化。选项 B、C、D 正确。

2.【答案】A、C、D

职业健康安全管理体系标准的特点：（1）系统化管理机制。系统化管理通过三个方面实现：① 组织职责系统化；② 风险管控系统化；③ 管理过程系统化。（2）法制化和规范化管理手段。职业健康安全管理体系标准始终强调法律法规要求和其他要求，保证了职业健康安全管理体系的法制化。（3）广泛的适用性。职业健康安全管理体系标准适用于任何规模、类型和活动的组织。（4）遵循自愿原则。组织是否根据职业健康安全管理体系标准建立和保持职业健康安全管理体系，是否进行职业健康安全管理体系认证审核都取决于组织自身的意愿。（5）与其他管理体系兼容。职业健康安全管理体系标准符合国际标准化组织（ISO）对管理体系标准的要求。（6）应用的灵活性。职业健康安全管理体系标准适用于组织控制下的职业健康安全风险。（7）强调预防为主和持续改进。职业健康安全管理体系标准突出强调了预防为主和持续改进的要求。选项 A、C、D 正确。

3.【答案】A、B、C、D

组织最高管理者应通过适当方式，在以下方面证实其在职业健康安全管理体系方面的领导作用和承诺：（1）对防止与工作相关的伤害和健康损害，以及提供健康安全的工作场所和活动全面负责并承担责任；（2）确保职业健康安全方针和相关职业健康安全目标得以建立，并与组织战略方向相一致；（3）确保将职业健康安全管理体系要求融入组织业务过程中；（4）确保可获得建立、实施、保持和改进职业健康安全管理体系所需的资源；（5）就有效的职业健康安全管理和符合职业健康安全管理体系要求的重要性进行沟通；（6）确保职业健康安全管理体系实现其预期结果；（7）指导并支持人员为职业健康安全管理体系的有效性作出贡献；（8）确保并促进持续改进；（9）支持其他相关管理人员证实在其职责范围内的领导作用；（10）在组织内建立、引导和促进支持职业健康安全管理体系预期结果的文化；（11）保护工作人员不因报告事件、危险源、风险和机遇而遭受报复；（12）确保组织建立和实施工作人员的协商和参与的过程；（13）支持健康安全委员会的建立和运行。选项 A、B、C、D 正确。

8.【答案】A、B、C、D

在策划职业健康安全管理体系时，组织应考虑所处的环境所提及的议题、相关方所提及的要求和职业健康安全管理体系范围，并确定所需应对的风险和机遇。选项 A、B、C、D 正确。

12.【答案】B、D、E

组织最高管理者应任命健康安全管理者代表，并建立专门的工作小组。管理者代表职责：（1）具体负责职业健康安全管理体系的日常工作，即按职业健康安全管理标准建立、实施和保持组织的职业健康安全管理体系；（2）向最高管理者定期汇报职业健康安全管理体系的运行情况，供管理评审时使用；（3）协调职业健康安全管理体系建立和运行过程中各部门之间的关系，为最高管理者的决策提供建议。选项 B、D、E 正确。

14.【答案】A、B、C、D

组织按照职业健康安全管理体系要求，对下列内容予以文件化：职业健康安全管理方针和目标（含指标），职业健康安全管理的关键岗位与职责、主要的职业健康安全风险及其预防和控制措施，职业健康安全管理体系框架内的管理方案、程序、作业指导书和其他内部文件等。选项 A、B、C、D 正确。

15.【答案】A、C

组织应对全体员工进行宣贯培训，不同人员的培训内容有所侧重。对于高层管理人员，应着重培训职业健康安全管理体系的原理、原则、功能及控制方法；中层管理人员应主要培训其部门体系要素的工作内容；普通员工应侧重培训支持性文件中涉及各自岗位的操作标准、规定、程序等内容。选项 A、C 正确。

6.2 施工生产危险源与安全管理制度

复习要点

1. 施工生产危险源及其控制

1）危险源分类及其控制

（1）危险源分类可分为第一类危险源和第二类危险源。

① 第一类危险源。包括施工现场或施工生产过程中各种能量或危险物质。第一类危险源具有的能量越多，一旦发生事故，其后果越严重，决定了事故后果的严重程度。

② 第二类危险源。包括物的不安全状态（危险状态）、人的不安全行为、环境不良（环境不安全条件）及管理缺陷等因素。第二类危险源出现越频繁，发生事故的可能性越大，决定事故发生的可能性。

（2）危险源控制

第一类危险源主要采用技术手段加以控制，包括消除能量源、约束或限制能量（针对生产过程不能完全消除的能量源）、屏蔽隔离、防护等技术手段；第二类危险源主要通过管理手段加以控制，包括建立健全危险源管理规章制度，做好危险源控制管理基础工作，明确责任，加强安全教育、危险源的日常管理，定期检查，做好危险源控制管理，实施考核评价和奖惩等。

2）施工生产常见危险源

施工生产危险源较多，管理缺陷、人的不安全行为、环境不良等均会导致施工安全事故发生。施工中易发生高处坠落、物体打击、坍塌倾覆、机械伤害、触电与火灾等事故危险源。

3）危险源辨识与风险评价方法

在职业健康安全管理中，"危险源"由潜在危险性、存在条件和触发因素三个要件组成，缺一不可。常见的危险源辨识与评价方法有：安全检查表法、预先危险性分析、危险与可操作性分析、事故树分析法、LEC 评价法。

2．施工安全管理制度

安全生产工作应当以人为本，坚持人民至上、生命至上，把保护人民生命安全摆在首位，树牢安全发展理念，坚持安全第一、预防为主、综合治理的方针，从源头上防范化解重大安全风险。

1）全员安全生产责任制

全员安全生产责任制是企业所有安全生产管理制度的核心，是企业最基本的安全管理制度。

（1）全员安全生产责任制基本规定

① 全员安全生产责任制应包括所有从业人员的安全生产责任，明确从主要负责人到一线从业人员（含劳务派遣人员、实习学生等）的安全生产责任、责任范围和考核标准；② 全员安全生产责任制内容应包括：各岗位的责任人员（或各岗位从业人员的安全生产责任）、责任范围和考核标准；③ 企业应当制定安全技术操作规程，并纳入安全教育培训；④ 企业全员安全生产责任制应长期公示；⑤ 加强企业全员安全生产责任制教育培训。

（2）企业主要负责人安全生产工作法定职责

企业主要负责人是本单位安全生产第一责任人，对本单位的安全生产工作全面负责。主要负责人对本单位安全生产工作的法定职责有：① 建立健全并落实本单位全员安全生产责任制，加强安全生产标准化建设；② 组织制定并实施本单位安全生产规章制度和操作规程；③ 组织制定并实施本单位安全生产教育和培训计划；④ 保证本单位安全生产投入的有效实施；⑤ 组织建立并落实安全风险分级管控和隐患排查治理双重预防工作机制，督促、检查本单位的安全生产工作，及时消除生产安全事故隐患；⑥ 组织制定并实施本单位的生产安全事故应急救援预案；⑦ 及时、如实报告生产安全事故。

（3）企业安全生产管理机构及安全生产管理人员法定职责

① 组织或者参与拟订本单位安全生产规章制度、操作规程和生产安全事故应急救援预案；② 组织或者参与本单位安全生产教育和培训，如实记录安全生产教育和培训情况；③ 组织开展危险源辨识和评估，督促落实本单位重大危险源的安全管理措施；④ 组织或者参与本单位应急救援演练；⑤ 检查本单位的安全生产状况，及时排查生产安全事故隐患，提出改进安全生产管理的建议；⑥ 制止和纠正违章指挥、强令冒险作业、违反操作规程的行为；⑦ 督促落实本单位安全生产整改措施。

（4）企业其他管理岗位人员安全生产职责

企业其他管理岗位应按照"管业务必须管安全""管生产经营必须管安全"的要求，将安全生产责任作为企业岗位责任制和经济责任制度的重要组成部分。

（5）施工作业人员安全生产职责

① 在作业过程中，应当遵守安全施工的强制性标准、规章制度和操作规程；② 接受安全生产教育培训的义务，掌握必要的施工安全生产知识，熟悉有关的规章制度和安全操作规程，掌握本岗位安全操作技能；③ 履行施工安全事故报告义务。

2）安全生产费用提取、管理和使用制度

（1）企业安全生产费用管理基本要求

① 企业应建立健全安全生产费用管理制度，明确企业安全生产费用提取和使用的程序、职责及权限；② 企业应加强安全生产费用管理，编制年度企业安全生产费用提取和使用计划；③ 企业提取的安全生产费用从成本（费用）中列支并专项核算。

（2）企业安全生产费用管理原则：筹措有章、支出有据、管理有序、监督有效。

（3）企业安全生产费用提取

建设单位应在合同中单独约定并于工程开工日一个月内向承包单位支付至少50%企业安全生产费用。总包单位应在合同中单独约定并于分包工程开工日一个月内将至少50%企业安全生产费用直接支付分包单位并监督使用，分包单位不再重复提取。工程竣工决算后结余的企业安全生产费用，应退回建设单位。

3）安全生产教育培训制度

（1）教育培训目的、对象和管理要求

目的：保证从业人员具备必要的安全生产知识，熟悉有关的安全生产规章制度和安全操作规程，掌握本岗位的安全操作技能，了解事故应急处理措施，知悉自身在安全生产方面的权利和义务。

对象：本单位全体从业人员及劳务派遣人员、实习学生。

管理要求：为保证安全生产培训教育效果，应将安全教育培训管理纳入企业管理组成部分。

（2）企业主要负责人和安全生产管理人员安全培训

企业主要负责人和安全生产管理人员应接受安全培训，具备与所从事的生产经营活动相适应的安全生产知识和管理能力。企业主要负责人和安全生产管理人员初次安全培训时间不得少于32学时。每年再培训时间不得少于12学时。

（3）从业人员上岗培训

施工企业其他从业人员，在上岗前必须经过企业、施工项目部、班组三级安全培训教育。企业应根据工作性质对其他从业人员进行安全培训，保证其具备本岗位安全操作、应急处置等知识和技能。企业新上岗的从业人员，岗前安全培训时间不得少于24学时。

4）安全生产许可制度

建筑施工企业取得安全生产许可证，应具备下列安全生产条件：（1）建立、健全安全生产责任制，制定完备的安全生产规章制度和操作规程；（2）保证本单位安全生产条件所需资金的投入；（3）设置安全生产管理机构，按照国家有关规定配备专职安全生产管理人员；（4）主要负责人、项目负责人、专职安全生产管理人员经住房和城乡建设主管部门或者其他有关部门考核合格；（5）特种作业人员经有关业务主管部门考核合格，取得特种作业操作资格证书；（6）管理人员和作业人员每年至少进行一次安全生产教育培训并考核合格；（7）依法参加工伤保险，依法为施工现场从事危险作业的人员办理意外伤害保险，为从业人员缴纳保险费；（8）施工现场的办公、生活区及作业场所和安全防护用具、机械设备、施工机具及配件符合有关安全生产法律、法规、标准和规程的要求；（9）有职业危害防治措施，并为作业人员配备符合国家标准或者行业标准的安全防护用具和安全防护服装；（10）有对危险性较大的分部分项工程及施工现场易发生重大事故的部位、环节的预防、监控措施和应急预案；（11）生产安全事故应急救援预案、应急救援组织或者应急救援人员，配备必要的应急救援器材、设备；（12）法律、法规规定的其他条件。

安全生产许可证的有效期为3年。安全生产许可证有效期满需要延期的，企业应当于期满前3个月向原安全生产许可证颁发管理机关办理延期手续。

5）管理人员及特种作业人员持证上岗制度

（1）管理人员持证上岗制度。施工单位主要负责人、项目负责人、专职安全生产管理人员应经建设行政主管部门或者其他有关部门考核合格后方可任职。施工单位应对管理人员和作业人员每年至少进行一次安全生产教育培训。

（2）特种作业人员持证上岗制度。特种作业人员应符合一定条件且必须经专门的安全技术培训并考核合格，取得《中华人民共和国特种作业操作证》（以下简称特种作业操作证）后，方可上岗作业。特种作业操作证每3年复审1次。特种作业人员在特种作业操作证有效期内，连续从事本工种10年以上，严格遵守有关安全生产法律法规的，经原考核发证机关或者从业所在地考核发证机关同意，特种作业操作证的复审时间可以延长至每6年1次。

6）重大危险源管理制度

危险源监控和管理应遵循动态控制的原则。基本内容和要求如下：（1）辨识施工现场危险源并及时更新；（2）坚持危险源公示、告知制度；（3）建立施工现场重大危险源辨识、登记、公示、控制管理体系，明确岗位责任和责任人，认真组织实施；（4）对危险性较大的分部分项工程，施工前必须编制专项施工方案；（5）对存在重大危险的施工部位或施工环节，应按专项施工方案严格进行技术交底，并有书面记录和签字；（6）对从事重大危险施工部位或施工环节的作业人员、特种作业人员进行登记造册；（7）保证用于重大危险源防护措施所需的费用及时划拨；（8）为从业人员提供符合国家标准、行业标准的劳动防护用品，并监督佩戴、使用；（9）建立重大危险源施工档案。

7）劳动保护用品使用管理制度

（1）劳动保护用品的发放和管理，坚持"谁用工，谁负责"的原则；（2）劳动保护用品必须以实物形式发放，不得以货币或其他物品替代；（3）企业应建立完善劳动保护用品的采购、验收、保管、发放、使用、更换、报废等规章制度；（4）企业采购、个人使用的安全帽、安全带及其他劳动防护用品等，必须符合相关国家标准的要求；（5）企业、施工作业人员，不得采购和使用无安全标记或不符合国家相关标准要求的劳动保护用品；（6）企业应按照劳动保护用品采购管理制度的要求，明确企业内部有关部门、人员的采购管理职责；（7）企业采购劳动保护用品时，应查验劳动保护用品生产厂家或供货商的生产、经营资格，验明商品合格证明和商品标识；（8）企业应向劳动保护用品生产厂家或供货商索要法定检验机构出具的检验报告或由供货商签字盖章的检验报告复印件，不能提供检验报告或检验报告复印件的劳动保护用品不得采购；（9）企业应加强对施工作业人员的教育培训；（10）企业应加强对施工作业人员劳动保护用品使用情况的检查，并对施工作业人员劳动保护用品的质量和正确使用负责。

8）安全生产检查制度

（1）安全生产检查的目的：宣传、贯彻、落实安全生产方针、政策、规范标准和各项安全生产规章制度；增强从业人员安全意识，纠正违章指挥、违章作业；发现施工中的职业健康安全隐患，制定对策，采取对策；总结经验，汲取教训；分析安全生产形势，为加强安全生产管理提供信息和依据。

（2）安全生产检查管理的要求：① 安全生产检查管理应包括安全检查的内容、形式、类型、标准、方法、频次、整改、复查等工作内容；② 施工企业安全生产检查应配备必要的检查、测试器具；③ 施工企业对安全检查中发现的问题，应分析确定多发和重大隐患类别，制定实施治理措施；④ 施工企业应建立并保存安全生产检查资料和记录。

（3）安全生产检查的内容：① 安全管理目标的实现程度；② 安全生产职责的履行情况；③ 各项安全生产管理制度的执行情况；④ 施工现场管理行为和实物状况；⑤ 生产安全事故、未遂事故和其他违规违法事件的报告调查、处理情况；⑥ 安全生产法律法规、标准规范和其他要求的执行情况。

（4）安全生产检查的形式：施工企业安全检查的形式应包括各管理层的自查、互查及对下级管理层的抽查等；安全检查的类型应包括日常巡查、专项检查、季节性检查、定期检查、不定期抽查等。

9）安全生产会议制度

（1）定期安全生产例会。施工项目部每月召开一次月度安全生产分析会议，由项目经理组织。项目经理部每周组织召开一次安全生产例会，组织对本项目的安全生产工作进行检查。

（2）不定期安全生产会议。如安全生产技术交底会、安全生产专题会、安全生产事故分析会、安全生产现场会。

（3）班前会议。班前会议由班组长组织和主持。班前会议结合工作安排和安全技术交底进行。

10）安全生产考核和奖惩制度

安全生产考核应包括下列内容：（1）安全目标实现程度；（2）安全职责履行情况；（3）安全行为；（4）安全业绩；（5）施工企业应针对生产经营规模和管理状况，明确安全生产考核周期，并应及时兑现奖惩。

施工安全管理基本制度通常还包括：安全技术交底制度，应急预案管理和演练制度，生产安全事故报告和调查处理制度，安全责任追究制度等。

一 单项选择题

1. 下列施工生产危险源中，属于第二类危险源的是（　　）。
   - A．个人防护用品与用具性能低下
   - B．具有较高势能的装置和设备
   - C．作业中的施工机具
   - D．燃烧爆炸危险物质

2. 下列危险源控制方法中，属于第二类危险源控制方法的是（　　）。
   - A．定期检查危险源
   - B．个体防护
   - C．应急救援
   - D．隔离危险物质

3. 下列施工生产的危险源中，属于物体打击事故危险源的是（　　）。
   - A．高处悬空作业未系好安全带
   - B．垂直运输过程及吊装工艺过程捆绑不牢固
   - C．危险性较大的分部分项工程无专项施工方案
   - D．起重作业信号不当，指挥不到位

4. 用检查表方式将一系列检查项目列出并进行分析，以确定装置、设备、场所的状态是否符合安全要求，通过检查发现系统中存在的安全隐患，提出改进措施的危险源辨识与评价方法是（　　）。
   - A．安全检查表法
   - B．预先危险性分析
   - C．危险与可操作性分析
   - D．LEC 评价法

5. 在设计的开始阶段，对识别和评价对象存在的危险类别、出现条件、事故后果等进行概略分析，尽可能评价出潜在的危险性的危险源辨识与评价方法是（　　）。
   - A．安全检查表法
   - B．预先危险性分析
   - C．危险与可操作性分析
   - D．LEC 评价法

6. 建立施工安全生产管理制度体系应坚持的方针是（　　）。
   - A．控制成本，确保质量和安全
   - B．安全第一、预防为主、综合治理
   - C．质量、安全与环境并重
   - D．经济合理、方案可行、注重质量和安全

7. 作为施工企业所有安全生产管理制度的核心制度是（　　）。
   - A．全员安全生产责任制度
   - B．安全生产许可证制度
   - C．政府安全生产监督检查制度
   - D．安全生产教育培训制度

8. 下列工作内容中，属于企业安全生产管理人员法定职责的是（　　）。
   - A．及时、如实报告生产安全事故

B．组织制定并实施本单位安全生产规章制度和操作规程

C．组织检查本单位的安全生产工作

D．组织开展危险源辨识和评估

9．下列工作内容中，属于施工作业人员安全生产职责的是（   ）。

　　A．如实记录安全生产教育和培训情况

　　B．加强安全生产标准化建设

　　C．正确佩戴和使用安全防护用具

　　D．组织安全生产应急救援演练

10．建设单位应在合同中单独约定并于工程开工日一个月内向承包单位支付企业安全生产费用不得少于（   ）。

　　A．10%　　　　　　　　　　　　　B．20%

　　C．30%　　　　　　　　　　　　　D．50%

11．企业主要负责人和安全生产管理人员初次安全培训时间和每年再培训时间分别不得少于（   ）。

　　A．15学时和30学时　　　　　　　B．32学时和12学时

　　C．48学时和32学时　　　　　　　D．56学时和48学时

12．企业新上岗的从业人员，岗前安全培训时间不得少于（   ）学时。

　　A．24　　　　　　　　　　　　　　B．32

　　C．48　　　　　　　　　　　　　　D．56

13．从业人员在本单位内调整工作岗位或离岗（   ）以上重新上岗时，应重新接受项目部和班组级的安全培训。

　　A．3个月　　　　　　　　　　　　B．6个月

　　C．1年　　　　　　　　　　　　　D．2年

14．施工企业进行生产前，应当依照《安全生产许可证条例》的规定向安全生产许可证颁发管理机关申请领取安全生产许可证。安全生产许可证的有效期为（   ）年。

　　A．2　　　　　　　　　　　　　　B．3

　　C．4　　　　　　　　　　　　　　D．5

15．安全生产许可证有效期满需要延期的，企业应当向原安全生产许可证颁发管理机关办理延期手续。办理延期手续的时间为（   ）。

　　A．期满前1个月　　　　　　　　　B．期满前2个月

　　C．期满前3个月　　　　　　　　　D．期满前6个月

16．关于特种作业人员持证上岗制度的说法，正确的是（   ）。

　　A．跨省、自治区、直辖市的特种作业人员，只能在户籍所在地参加培训

　　B．特种作业操作证每两年复审一次

　　C．特种作业操作证有效期届满需要延期换证的，应按照规定申请延期复审

　　D．特种作业操作证需要复审的，应在期满前30日内，提出申请

17．特种作业操作证的复审是（   ）。

　　A．每年1次　　　　　　　　　　　B．每2年1次

　　C．每3年1次　　　　　　　　　　D．每6年1次

18. 特种作业人员在特种作业操作证有效期内，严格遵守有关安全生产法律法规的，经原考核发证机关或者从业所在地考核发证机关同意，特种作业操作证的复审时间可以延长至每 6 年 1 次的要求是连续从事本工种（　　）。

A．3 年以上
B．5 年以上
C．6 年以上
D．10 年以上

19. 特种作业操作证申请复审或者延期复审前，特种作业人员应参加必要的安全培训的时间不少于（　　）个学时。

A．8
B．12
C．24
D．36

二 多项选择题

1. 下列施工生产危险源中，属于第一类危险源的有（　　）。

A．物的缺陷和物件堆放不当
B．直接供给能量的装置和设备
C．可能发生能量蓄积或突然释放的装置
D．运行或作业过程中拥有能量的人或物
E．干扰人体与外界能量交换的有害物质

2. 下列施工生产危险源中，属于第二类危险源的有（　　）。

A．具有化学能的危险物质
B．维修管理不当导致安全装置失效
C．各类违规操作和不安全移动
D．施工作业环境中的照明不满足要求
E．可能发生能量蓄积或突然释放的装置

3. 关于危险源的分类的说法，正确的有（　　）。

A．把可能发生意外释放的能量或危险物质称为第一类危险源
B．造成约束、限制能量和危险物质措施失控的各种不安全因素称作第二类危险源
C．事故的发生是两类危险源共同作用的结果
D．第一类危险源出现的难易，决定事故发生可能性的大小
E．第二类危险源决定事故的严重程度

4. 第一类危险源控制方法一般包括（　　）。

A．消除危险源
B．增加安全系数
C．个体防护
D．应急救援
E．消除或减少故障

5. 下列施工生产的危险源中，属于高处坠落事故危险源的有（　　）。

A．作业人员违章高处抛物
B．土方施工未按规定放坡和支护
C．作业面脚手板未满铺
D．未按规范要求设置水平防护
E．设置的防护强度和刚度不够

6. 施工企业采用 LEC 法对危险源风险进行评价时，考虑的因素有（　　　）。

　　A. 事故的类别

　　B. 事故发生可能造成的后果

　　C. 人员暴露于危险环境中的频繁程度

　　D. 事故发生的可能性

　　E. 事故责任主体

7. 下列工作内容中，属于企业主要负责人对本单位安全生产工作法定职责的有（　　　）。

　　A. 组织或者参与本单位应急救援演练

　　B. 保证本单位安全生产投入的有效实施

　　C. 组织建立并落实安全风险隐患排查治理双重预防工作机制

　　D. 建立健全并落实本单位全员安全生产责任制

　　E. 督促落实本单位安全生产整改措施

8. 企业安全生产费用管理原则有（　　　）。

　　A. 筹措有章　　　　　　　　　B. 支出有据

　　C. 管理有序　　　　　　　　　D. 开源节流

　　E. 监督有效

9. 关于企业安全生产费用提取的说法，正确的有（　　　）。

　　A. 施工企业的投标报价应包含企业安全生产费用，在竞标时调整

　　B. 工程竣工决算后结余的企业安全生产费用，归属于施工企业

　　C. 企业按规定标准连续两年补提安全生产费用的，可按最近一年补提数降低提取标准

　　D. 企业安全生产费用月初结余达到上一年应计提金额三倍及以上的，自当月开始暂停提取企业安全生产费用

　　E. 建设单位应在合同中单独约定并于工程开工日一个月内向承包单位支付至少 50% 的企业安全生产费用

10. 建设工程施工企业安全生产费用可用于（　　　）。

　　A. 维护安全防护设施设备支出

　　B. 安全生产责任保险支出

　　C. 企业职工薪酬和福利

　　D. 企业人员报告事故隐患的奖励支出

　　E. "三同时"要求初期投入的安全设施费

11. 下列企业安全培训内容中，属于企业主要负责人的有（　　　）。

　　A. 国家安全生产方针、政策和有关安全生产的法律、法规、规章及标准

　　B. 安全生产管理基本知识、安全生产技术、安全生产专业知识

　　C. 重大危险源管理、重大事故防范、应急管理和救援组织及事故调查处理的有关规定

　　D. 典型事故和应急救援案例分析

　　E. 伤亡事故统计、报告及职业危害的调查处理方法

12. 下列企业安全培训内容中，属于企业安全生产管理人员的有（　　）。

    A．职业危害及其预防措施

    B．应急管理和救援组织及事故调查处理的有关规定

    C．国内外先进的安全生产管理经验

    D．应急管理、应急预案编制以及应急处置的内容和要求

    E．典型事故和应急救援案例分析

13. 下列岗前安全培训内容中，属于企业级的有（　　）。

    A．所从事工种可能遭受的职业伤害和伤亡事故

    B．本单位安全生产规章制度和劳动纪律

    C．从业人员安全生产权利和义务

    D．自救互救、急救方法、疏散和现场紧急情况的处理

    E．岗位之间工作衔接配合的安全与职业卫生事项

14. 下列岗前安全培训内容中，属于施工项目部级的有（　　）。

    A．工作环境及危险因素

    B．本单位安全生产规章制度

    C．预防事故和职业危害的措施及应注意的安全事项

    D．所从事工种可能遭受的职业伤害和伤亡事故

    E．从业人员安全生产权利和义务

15. 关于安全生产许可证的说法，正确的有（　　）。

    A．建筑施工企业安全生产许可证只能由国务院建设主管部门进行颁发和管理

    B．安全生产许可证的有效期为 3 年

    C．安全生产许可证有效期满需要延期的，应当于期满前 3 个月办理延期手续

    D．安全生产许可证有效期可延期 3 年

    E．国务院建设主管部门对全国建筑施工企业安全生产许可证的颁发和管理进行监督指导

16. 应经建设行政主管部门或者其他有关部门考核合格后方可任职的施工单位人员包括（　　）。

    A．主要负责人   B．项目负责人

    C．专职安全生产管理人员   D．成本管理人员

    E．协调人员

17. 特种作业人员应符合的条件有（　　）。

    A．年满 16 周岁，且不超过国家法定退休年龄

    B．具有初中及以上文化程度

    C．具备必要的安全技术知识与技能

    D．体检健康合格并无妨碍从事相应特种作业的相关疾病与生理缺陷

    E．必须具有 3 年以上工作经验

18. 施工企业实施重大危险源管理的目的有（　　）。

    A．有效监控施工现场重大危险源

    B．加强事故的预警预防预控工作

C．降低事故率

D．保证建设工程正常进行

E．彻底消除危险源影响因素

19．下列工作内容中，属于施工企业危险源监控和管理应遵循动态控制的原则有（　　）。

A．辨识施工现场危险源并及时更新

B．坚持危险源公示、告知制度

C．对危险性较大的分部分项工程，施工前必须编制专项施工方案

D．建立重大危险源施工档案

E．随时监督并彻底消除危险源

20．施工企业安全生产检查的目的包括（　　）。

A．确定安全事故基本类型

B．增强从业人员安全意识

C．落实安全生产方针、政策

D．总结经验，汲取教训

E．为加强安全生产管理提供信息和依据

21．施工企业安全生产检查的内容应包括（　　）。

A．安全管理目标的实现程度

B．安全检查的人员情况

C．安全生产职责的履行情况

D．安全检查的结果情况

E．各项安全生产管理制度的执行情况

22．施工企业安全检查的类型有（　　）。

A．自查　　　　　　　　　　B．互查

C．日常巡查　　　　　　　　D．定期检查

E．专项检查

23．施工企业不定期的安全生产会议包括（　　）。

A．班前会议　　　　　　　　B．安全生产技术交底会

C．安全生产专题会　　　　　D．安全生产事故分析会

E．安全生产现场会

24．施工企业安全生产考核包括的内容有（　　）。

A．安全事故处理效果　　　　B．安全目标实现程度

C．安全行为　　　　　　　　D．安全业绩

E．安全职责履行情况

【答案与解析】

一、单项选择题

1．A；　　*2．A；　　3．B；　　4．A；　　5．B；　　6．B；　　7．A；　　8．D；

9. C; 　　10. D; 　　11. B; 　　12. A; 　　13. C; 　　14. B; 　　*15. C; 　　16. C;

17. C; 　　18. D; 　　19. A

【解析】

2.【答案】A

第二类危险源主要通过管理手段加以控制，消除人的不安全行为、物的不安全状态，规避环境不良（不安全条件），包括建立健全危险源管理规章制度，做好危险源控制管理基础工作，明确责任，加强安全教育、危险源的日常管理，定期检查，做好危险源控制管理，实施考核评价和奖惩等。选项A正确。

15.【答案】C

根据《安全生产许可证条例》，安全生产许可证的有效期为3年。安全生产许可证有效期满需要延期的，企业应当于期满前3个月向原安全生产许可证颁发管理机关办理延期手续。选项C正确。

二、多项选择题

1. B、C、D、E　　2. B、C、D; 　　3. A、B; 　　*4. A、C、D;

*5. C、D、E; 　　*6. B、C、D; 　　*7. B、C、D; 　　8. A、B、C、E;

*9. D、E; 　　10. A、B、D; 　　*11. A、B、C、D; 　　*12. C、D、E;

*13. B、C; 　　*14. A、C、D; 　　*15. B、C、D、E; 　　16. A、B、C;

*17. B、C、D; 　　18. A、B、C、D; 　　19. A、B、C、D; 　　*20. B、C、D、E;

*21. A、C、E; 　　*22. C、D、E; 　　23. B、C、D、E; 　　24. B、C、D、E

【解析】

4.【答案】A、C、D

第一类危险源是固有的能量或危险物质，主要采用技术手段加以控制，包括消除能量源、约束或限制能量（针对生产过程不能完全消除的能量源）、屏蔽隔离、防护等技术手段，同时应落实应急预案的保障措施。选项A、C、D正确。

5.【答案】C、D、E

高处坠落事故危险源主要危险因素有：作业面脚手板未满铺，未按规范要求设置水平防护和立面防护，或设置了防护但强度、刚度、高度不够或不严密，违规拆除或移动防护等。选项C、D、E正确。

6.【答案】B、C、D

LEC评价法侧重于风险评价，该方法用与风险有关的三种因素指标值的乘积来评价操作人员伤亡风险的大小。这三种因素分别是事故发生的可能性、人员暴露于危险环境中的频繁程度和一旦发生事故可能造成的后果。给三种因素的不同等级分别确定不同的分值，再以三个分值的乘积D（Danger，危险性）来评价作业条件危险性的大小。选项B、C、D正确。

7.【答案】B、C、D

企业主要负责人对本单位安全生产工作的法定职责有：（1）建立健全并落实本单位全员安全生产责任制，加强安全生产标准化建设；（2）组织制定并实施本单位安全生产规章制度和操作规程；（3）保证本单位安全生产投入的有效实施；（4）保证本单位安全生产投入的有效实施；（5）组织建立并落实安全风险分级管控和隐患排查治理双重预防工作机制，督促、检查本单位的安全生产工作，及时消除生产安全事故隐患；（6）组织制定并实施本单位的生产安全事故应急救援预案；（7）及时、如实报告生产安全事故。选项 B、C、D 正确。

9.【答案】D、E

建设工程施工企业编制投标报价应包含并单列企业安全生产费用，竞标时不得删减。建设单位应在合同中单独约定并于工程开工日一个月内向承包单位支付至少 50% 的企业安全生产费用。工程竣工决算后结余的企业安全生产费用，应退回建设单位。企业按规定标准连续两年补提安全生产费用的，可以按照最近一年补提数提高提取标准。企业安全生产费用月初结余达到上一年应计提金额三倍及以上的，自当月开始暂停提取企业安全生产费用，直至企业安全生产费用结余低于上一年应计提金额三倍时恢复提取。选项 D、E 正确。

11.【答案】A、B、C、D

企业主要负责人安全培训应包括下列内容：（1）国家安全生产方针、政策和有关安全生产的法律、法规、规章及标准；（2）安全生产管理基本知识、安全生产技术、安全生产专业知识；（3）重大危险源管理、重大事故防范、应急管理和救援组织及事故调查处理的有关规定；（4）职业危害及其预防措施；（5）国内外先进的安全生产管理经验；（6）典型事故和应急救援案例分析；（7）其他需要培训的内容。选项 A、B、C、D 正确。

12.【答案】C、D、E

企业安全生产管理人员安全培训应包括下列内容：（1）国家安全生产方针、政策和有关安全生产的法律、法规、规章及标准；（2）安全生产管理、安全生产技术、职业卫生等知识；（3）伤亡事故统计、报告及职业危害的调查处理方法；（4）应急管理、应急预案编制以及应急处置的内容和要求；（5）国内外先进的安全生产管理经验；（6）典型事故和应急救援案例分析；（7）其他需要培训的内容。选项 C、D、E 正确。

13.【答案】B、C

企业级岗前安全培训内容应包括：（1）本单位安全生产情况及安全生产基本知识；（2）本单位安全生产规章制度和劳动纪律；（3）从业人员安全生产权利和义务；（4）有关事故案例等。选项 B、C 正确。

14.【答案】A、C、D

施工项目部级岗前安全培训内容应包括：（1）工作环境及危险因素；（2）所从事工种可能遭受的职业伤害和伤亡事故；（3）所从事工种的安全职责、操作技能及强制性标准；（4）自救互救、急救方法、疏散和现场紧急情况的处理；（5）安全设备设施、个人防护用品的使用和维护；（6）本项目安全生产状况及规章制度；（7）预防事故和职业危害的措施及应注意的安全事项；（8）有关事故案例；（9）其他需要培训的内容。选项 A、C、D 正确。

15.【答案】B、C、D、E

国务院住房和城乡建设主管部门负责对全国建筑施工企业安全生产许可证的颁发和管理工作进行监督指导。省、自治区、直辖市人民政府住房和城乡建设主管部门负责本行政区域内建筑施工企业安全生产许可证的颁发和管理工作。市、县人民政府住房和城乡建设主管部门负责本行政区域内建筑施工企业安全生产许可证的监督管理，并将监督检查中发现的企业违法行为及时报告安全生产许可证颁发管理机关。安全生产许可证的有效期为3年。期满需延期的，应当于期满前3个月向原安全生产许可证颁发管理机关办理延期手续。企业在安全生产许可证有效期内，严格遵守有关安全生产的法律法规，未发生死亡事故的，安全生产许可证有效期届满时，经原安全生产许可证颁发管理机关同意，不再审查，安全生产许可证有效期延期3年。选项B、C、D、E正确。

17.【答案】B、C、D

特种作业人员应符合下列条件：（1）年满18周岁，且不超过国家法定退休年龄；（2）经社区或者县级以上医疗机构体检健康合格，并无妨碍从事相应特种作业的器质性心脏病、癫痫病、美尼尔氏症、眩晕症、癔病、震颤麻痹症、精神病、痴呆症及其他疾病和生理缺陷；（3）具有初中及以上文化程度；（4）具备必要的安全技术知识与技能；（5）相应特种作业规定的其他条件。选项B、C、D正确。

20.【答案】B、C、D、E

通过安全生产检查，应达到以下目的：（1）利用安全生产检查，宣传、贯彻、落实安全生产方针、政策、规范标准和各项安全生产规章制度；（2）增强从业人员安全意识，纠正违章指挥，违章作业，提高安全生产的自觉性和责任感；（3）发现施工中的职业健康安全隐患，制定对策，采取对策，消除不安全因素，保障安全生产；（4）总结经验，汲取教训，相互学习，取长补短，促进安全生产；（5）分析安全生产形势，为加强安全生产管理提供信息和依据。选项B、C、D、E正确。

21.【答案】A、C、E

施工企业安全生产检查的内容包括：（1）安全管理目标的实现程度；（2）安全生产职责的履行情况；（3）各项安全生产管理制度的执行情况；（4）施工现场管理行为和实物状况；（5）生产安全事故、未遂事故和其他违规违法事件的报告调查、处理情况；（6）安全生产法律法规、标准规范和其他要求的执行情况。选项A、C、E正确。

22.【答案】C、D、E

施工企业安全检查的形式应包括各管理层的自查、互查及对下级管理层的抽查等；安全检查的类型应包括日常巡查、专项检查、季节性检查、定期检查、不定期抽查等。选项C、D、E正确。

6.3 专项施工方案及施工安全技术管理

复习要点

1. 专项施工方案编制与报审

1）专项施工方案编制对象

《建设工程安全生产管理条例》规定，对下列达到一定规模的危险性较大的分部分项工程，施工单位应编制专项施工方案，并附具安全验算结果，经施工单位技术负责人、总监理工程师签字后实施，由专职安全生产管理人员进行现场监督：（1）基坑支护与降水工程；（2）土方开挖工程；（3）模板工程；（4）起重吊装工程；（5）脚手架工程；

（6）拆除、爆破工程；（7）国务院建设行政主管部门或者其他有关部门规定的其他危险性较大的工程。

上述工程中涉及深基坑、地下暗挖工程、高大模板工程的专项施工方案，施工单位还应当组织专家进行论证、审查。

2）专项施工方案内容

工程概况；编制依据；施工计划；施工工艺技术；施工安全保证措施；施工管理及作业人员配备和分工；验收要求；应急处置措施；计算书及相关施工图纸。

3）专项施工方案编制和审查程序

（1）专项施工方案编制。施工单位应在危险性较大的分部分项工程施工前，组织工程技术人员编制专项施工方案。实行施工总承包的，专项施工方案应由施工总承包单位组织编制。

（2）专项施工方案专家论证。对于超过一定规模的危险性较大的分部分项工程，施工单位应组织召开专家论证会对专项施工方案进行论证。实行施工总承包的，由施工总承包单位组织召开专家论证会。

（3）专项施工方案的审批。

2．施工安全技术措施及安全技术交底

1）施工安全技术措施

（1）防高处坠落的安全技术措施。临边作业防坠落措施；洞口作业防坠落措施；攀登作业防坠落措施；悬空作业防坠落措施；交叉作业安全技术措施。

（2）防物体打击的安全技术措施。物体打击主要是高处坠落物或地面物体坠落至基坑、槽造成的伤害事故，针对性技术措施包括防落物措施、防飞溅物伤人措施和防护措施三方面。

（3）防坍塌倾覆的安全技术措施。编制施工方案，确定防坍塌技术措施；实施施工监测；采取排水降水措施；做好基坑支护；保证临边堆码及施工作业安全距离；按顺序组织施工；防止地面水侵蚀；按规范搭设模板支撑系统，控制施工荷载；采取措施保证起重等设备自身安全；施工现场使用的组装式活动房屋应有产品合格证；采取临时加固和防护措施。

（4）防机械伤害的安全技术措施。造成机械伤害事故的原因有设备缺陷发生的故障、设备因无安全防护措施、有防护装置搁置不用、违章指挥、操作者技术不熟练和缺乏安全知识、操作者发生操作失误或违章操作等。因此，除做好机械设备管理外，还应从机械本体及其防护、机械操作等方面采取相应的安全技术措施。

（5）防触电和火灾的安全技术措施

防触电技术措施有：① 按规范设置配供电系统；② 保护接地；③ 保护接零；④ 工作接地；⑤ 装设漏电保护器；⑥ 绝缘安全用具。防火技术措施有：① 将消防相关条件纳入施工总平面布局；② 合理设置消防扑救通道；③ 保证防火间距；④ 按规范进行临时用房防火设计和搭设；⑤ 配置临时消防设施。

2）安全防护设施、用品技术要求

（1）防火栏杆应符合的规定；（2）操作平台应符合的规定；（3）防护棚与警示标志应符合的规定；（4）施工安全网选用和搭设；（5）安全带；（6）安全帽。

3）施工安全技术交底

根据《建设工程安全生产管理条例》，建设工程施工前，施工单位负责项目管理的技术人员应对有关安全施工的技术要求向施工作业班组、作业人员作出详细说明，并由双方签字确认。

一 单项选择题

1. 根据《建设工程安全生产管理条例》，对于某项目深基坑支护工程，施工单位应当编制（　　　）。

  A．单项工程施工组织设计　　　　B．安全施工方案

  C．专项施工方案　　　　　　　　D．施工组织设计

2. 根据《建设工程安全生产管理条例》，对于达到一定规模的危险性较大的分部分项工程，施工单位应当在施工组织设计中编制（　　　）。

  A．专项施工方案　　　　　　　　B．安全施工措施

  C．安全技术操作规程　　　　　　D．安全措施计划

3. 根据《建设工程安全生产管理条例》，对于某项目达到一定规模的危险性较大的模板工程的专项施工方案经（　　　）审批签字后，方可实施。

  A．建设行政部门负责人和甲方代表

  B．工程监理单位总监理工程师和甲方代表

  C．施工单位技术负责人和总监理工程师

  D．甲方代表和设计人员

4. 实行施工总承包工程的专项施工方案应由（　　　）组织召开专家论证会。

  A．建设单位　　　　　　　　　　B．监理单位

  C．施工总承包单位　　　　　　　D．第三方专业机构

5. 对于危险性较大的分部分项工程实行分包并由分包单位编制专项施工方案，其审核主体是（　　　）。

  A．总承包单位技术负责人及分包单位技术负责人

  B．建设行政部门负责人和甲方代表

  C．工程监理单位总监理工程师和总承包单位技术负责人

  D．工程监理单位总监理工程师和分包单位技术负责人

6. 距坠落高度基准面（　　　）m 及以上进行临边作业时，应在临空一侧设置防护栏杆，并应采用密目式安全立网或工具式栏板封闭。

  A．2　　　　　　　　　　　　　B．3

  C．4　　　　　　　　　　　　　D．5

7. 易燃易爆危险品库房与在建工程的防火间距不应小于（　　　）m。

  A．3　　　　　　　　　　　　　B．5

  C．10　　　　　　　　　　　　D．15

8. 可燃材料堆场及其加工场、固定动火作业场与在建工程的防火间距不应小于（　　　）m。

A. 3   B. 6

C. 8   D. 10

9. 为了防止物体坠落或飞溅，施工层应设有1.2m高防护栏杆和（   ）高挡脚板。

A. 5～10cm   B. 11～14cm

C. 15～17cm   D. 18～20cm

10. 关于防护栏杆安全技术要求规定的说法，正确的是（   ）。

A. 防护栏杆应为两道横杆，上杆距地面高度应为1.1m，下杆应在上杆和挡脚板中间设置

B. 当防护栏杆高度大于1m时，应增设横杆，横杆间距不应大于500mm

C. 防护栏杆立杆间距不应大于2m

D. 挡脚板高度不应小于120mm

11. 密目式安全立网搭设时，每个开眼环扣应穿入系绳，系绳应绑扎在支撑架上，间距不得大于（   ）mm。

A. 450   B. 500

C. 600   D. 800

12. 施工安全技术交底首先由（   ）向施工员、班组长、分包单位技术负责人交底，再由班组长向操作工人交底。

A. 总监理工程师   B. 建设单位技术负责人

C. 项目经理   D. 项目技术负责人

13. 对于超过一定规模的危险性较大分部分项工程，必须先由（   ）向项目技术负责人交底。

A. 建设单位技术负责人   B. 总监理工程师

C. 施工单位项目经理   D. 施工单位技术负责人

二 多项选择题

1. 下列工程的专项施工方案，施工单位还应当组织专家进行论证、审查的有（   ）。

A. 降水工程   B. 地下暗挖工程

C. 高大模板工程   D. 深基坑工程

E. 脚手架工程

2. 施工单位编制的专项施工方案主要内容包括（   ）。

A. 项目成员   B. 施工计划

C. 施工工艺技术   D. 施工安全保证措施

E. 应急处置措施

3. 对专项施工方案进行专家论证的主要内容包括（   ）。

A. 专项施工方案的参与主体是否具备资格

B. 专项施工方案内容是否完整、可行

C. 专项施工方案计算书和验算依据是否符合有关标准规范

D．专项施工方案施工图是否符合有关标准规范

E．专项施工方案是否满足现场实际情况，并能够确保施工安全

4．关于洞口作业防坠落安全技术措施的说法，正确的有（　　　　）。

A．当竖向洞口短边边长小于 1000mm 时，应采取封堵措施

B．当非竖向洞口短边边长为 25～500mm 时，应采用承载力满足使用要求的盖板覆盖

C．当非竖向洞口短边边长为 500～1500mm 时，应采用盖板覆盖或防护栏杆等措施

D．当非竖向洞口短边边长大于或等于 1500mm 时，应在洞口作业侧设置高度不小于 1.2m 的防护栏杆

E．当垂直洞口短边边长大于或等于 800mm 时，应在临空一侧设置高度不小于 1m 的防护栏杆

5．关于悬空作业安全技术措施要求的说法，正确的有（　　　　）。

A．悬空作业所使用的吊篮、平台、脚手板及索具等应经技术鉴定或验证后才可使用

B．搭设脚手架进行操作时，脚手架应牢固，外侧应设安全网

C．悬空作业施工人员不能站在操作平台上作业

D．悬空作业的立足处的设置应牢固，并应配置登高和防坠落装置和设施

E．悬空作业的人员必须系好安全带

6．机械伤害预防中的"四不修"是指（　　　　）。

A．带电不修　　　　　　　　　B．带压不修

C．高温过冷不修　　　　　　　D．无专用工具不修

E．技术过时不修

7．在建工程及临时用房应配置灭火器的场所有（　　　　）。

A．较为空旷的场所

B．易燃易爆危险品存放及使用场所

C．可燃材料存放、加工及使用场所

D．办公用房、宿舍等临时用房

E．动火作业场所

8．关于防护棚与警示标志安全技术规定的说法，正确的有（　　　　）。

A．非通道口应设置禁行标志，禁止出入

B．进出建筑物主体通道口应搭设防护棚

C．木工加工场地上方有可能坠落物件应搭设单层防护棚

D．机械设备设置隔离护栏和机械防撞防护围栏、防护棚

E．当坠落物高度为 2～5m 时，坠落半径为 2m

9．安全带的附加性能要求包括（　　　　）。

A．救援性能　　　　　　　　　B．防变形性能

C．防静电性能　　　　　　　　D．阻燃性能

E．耐化学品性能

10. 按照国家标准《安全帽测试方法》GB/T 2812—2006 规定的方法测试，安全帽的基本技术性能要求包括（　　）。

A．隔热性能
B．冲击吸收性能
C．耐穿刺性能
D．侧向刚性
E．耐低温性能

11. 施工安全技术交底的主要内容包括（　　）。

A．项目成员分工情况
B．工程项目和分部分项工程的概况
C．施工项目的施工作业特点和危险点
D．针对危险点的具体预防措施
E．作业人员发现事故隐患应采取的措施

【答案与解析】

一、单项选择题

1．C；　　2．A；　　*3．C；　　4．C；　　5．A；　　6．A；　　7．D；　　8．D；
9．D；　　*10．C；　　11．A；　　12．D；　　13．D

【解析】

3．【答案】C

《建设工程安全生产管理条例》规定，对达到一定规模的危险性较大的分部分项工程，施工单位应编制专项施工方案，并附具安全验算结果，经施工单位技术负责人、总监理工程师签字后实施。选项 C 正确。

10．【答案】C

临边作业防护栏杆应由横杆、立杆及挡脚板组成，防护栏杆应符合下列规定：（1）防护栏杆应为两道横杆，上杆距地面高度应为 1.2m，下杆应在上杆和挡脚板中间设置；（2）当防护栏杆高度大于 1.2m 时，应增设横杆，横杆间距不应大于 600mm；（3）防护栏杆立杆间距不应大于 2m；（4）挡脚板高度不应小于 180mm；（5）防护栏杆立杆底端应固定牢固。选项 C 正确。

二、多项选择题

1．B、C、D；　　　2．B、C、D、E；　　　*3．B、C、D、E；　　*4．B、C、D；
5．A、B、D、E；　　6．A、B、C、D；　　　7．B、C、D、E；　　　8．A、B、D；
*9．A、C、D、E；　　*10．B、C、D、E；　　*11．B、C、D、E

【解析】

3．【答案】B、C、D、E

专家论证的主要内容应包括：（1）专项施工方案内容是否完整、可行；（2）专项施工方案计算书和验算依据、施工图是否符合有关标准规范；（3）专项施工方案是否满足现场实际情况，并能够确保施工安全。选项 B、C、D、E 正确。

4．【答案】B、C、D

洞口作业防坠落措施要求：（1）当竖向洞口短边边长小于 500mm 时，应采取封堵措施；当垂直洞口短边边长大于或等于 500mm 时，应在临空一侧设置高度不小于 1.2m 的防护栏杆，并应采用密目式安全立网或工具式栏板封闭，设置挡脚板；（2）当非竖向洞口短边边长为 25～500mm 时，应采用承载力满足使用要求的盖板覆盖，盖板四周搁置应均衡，且应防止盖板移位；（3）当非竖向洞口短边边长为 500～1500mm 时，应采用盖板覆盖或防护栏杆等措施，并应固定牢固；（4）当非竖向洞口短边边长大于或等于 1500mm 时，应在洞口作业侧设置高度不小于 1.2m 的防护栏杆，洞口应采用安全平网封闭。选项 B、C、D 正确。

9.【答案】A、C、D、E

安全带还应满足附加性能要求，这些性能包括：救援性能、阻燃性能、防静电性能、耐化学品性能、安全带金属零部件耐腐蚀性能等。选项 A、C、D、E 正确。

10.【答案】B、C、D、E

安全帽基本技术性能的要求包括：冲击吸收性能、耐穿刺性能、侧向刚性、电绝缘性、阻燃性、耐温性能等。选项 B、C、D、E 正确。

11.【答案】B、C、D、E

施工安全技术交底的主要内容：（1）工程项目和分部分项工程的概况；（2）施工项目的施工作业特点和危险点；（3）针对危险点的具体预防措施；（4）作业中应遵守的安全操作规程及应注意的安全事项；（5）作业人员发现事故隐患应采取的措施；（6）发生事故后应及时采取的避难和急救措施。选项 B、C、D、E 正确。

6.4　施工安全事故应急预案和调查处理

复习要点

1．施工安全事故隐患处置和应急预案

施工安全事故隐患分为一般事故隐患和重大事故隐患。

1）安全风险分级管控基本过程和要求

（1）全面开展安全风险辨识；（2）科学评定安全风险等级；（3）有效管控安全风险；（4）实施安全风险公告警示。

2）安全事故隐患治理体系基本内容和要求

（1）企业是事故隐患排查、治理和防控的责任主体；（2）企业应建立健全事故隐患排查治理和建档监控等制度，逐级建立并落实从主要负责人到每个从业人员的隐患排查治理和监控责任制；（3）企业应保证事故隐患排查治理所需的资金，建立资金使用专项制度；（4）企业应定期组织安全生产管理人员、工程技术人员和其他相关人员排查本单位的事故隐患；（5）企业将生产经营项目、场所、设备发包、出租的，应与承包、承租单位签订安全生产管理协议，并在协议中明确各方对事故隐患排查、治理和防控的管理职责；（6）企业应建立事故隐患报告和举报奖励制度，鼓励、发动职工发现和排除事故隐患，鼓励社会公众举报；（7）安全监管监察部门和有关部门的监督检查人员依法履行事故隐患监督检查职责时，企业应积极配合，不得拒绝和阻挠；（8）要通过与政府部门互联互通的隐患排查治理信息系统，全过程记录报告隐患排查治理情况；（9）对于一

般事故隐患，由企业负责人或者有关人员立即组织整改；（10）企业在事故隐患治理过程中，应采取相应的安全防范措施，防止事故发生；（11）企业应加强对自然灾害的预防；（12）事故隐患排查治理情况应如实记录，并通过职工大会或者职工代表大会、信息公示栏等方式向从业人员通报。

3）安全事故隐患治理"五落实"

（1）落实隐患排查治理责任；（2）落实隐患排查治理措施；（3）落实隐患排查治理资金；（4）落实隐患排查治理时限；（5）落实隐患排查治理预案。

4）安全事故应急预案

应急预案包含三方面内容：一是事前预防；二是应急处置；三是抢险救援。

（1）应急预案的分类

企业应急预案分为综合应急预案、专项应急预案和现场处置方案。

（2）应急预案的编制应符合的基本要求

编制应急预案应当成立编制工作小组，由本单位有关负责人任组长，吸收与应急预案有关的职能部门和单位的人员，以及有现场处置经验的人员参加。

应急预案的编制应遵循以人为本、依法依规、符合实际、注重实效的原则，以应急处置为核心，明确应急职责、规范应急程序、细化保障措施。

应急预案的编制应符合下列基本要求：① 有关法律、法规、规章和标准的规定；② 本单位的安全生产实际情况；③ 本单位的危险性分析情况；④ 应急组织和人员的职责分工明确，并有具体的落实措施；⑤ 有明确、具体的应急程序和处置措施，并与其应急能力相适应；⑥ 有明确的应急保障措施，满足应急工作需要；⑦ 应急预案基本要素齐全、完整，应急预案附件提供的信息准确；⑧ 应急预案内容与相关应急预案相互衔接。

（3）应急预案的评审／论证

参加应急预案评审的人员可包括有关安全生产及应急管理方面的、有现场处置经验的专家。评审内容：风险评估和应急资源调查的全面性、应急预案体系设计的针对性、应急组织体系的合理性、应急响应程序和措施的科学性、应急保障措施的可行性、应急预案的衔接性。

（4）应急预案的培训、演练

企业应组织开展本单位的应急预案、应急知识、自救互救和避险逃生技能的培训活动。企业应制定本单位的应急预案演练计划，建筑施工单位应至少每半年组织一次生产安全事故应急预案演练，并将演练情况报送所在地县级以上地方人民政府负有安全生产监督管理职责的部门。

（5）应急预案的评估

建筑施工企业应当每三年进行一次应急预案评估。

2．施工安全事故等级和应急救援

1）施工安全事故等级

依据《生产安全事故报告和调查处理条例》，生产安全事故分为：特别重大事故、重大事故、较大事故、一般事故。

2）施工安全事故应急救援

（1）应急救援准备

施工单位应根据建设工程施工的特点、范围，对施工现场易发生重大事故的部位、环节进行监控，制定施工现场生产安全事故应急救援预案。实行施工总承包的，由总承包单位统一组织编制建设工程生产安全事故应急救援预案，工程总承包单位和分包单位按照应急救援预案，各自建立应急救援组织或者配备应急救援人员，配备救援器材、设备，并定期组织演练。

（2）应急救援任务

① 立即组织营救受害人员，组织撤离或者采取其他措施保护危害区域内的其他人员。

② 迅速控制事态，并对事故造成的危害进行检测、监测，测定事故的危害区域、危害性质及危害程度，及时控制住造成事故的危险源。

③ 消除危害后果，做好现场恢复。

④ 查清事故原因，评估危害程度。

（3）应急救援组织和实施

生产安全事故发生后，企业应立即启动生产安全事故应急救援预案，根据应急救援预案职责，采取下列一项或者多项应急救援措施组织救援，并按照国家有关规定报告事故情况：① 迅速控制危险源，组织抢救遇险人员；② 根据事故危害程度，组织现场人员撤离或者采取可能的应急措施后撤离；③ 及时通知可能受到事故影响的单位和人员；④ 采取必要措施，防止事故危害扩大和次生、衍生灾害发生；⑤ 根据需要请求邻近的应急救援队伍参加救援，并向参加救援的应急救援队伍提供相关技术资料、信息和处置方法；⑥ 维护事故现场秩序，保护事故现场和相关证据；⑦ 法律、法规规定的其他应急救援措施。

3．施工安全事故报告和调查处理

1）施工安全事故报告

（1）事故单位上报。事故发生后，事故现场有关人员应当立即向本单位负责人报告；单位负责人接到报告后，应当于 1h 内向事故发生地县级以上人民政府应急管理部门和负有安全生产监督管理职责的有关部门报告。

实行施工总承包的建设工程，由总承包单位负责上报事故。

（2）主管部门报告。应急管理部门和负有安全生产监督管理职责的有关部门接到事故报告后，应依照下列规定上报事故情况，并通知公安机关、劳动保障行政部门、工会和人民检察院：① 特别重大事故、重大事故逐级上报至国务院应急管理部门和负有安全生产监督管理职责的有关部门；② 较大事故逐级上报至省、自治区、直辖市人民政府应急管理部门和负有安全生产监督管理职责的有关部门；③ 一般事故上报至设区的市级人民政府应急管理部门和负有安全生产监督管理职责的有关部门。

（3）应急措施。事故发生单位负责人接到事故报告后，应当立即启动事故相应应急预案，或者采取有效措施，组织抢救，防止事故扩大，减少人员伤亡和财产损失。

2）施工安全事故调查

（1）分级调查与组织。特别重大事故由国务院或者国务院授权有关部门组织事故调查组进行调查；重大事故、较大事故、一般事故分别由事故发生地省级人民政府、设区的市级人民政府、县级人民政府负责调查；省级人民政府、设区的市级人民政府、县级人民政府可以直接组织事故调查组进行调查，也可以授权或者委托有关部门组织事故调查组进行调查；未造成人员伤亡的一般事故，县级人民政府也可以委托事故发生单位组织事故调查组进行调查；上级人民政府认为必要时，可以调查由下级人民政府负责调查的事故。

（2）调查时限和调查报告。事故调查组应当自事故发生之日起60日内提交事故调查报告；特殊情况下，经负责事故调查的人民政府批准，提交事故调查报告的期限可以适当延长，但延长的期限最长不超过60日。

3）施工安全事故处理

重大事故、较大事故、一般事故，负责事故调查的人民政府应当自收到事故调查报告之日起15日内做出批复；特别重大事故，30日内做出批复，特殊情况下，批复时间可以适当延长，但延长的时间最长不超过30日。

一 单项选择题

1. 危害和整改难度较小，发现后能够立即整改排除的事故隐患是（　　）。
   A．轻微事故隐患　　　　　　　　B．一般事故隐患
   C．严重事故隐患　　　　　　　　D．重大事故隐患

2. 危害和整改难度较大，应当全部或者局部停产停业，并经过一定时间整改治理方能排除的隐患，或者因外部因素影响致使企业自身难以排除的事故隐患是（　　）。
   A．一般事故隐患　　　　　　　　B．严重事故隐患
   C．较大事故隐患　　　　　　　　D．重大事故隐患

3. 安全风险等级用红、橙、黄、蓝四种颜色标示，则对应的风险等级分别是（　　）。
   A．重大风险、一般风险、较大风险和低风险
   B．低风险、较大风险、一般风险和重大风险
   C．重大风险、较大风险、一般风险和低风险
   D．低风险、一般风险、较大风险和重大风险

4. 下列施工企业有效管控安全风险的措施中，属于组织措施的是（　　）。
   A．在机械设备上安装各种安全有效的防护装置
   B．培训教育措施和组织成员个体防护措施
   C．制定全员安全生产责任制和安全生产管理制度
   D．应急物资准备及应急演练

5. 下列施工企业有效管控安全风险的措施中，属于应急方面的是（　　）。
   A．特种作业人员继续教育培训及其他安全培训
   B．编制专项施工方案
   C．在机械设备上采用各种安全有效的防护装置
   D．风险监控、预警和现场处置方案制定

6. 对于重大事故隐患，组织制定并实施事故隐患治理方案的主体是（　　）。

A．项目经理   B．安全负责人

C．监督管理部门人员   D．企业主要负责人

7．下列工作内容中，属于安全事故应急预案应急处置内容的是（   ）。

     A．通过危险辨识和事故后果分析，采用技术和管理措施降低安全事件发生概率

     B．制定发生安全事件的应急处置程序和方法，将影响消除在萌芽状态

     C．应对已发生的安全事件，能够采用预定的应急抢险救援方案

     D．应对已发生的安全事件，控制事态发展并减少损失

8．安全生产事故专项应急预案是（   ）。

     A．应对各类事故的综合性文件

     B．针对重要生产设施、重大危险源、重大活动防止生产安全事故而制定的计划或方案

     C．针对具体的装置、场所或设施、岗位所制定的应急处置措施

     D．专门应对重大事故制定的现场处置方案

9．对于事故风险单一、危险性小的施工企业，可只编制（   ）。

     A．综合应急预案   B．应急处理方案

     C．专项应急预案   D．现场处置方案

10．建筑施工企业对应急预案评估应当是（   ）。

     A．每半年进行一次   B．每年进行一次

     C．每两年进行一次   D．每三年进行一次

11．某工程施工中发生安全事故，造成 3 人死亡，8 人受伤，直接经济损失 350 万元，按照生产安全事故造成的人员伤亡或直接经济损失分类，该工程事故属于（   ）。

     A．较大事故   B．重大事故

     C．特别重大事故   D．一般事故

12．按照生产安全事故造成的人员伤亡或直接经济损失分类，可分为（   ）。

     A．重大事故、较大事故、一般事故、轻微事故

     B．特别重大事故、重大事故、较大事故、一般事故

     C．轻伤事故、重伤事故、死亡事故

     D．轻伤事故、重伤事故、死亡事故、重大伤亡事故

13．施工单位应急救援的总目标是（   ）。

     A．通过有效的应急救援计划，保障应急救援行动顺利开展

     B．通过有效的物资保障顺利实施救援计划

     C．通过有效的应急救援行动，尽可能地降低事故的后果

     D．通过救援行动，查清安全事故原因，以便进行权责划分

14．单位负责人接到安全事故报告后，向事故发生地县级以上人民政府应急管理部门和负有安全生产监督管理职责的部门报告的时间不得超过（   ）。

     A．半小时   B．1h

     C．2h   D．3h

15．应急管理部门和负有安全生产监督管理职责的有关部门接到较大事故报告后，应逐级上报至（   ）。

A．国务院应急管理部门和负有安全生产监督管理职责的有关部门

B．省、自治区、直辖市人民政府应急管理部门和负有安全生产监督管理职责的有关部门

C．设区的市级人民政府应急管理部门和负有安全生产监督管理职责的有关部门

D．县级人民政府应急管理部门和负有安全生产监督管理职责的有关部门

16．应急管理部门和负有安全生产监督管理职责的有关部门逐级上报事故情况，每级上报的时间不得超过（　　　）。

A．半小时 　　　　　　　　　B．1h

C．2h 　　　　　　　　　　　D．3h

17．负责安全事故调查的人民政府应当自收到一般事故调查报告之日起（　　　）日内做出批复。

A．5 　　　　　　　　　　　B．10

C．15 　　　　　　　　　　　D．30

18．施工企业发生一般安全事故，组织负责调查的主体是事故发生地的（　　　）。

A．省级人民政府 　　　　　　B．设区的市级人民政府

C．县级人民政府 　　　　　　D．镇级人民政府

二　多项选择题

1．由于安全风险、事故隐患和安全生产事故之间的内在关联性，施工企业应构建安全风险双重预防机制包括（　　　）。

A．风险奖罚机制 　　　　　　B．分级管控机制

C．隐患排查治理机制 　　　　D．风险防范化解机制

E．风险处理机制

2．施工企业按照安全风险分级采取管控措施的基本过程和要求有（　　　）。

A．建立资金使用专项制度 　　B．全面开展安全风险辨识

C．科学评定安全风险等级 　　D．有效管控安全风险

E．实施安全风险公告警示

3．施工企业安全风险评估过程要突出的内容有（　　　）。

A．设置监控设施 　　　　　　B．遏制重特大事故

C．高度关注暴露人群 　　　　D．聚焦重大危险源

E．聚焦高危作业工序

4．施工企业根据风险评估结果，针对安全风险特点，从（　　　）等方面对安全风险进行有效管控。

A．组织 　　　　　　　　　　B．制度

C．技术 　　　　　　　　　　D．应急

E．经济

5．关于施工企业应建立安全事故隐患治理体系基本内容和要求的说法，正确的有（　　　）。

A．项目经理对本单位事故隐患排查治理工作全面负责

B．对于一般事故隐患，由企业负责人或者有关人员立即组织整改

C．事故隐患排查治理情况应如实记录，并向从业人员通报

D．企业应保证事故隐患排查治理所需的资金，建立资金使用专项制度

E．企业应建立事故隐患报告和举报奖励制度

6．施工企业对于排查发现的重大事故隐患，应当向负有安全生产监督管理职责的部门报告的内容包括（   ）。

A．隐患的变化趋势 　　　　　　B．隐患整改难易程度分析

C．隐患的现状及其产生原因 　　D．隐患的危害程度分析

E．隐患的治理方案

7．施工企业编制的重大事故隐患治理方案包括的内容有（   ）。

A．治理的目标和任务 　　　　　B．经费和物资的落实

C．安全措施和应急预案 　　　　D．采取的方法和措施

E．治理的奖罚制度

8．下列工作内容中，属于安全事故隐患治理"五落实"的有（   ）。

A．落实隐患产生原因 　　　　　B．落实隐患排查治理措施

C．落实隐患排查治理时限 　　　D．落实隐患排查治理预案

E．落实隐患排查治理责任

9．施工生产安全事故应急预案包括（   ）。

A．综合应急预案 　　　　　　　B．应急处理方案

C．专项应急预案 　　　　　　　D．现场处置方案

E．现场调查方案

10．施工企业应急预案的编制应遵循原则有（   ）。

A．经济效益原则 　　　　　　　B．以人为本原则

C．依法依规原则 　　　　　　　D．符合实际原则

E．注重实效原则

11．应急预案评审的内容包括（   ）。

A．风险评估和应急资源调查的全面性

B．应急预案体系设计的针对性

C．应急响应程序和措施的科学性

D．应急组织体系的合理性

E．应急保障成本的合理性

12．根据《生产安全事故报告和调查处理条例》，下列事故中，属于特别重大事故的有（   ）。

A．造成20人以上死亡

B．造成30人以上死亡

C．造成100人以上重伤

D．造成直接经济损失5000万元以上

E．造成直接经济损失1亿元以上

13. 施工单位的应急救援准备内容包括（　　）。

    A．应急救援预案准备　　　　　　　B．应急救援队伍准备

    C．应急救援物资准备　　　　　　　D．应急值班制度和从业人员应急培训

    E．应急救援报告准备

14. 施工单位特种设备发生事故后，应按照国家有关伤亡事故报告和调查处理的规定，及时上报的部门有（　　）。

    A．城乡规划部门　　　　　　　　　B．应急管理的部门

    C．建设行政主管部门　　　　　　　D．特种设备安全监督管理部门

    E．自然资源管理部门

15. 施工单位安全事故报告的内容包括（　　）。

    A．事故发生单位概况　　　　　　　B．事故简要经过

    C．人员伤亡与经济损失情况　　　　D．事故现场概况

    E．对事故责任人的处罚结果

16. 安全事故调查组提交的事故调查报告内容包括（　　）。

    A．事故发生单位概况

    B．经过及救援情况

    C．造成的人员伤亡与经济损失情况

    D．事故防范与整改措施

    E．对事故责任人的处罚结果

【答案与解析】

一、单项选择题

1．B；　　*2．D；　　*3．C；　　4．B；　　5．D；　　6．D；　　*7．B；　　*8．B；
9．D；　　10．D；　　*11．A；　　12．B；　　*13．C；　　14．B；　　*15．B；　　16．C；
17．C；　　*18．C

【解析】

2.【答案】D

一般事故隐患是指危害和整改难度较小，发现后能够立即整改排除的隐患。重大事故隐患是指危害和整改难度较大，应当全部或者局部停产停业，并经过一定时间整改治理方能排除的隐患，或者因外部因素影响致使企业自身难以排除的隐患。选项 D 正确。

3.【答案】C

安全风险等级从高到低划分为重大风险、较大风险、一般风险和低风险，分别用红、橙、黄、蓝四种颜色标示。选项 C 正确。

7.【答案】B

应急预案包含三方面内容：一是事前预防，即通过危险辨识和事故后果分析，采用技术和管理措施降低安全事件发生概率；二是应急处置，制定发生安全事件的应急处置程序和方法，能快速反应，将影响消除在萌芽状态；三是抢险救援，即应对已发生的

安全事件和事故，能够采用预定的应急抢险救援方案，控制事态发展并减少损失。选项 B 正确。

8.【答案】B

专项应急预案指企业为应对某一种或者多种类型生产安全事故，或者针对重要生产设施、重大危险源、重大活动防止生产安全事故而制定的专项性工作方案。选项 B 正确。

11.【答案】A

按照生产安全事故造成的人员伤亡或直接经济损失分类，较大事故是指造成 3 人以上 10 人以下死亡，或者 10 人以上 50 人以下重伤，或者 1000 万元以上 5000 万元以下直接经济损失的事故。需要注意事故等级划分中所称的"以上"包括本数，所称的"以下"不包括本数。正确选项为 A。

13.【答案】C

应急救援的总目标是通过有效的应急救援行动，尽可能地降低事故的后果，包括人员伤亡、财产损失和环境破坏等。选项 C 正确。

15.【答案】B

应急管理部门和负有安全生产监督管理职责的有关部门接到事故报告后，应依照下列规定上报事故情况，并通知公安机关、劳动保障行政部门、工会和人民检察院：① 特别重大事故、重大事故逐级上报至国务院应急管理部门和负有安全生产监督管理职责的有关部门；② 较大事故逐级上报至省、自治区、直辖市人民政府应急管理部门和负有安全生产监督管理职责的有关部门；③ 一般事故上报至设区的市级人民政府应急管理部门和负有安全生产监督管理职责的有关部门。选项 B 正确。

18.【答案】C

特别重大事故由国务院或者国务院授权有关部门组织事故调查组进行调查；重大事故、较大事故、一般事故分别由事故发生地省级人民政府、设区的市级人民政府、县级人民政府负责调查。选项 C 正确。

二、多项选择题

*1. B、C；	2. B、C、D、E；	*3. B、C、D、E；	4. A、B、C、D
5. B、C、D、E	6. B、C、D、E；	*7. A、B、C、D；	8. B、C、D、E；
9. A、C、D；	10. B、C、D、E；	*11. A、B、C、D；	*12. B、C、E；
13. A、B、C、D；	*14. B、C、D；	*15. A、B、C、D；	*16. A、B、C、D

【解析】

1.【答案】B、C

由于安全风险、事故隐患和安全生产事故之间的内在关联性，施工企业应构建安全风险分级管控和隐患排查治理双重预防机制，健全风险防范化解机制，提高安全生产水平，确保安全生产。选项 B、C 正确。

3.【答案】B、C、D、E

施工企业对辨识出的安全风险进行分类梳理，对不同类别的安全风险，采用相应的风险评估方法确定安全风险等级。安全风险评估过程要突出遏制重特大事故，高度关注暴露人群，聚焦重大危险源、劳动密集型场所、高危作业工序和受影响的人群规模。

选项 B、C、D、E 正确。

7.【答案】A、B、C、D

重大事故隐患治理方案应当包括以下内容：（1）治理的目标和任务；（2）采取的方法和措施；（3）经费和物资的落实；（4）负责治理的机构和人员；（5）治理的时限和要求；（6）安全措施和应急预案。选项 A、B、C、D 正确。

11.【答案】A、B、C、D

应急预案的评审内容：风险评估和应急资源调查的全面性、应急预案体系设计的针对性、应急组织体系的合理性、应急响应程序和措施的科学性、应急保障措施的可行性、应急预案的衔接性。选项 A、B、C、D 正确。

12.【答案】B、C、E

按照生产安全事故造成的人员伤亡或直接经济损失分类，特别重大事故是指造成30 人以上死亡，或者 100 人以上重伤（包括急性工业中毒），或者 1 亿元以上直接经济损失的事故。需要注意事故等级划分中所称的"以上"包括本数，所称的"以下"不包括本数。选项 B、C、E 正确。

14.【答案】B、C、D

施工单位发生生产安全事故后，应按照国家有关伤亡事故报告和调查处理的规定，及时、如实地向负责安全生产监督管理的部门、建设行政主管部门或者其他有关部门报告；特种设备发生事故的，还应同时向特种设备安全监督管理部门报告。选项 B、C、D 正确。

15.【答案】A、B、C、D

报告事故应包括下列内容：（1）事故发生单位概况；（2）事故发生的时间、地点以及事故现场情况；（3）事故的简要经过；（4）事故已经造成或者可能造成的伤亡人数（包括下落不明的人数）和初步估计的直接经济损失；（5）已经采取的措施；（6）其他应当报告的情况。选项 A、B、C、D 正确。

16.【答案】A、B、C、D

事故调查报告应包括下列内容：（1）事故发生单位概况；（2）事故发生经过和事故救援情况；（3）事故造成的人员伤亡和直接经济损失；（4）事故发生的原因和事故性质；（5）事故责任的认定以及对事故责任者的处理建议；（6）事故防范和整改措施。选项 A、B、C、D 正确。

第7章 绿色施工及环境管理

7.1 绿色施工管理

复习要点

1. 绿色施工相关理念原则和方法

根据《建筑工程绿色施工规范》GB/T 50905—2014、《建筑与市政工程绿色施工评价标准》GB/T 50640—2023，绿色施工是指在保证质量、安全等基本要求的前提下，以人为本、因地制宜，通过科学管理和技术进步，最大限度地节约资源，减少对环境负面影响的施工活动。绿色施工理念有：可持续发展和清洁生产理念、循环经济"3R"原则、生命周期评估方法等。

2. 各方主体绿色施工具体职责

根据《建筑工程绿色施工规范》GB/T 50905—2014，工程建设各方主体的绿色施工具体职责如下：

1）建设单位绿色施工职责

（1）在编制工程概算和招标文件时，应明确绿色施工的要求，并提供包括场地、环境、工期、资金等方面的条件保障。

（2）应向施工单位提供建设工程绿色施工的设计文件、产品要求等相关资料，保证资料的真实性和完整性。

（3）应建立建设工程绿色施工的协调机制。

2）设计单位绿色施工职责

（1）应按国家现行有关标准和建设单位的要求进行工程的绿色设计。

（2）应协助、支持、配合施工单位做好建设工程绿色施工的有关设计工作。

3）工程监理单位绿色施工职责

（1）应对建设工程绿色施工承担监理责任。

（2）应审查绿色施工组织设计、绿色施工方案或绿色施工专项方案，并在实施过程中做好监督检查工作。

4）施工单位绿色施工职责

（1）施工单位是建设工程绿色施工的实施主体，应组织绿色施工的全面实施。

（2）实行总承包管理的建设工程，总承包单位应对绿色施工负总责。

（3）总承包单位应对专业承包单位的绿色施工实施管理，专业承包单位应对工程承包范围的绿色施工负责。

（4）施工单位应建立以项目经理为第一责任人的绿色施工管理体系，制定绿色施工管理制度，负责绿色施工的组织实施，进行绿色施工教育培训，定期开展自检、联检和评价工作。

（5）绿色施工组织设计、绿色施工方案或绿色施工专项方案编制前，应进行绿色施工影响因素分析，并据此制定实施对策和绿色施工评价方案。

3．绿色施工管理措施

包括绿色施工组织设计和绿色施工方案、人员安全与健康管理、设备材料管理、用能用水管理、排放和减量化管理、环境监测管理。

4．绿色施工技术措施

（1）节材与材料资源利用。包括：结构材料、围护材料、装饰装修材料、周转材料等方面的节约措施和绿色材料利用。

（2）节水与水资源利用。包括：提高用水效率，保证用水安全。

（3）节能与能源利用。包括：可再生资源利用及设备节能，生产、生活及办公临时设施，施工用电及照明等方面的节能措施和可再生能源利用。

（4）节地与施工用地保护。包括：临时用地保护和施工总平面布置优化。

（5）环境保护。包括：扬尘控制，噪声振动控制，光污染控制，水污染控制，土壤保护，垃圾回收利用和处置，地下设施、文物和资源保护等。

实施绿色施工管理，需要在工程施工活动中通过组织管理、规划管理、实施管理、评价管理、人员安全与健康管理，实现"四节一环保"。

一 单项选择题

1．在绿色施工管理过程中，"施工总平面布置优化"是属于（   ）方面的工作内容。

    A．节材与材料资源利用   B．节能与能源利用

    C．节地与施工用地保护   D．环境保护

2．绿色施工可持续发展理念主要的考量是（   ）。

    A．经济的可持续性   B．社会的可持续性

    C．环境的可持续性   D．资源的永续利用和环境容量的承载能力

3．绿色施工需遵循循环经济的"3R"原则，其中"再循环"是指（   ）。

    A．通过输入端控制方式，用较少资源投入来达到既定的生产目的

    B．通过过程端控制方式，将废物直接作为产品或经修复、翻新、再制造后继续作为产品使用

    C．通过过程端控制方式，将废物的全部或部分作为其他产品的部件予以使用

    D．通过输出端控制方式，将生产出来的物品在完成其使用功能后通过回收利用重新变成可用资源

4．施工单位绿色施工管理体系的第一责任人是（   ）。

    A．项目经理   B．项目总工程师

    C．项目安全总监   D．项目环保部部长

5．绿色施工管理措施中，建筑垃圾减量化要求每万平方米住宅建筑垃圾不宜超过（   ）t。

    A．200   B．400

C. 600   D. 800

6. 绿色施工技术措施中，鼓励施工就地取材，要求施工现场 500km 以内生产的建筑材料用量占建筑材料总重量的（   ）以上。

A. 50%   B. 60%

C. 70%   D. 80%

7. 在节水及水资源利用的技术措施中，施工中应采用先进的节水施工工艺，优先采用非传统水源，尽量不使用市政自来水。力争施工中非传统水源和循环水的再利用量大于（   ）。

A. 20%   B. 30%

C. 40%   D. 50%

8. 从施工现场环境保护目的出发，正确的做法是（   ）。

A. 将高空废弃物在工地没有作业的时间集中抛下处理

B. 由于施工现场位于城市郊区，可以在现场熔融沥青

C. 将有毒有害废弃物作为土方回填

D. 对产生噪声的机械，安装降噪设备

9. 施工现场环境保护的第一责任人是（   ）。

A. 项目安全总监   B. 项目总监理工程师

C. 项目技术负责人   D. 项目经理

10. 土方作业阶段，采取洒水、覆盖等措施，达到作业区目测扬尘高度小于（   ）m，不扩散到场区外。

A. 0.5   B. 1

C. 1.5   D. 2

11. 建筑垃圾的回收利用应符合《工程施工废弃物再生利用技术规范》GB/T 50743—2012 的规定，对无机非金属建筑垃圾的处理措施是（   ）。

A. 直接用于土方回填

B. 简单加工后用于工程中

C. 设置场内处置设备，进行资源化再利用

D. 转运到建筑垃圾处置场所

12. 根据《建筑施工场界环境噪声排放标准》GB 12523—2011，昼间噪声排放限值为 70dB（A），夜间噪声排放限值为 55dB（A）。夜间噪声最大声级超过限值的幅度不得高于（   ）dB（A）。

A. 5   B. 10

C. 15   D. 20

二　多项选择题

1. 清洁生产的主要内容包括（   ）。

A. 清洁的原料与能源

B. 清洁的生产过程

C．清洁的产品

D．贯穿于清洁生产的全过程控制

E．清洁的施工环境

2. 绿色施工循环经济"3R"原则包括（　　　）。

A．减量化原则　　　　　　　　B．污染者付费原则

C．再利用原则　　　　　　　　D．协调发展原则

E．再循环原则

3. 绿色施工方案应在施工组织设计中独立成章，并按有关规定进行审批。绿色施工方案应包括（　　　）等。

A．节材措施　　　　　　　　　B．节地与施工用地保护措施

C．节水措施　　　　　　　　　D．环境保护措施

E．节电措施

4. 下列针对施工现场办公、生活临时设施的绿色施工技术措施，符合管理要求的有（　　　）。

A．现场办公和生活用房应采用周转式用房，力争可重复使用率达到50%

B．项目临时用水应使用节水型产品，并安装计量装置

C．项目办公和生活临时设施要根据场地条件，合理设计体形、朝向、间距和窗墙比

D．项目临时设施的占地面积应按照指标所需的最低面积设计、占地面积有效利用率大于90%

E．施工现场生活区需设置封闭式垃圾容器、场地垃圾实行袋装化，及时清运

5. 国家鼓励绿色施工技术的发展，推动绿色施工技术的创新。下列属于绿色施工技术的有（　　　）。

A．低噪声的施工技术　　　　　B．自密实混凝土施工技术

C．新型模板及脚手架技术　　　D．二次砌筑技术

E．现场监测技术

【答案与解析】

一、单项选择题

1. C;　　2. D;　　3. D;　　4. A;　　5. B;　　*6. C;　　7. B;　　8. D;

9. D;　　10. C;　　11. C;　　12. C

【解析】

6.【答案】C

鼓励就地取材，施工现场500km以内生产的建筑材料用量占建筑材料总重量的70%以上，宜优先选用获得绿色建材评价认证标识的建筑材料和产品。

二、多项选择题

1. A、B、C、D;　　　2. A、C、E;　　　3. A、B、C、D;　　　4. B、C、D、E;

5. A、B、C、E

7.2 施工现场环境管理

复习要点

1．环境管理体系的基本理念和核心内容

2．环境管理体系的建立

（1）准备工作；（2）初始环境评审；（3）环境管理体系策划及体系文件编制。

3．环境管理体系的运行

4．文明施工的作用及管理理念

（1）文明施工的主要作用；（2）文明施工管理理念。

5．文明施工管理目标及工作要求

（1）文明施工管理目标；（2）文明施工管理工作要求；（3）文明施工具体要求。

6．施工现场环境保护措施

（1）控制项；（2）一般项；（3）优选项。

一 单项选择题

1．在环境管理体系的核心内容中，"领导作用"处于核心地位，下列属于"领导作用"内容的是（　　）。

　　A．确定环境管理体系的范围　　　B．环境方针

　　C．应对风险和机遇的措施　　　　D．管理评审

2．环境管理体系的核心内容中，策划主要包括环境目标及其实现的策划和（　　）。

　　A．应对风险和机遇的措施　　　B．应急准备和响应

　　C．信息交流　　　　　　　　　D．内部审核

3．环境管理体系的核心内容中，运行包括运行策划与控制以及（　　）。

　　A．监视、测量、分析和评价　　B．内部审核

　　C．应急准备和响应　　　　　　D．应对风险和机遇的措施

4．对建筑企业环境管理体系的有效性负责的是（　　）。

　　A．企业董事长　　　　　　　　B．最高管理者

　　C．领导班子成员　　　　　　　D．体系管理部门

5．（　　）的发布意味着环境管理体系进入试运行阶段。

　　A．管理制度　　　　　　　　　B．策划文件

　　C．行动计划　　　　　　　　　D．体系文件

6．施工现场文明施工的决定性因素是（　　）。

　　A．管理人员和施工人员　　　　B．施工环境管控

　　C．施工设备管控　　　　　　　D．施工工艺管控

7．工地四周设置的封闭围挡高度不得低于（　　）m。

　　A．1.8　　　　　　　　　　　　B．2.0

C. 2.2　　　　　　　　　　　　D. 2.5

8. 从施工现场文明施工目的出发，正确的做法是（　　　）。

　　A. 根据施工总平面布局，对工区进行区域划分

　　B. 施工临时设施与永久性措施应进行区分利用

　　C. 建筑垃圾可作为废料进行土方填埋施工

　　D. 施工现场设垃圾站，施工垃圾、生活垃圾集中存放

9. 安全文明施工措施费的结算依据是（　　　）。

　　A. 安全文明施工措施费台账

　　B. 安全文明施工措施费报价单

　　C. 施工合同及过程中的费用核查情况

　　D. 竣工结算文件

10. 下列措施中，属于施工现场环境保护措施中的控制项的是（　　　）。

　　A. 施工现场应设置环境保护标识

　　B. 对集中堆放的土方采取抑尘措施

　　C. 现场厨房烟气应净化后排放

　　D. 现场垃圾应分类、封闭、集中堆放

11. 建筑垃圾的处置应符合的规定有（　　　）。

　　A. 产生量不应大于 400t／万 m²

　　B. 回收利用率应达到 20%

　　C. 现场垃圾应分类、封闭、集中堆放

　　D. 施工渣土可作为路基回填材料

12. 根据《建筑施工场界环境噪声排放标准》GB 12523—2011，昼间场界环境噪声不得超过（　　　）dB（A）。

　　A. 55　　　　　　　　　　　　B. 60

　　C. 70　　　　　　　　　　　　D. 75

二　多项选择题

1. 下列内容中，属于环境管理体系中"绩效评价"内容的有（　　　）。

　　A. 组织的角色、职责和权限　　　B. 环境目标及其实现的策划

　　C. 监视、测量、分析和评价　　　D. 内部审核

　　E. 管理评审

2. 下列内容中，属于文明施工管理"六化"内容的有（　　　）。

　　A. 现场管理制度化　　　　　　　B. 现场管理精益化

　　C. 安全设施标准化　　　　　　　D. 现场布置条理化

　　E. 作业行为规范化

3. 施工现场文明施工所指的"五牌一图"包括（　　　）。

　　A. 工程概况牌　　　　　　　　　B. 组织结构图

　　C. 消防保卫牌　　　　　　　　　D. 文明施工牌

E. 安全生产牌

4. 施工现场污水排放应符合的规定包括（　　）。

A. 现场道路周边应设置排水沟

B. 现场厕所应设置化粪池并定期清理

C. 试验室养护用水可直接排入市政污水管道

D. 工地厨房应设置隔油池，定期清理

E. 钻孔桩作业应采用泥浆循环利用系统，不应外溢漫流

5. 下列属于施工现场环境保护优选项内容的有（　　）。

A. 现场采用低噪声设备施工

B. 现场采用清洁燃料

C. 现场采用自动喷雾（淋）降尘系统

D. 建筑垃圾回收利用率达到 50%

E. 现场采用自动监测平台，动态计量固体废弃物重量

【答案与解析】

一、单项选择题

1. B；　　2. A；　　3. C；　　4. B；　　*5. D；　　6. A；　　7. A；　　8. A；

9. C；　　10. A；　　11. C；　　12. C

【解析】

5.【答案】D

为确保环境管理体系文件化信息的适用性和充分性，以手册、程序文件或其他形式呈现的环境管理体系文件化信息，经最高管理者评审和批准后正式发布。体系文件的发布意味着环境管理体系进入试运行阶段。

二、多项选择题

1. C、D、E；　　　2. A、C、D、E；　　　3. A、C、D、E；　　　4. A、B、D、E；

*5. C、D、E

【解析】

5.【答案】C、D、E

对于施工现场环境保护而言，"优选项"包括以下内容：（1）施工现场宜设置可移动环保厕所，并定期清运、消毒；（2）现场宜采用自动喷雾（淋）降尘系统；（3）场界宜设置扬尘自动监测仪，动态连续定量监测扬尘（TSP、PM10）；（4）场界宜设置动态连续噪声监测设施，显示昼夜噪声曲线；（5）装配式建筑施工的建筑垃圾排放量不宜大于 140t/ 万 m^2，非装配式建筑施工的建筑垃圾排放量不宜大于 210t/ 万 m^2；（6）建筑垃圾回收利用率宜达到 50%；（7）宜采用地磅或自动监测平台，动态计量固体废弃物重量；（8）现场宜采用雨水就地渗透措施；（9）宜采用生态环保泥浆、泥浆净化器反循环快速清孔等环境保护技术；（10）宜采用装配式方法施工；（11）施工现场宜采用水封爆破、静态爆破等高校降尘的先进工艺；（12）土方施工宜采用水浸法湿润土壤等降尘方法；（13）施工现场淤泥质渣土宜经脱水后外运。

第8章 施工文件归档管理及项目管理新发展

8.1 施工文件归档管理

复习要点

1. 施工文件归档范围

《建设工程文件归档规范》GB/T 50328—2014（2019 年版）明确规定了建筑工程和市政工程中与施工单位有关的工程文件归档范围，可供其他类别工程参考。

1）建筑工程施工文件归档范围

根据《建设工程文件归档规范》GB/T 50328—2014（2019 年版），施工单位必须归档保存的建筑工程文件包括：① 招标投标文件；② 开工审批文件；③ 工程造价文件；④ 工程建设基本信息；⑤ 监理管理文件；⑥ 进度控制文件；⑦ 质量控制文件；⑧ 工期管理文件；⑨ 监理验收文件；⑩ 施工管理文件；⑪ 施工技术文件；⑫ 进度造价文件；⑬ 施工物资文件；⑭ 施工记录文件；⑮ 施工试验记录及检测文件；⑯ 施工质量验收文件；⑰ 施工验收文件；⑱ 竣工验收与备案文件等。

2）市政工程施工文件归档范围

根据《建设工程文件归档规范》GB/T 50328—2014（2019 年版），施工单位必须归档保存的市政工程文件有：① 招标投标文件；② 开工审批文件；③ 工程造价文件；④ 工程建设基本信息；⑤ 监理管理文件；⑥ 进度控制文件；⑦ 质量控制文件；⑧ 工期管理文件；⑨ 监理验收文件；⑩ 施工管理文件；⑪ 施工技术文件；⑫ 进度造价文件；⑬ 施工物资文件；⑭ 施工记录文件；⑮ 施工试验记录及检测文件；⑯ 施工质量验收文件；⑰ 施工验收文件；⑱ 竣工验收与备案文件等。

2. 施工文件立卷和归档要求

1）施工文件立卷要求

（1）不同幅面的工程图纸，应统一折叠成 A4 幅面（297mm×210mm）。图面应朝内，首先沿标题栏的短边方向以 W 形折叠，然后再沿标题栏的长边方向以 W 形折叠，并使标题栏露在外面。

（2）案卷不宜过厚，文字材料卷厚度不宜超过 20mm，图纸卷厚度不宜超过 50mm。

（3）案卷内不应有重份文件。印刷成册的工程文件宜保持原状。

（4）电子文件的组织和排序可按纸质文件进行。

（5）图纸应按专业排列，同专业图纸应按图号顺序排列。当案卷内既有文字材料又有图纸时，文字材料应排在前面，图纸应排在后面。

2）施工文件归档质量要求

（1）归档的纸质施工文件应为原件。施工文件内容及其深度应符合国家有关标准的规定。

（2）施工文件应采用碳素墨水、蓝黑墨水等耐久性强的书写材料，不得使用红色墨水、纯蓝墨水、圆珠笔、复写纸、铅笔等易褪色的书写材料。计算机输出文字和图件应使用激光打印机，不应使用色带式打印机、水性墨打印机和热敏打印机。

（3）施工文件中文字材料幅面尺寸规格宜为 A4 幅面（297mm×210mm）。图纸宜采用国家标准图幅。施工文件的纸张应采用能长期保存的韧力大、耐久性强的纸张。

（4）所有竣工图均应加盖竣工图章，并应符合下列规定：

① 竣工图章的基本内容应包括："竣工图"字样、施工单位、编制人、审核人、技术负责人、编制日期、监理单位、现场监理、总监。

② 竣工图章尺寸应为：50mm×80mm。

③ 竣工图章应使用不易褪色的印泥，应盖在图标栏上方空白处。

（5）竣工图的绘制与改绘应符合国家现行有关制图标准的规定。

（6）归档的电子文件应采用开放式文件格式或通用格式进行存储。专用软件产生的非通用格式的电子文件应转换成通用格式。

（7）归档的电子文件应采用电子签名等手段，所载内容应真实和可靠，且必须与其纸质档案一致。

一　单项选择题

1. 关于施工文件立卷和归档的说法，正确的是（　　）。

A. 归档的纸质施工文件可以是原件，也可以是复印件

B. 纸质文件和电子文件立卷时，应根据各自的特点分别进行案卷设置

C. 实行总分包的工程，总承包单位和分包单位应分别向建设单位移交工程文件

D. 施工单位应在工程竣工验收前，将其形成的有关工程档案向建设单位归档

2. 根据《建设工程文件归档规范》GB/T 50328—2014（2019 年版），下列建筑工程施工管理资料中，属于工程竣工文件的是（　　）。

A. 隐蔽工程验收资料　　　　　B. 工程洽商记录

C. 住宅质量保证书　　　　　　D. 工程施工许可证

3. 工程档案案卷封面标注的保管期限分为永久、长期、短期三种期限。短期是指工程档案保存年限不超过（　　）年。

A. 5　　　　　　　　　　　　B. 10

C. 15　　　　　　　　　　　 D. 20

4. 根据《建设工程文件归档规范》GB/T 50328—2014（2019 年版），对列入城建档案管理机构接收范围的工程，工程竣工验收后（　　）个月内，应向当地城建档案管理机构移交一套符合规定的工程档案。

A. 1　　　　　　　　　　　　B. 2

C. 3　　　　　　　　　　　　D. 4

5. 根据《建设工程文件归档规范》GB/T 50328—2014（2019 年版），施工文件立卷时，文字材料卷厚度和图纸卷厚度分别不宜超过（　　）mm。

A. 20、40　　　　　　　　　 B. 20、50

C. 40、40 D. 40、50

6. 施工文件采用计算机输出文字和图件应使用（　　　）。

  A. 激光打印机   B. 色带式打印机

  C. 水性墨打印机   D. 热敏打印机

7. 施工文件中图纸的排列方式是（　　　）。

  A. 按施工出图时间进行排列

  B. 按施工阶段进行排列

  C. 按照单位工程进行排列

  D. 按专业排列，同专业图纸应按图号顺序排列

8. 施工文件中，归档的电子文件应采用（　　　）进行存储。

  A. 专用文件格式   B. 通用格式

  C. 非开放格式   D. 非通用格式

二　多项选择题

1. 根据《建设工程文件归档规范》GB/T 50328—2014（2019 年版），施工单位必须归档保存的施工技术文件包括（　　　）。

  A. 图纸会审记录   B. 施工日志

  C. 审计变更通知书   D. 工程质量事故报告书

  E. 工程洽商记录

2. 施工文件应按照（　　　）等阶段分别进行立卷，并可根据数量多少组成一卷或多卷。

  A. 施工准备   B. 地基基础

  C. 施工过程   D. 主体施工

  E. 竣工验收

3. 工程档案一般不少于两套，保管工程档案的单位分别是（　　　）。

  A. 建设单位   B. 施工单位

  C. 建设主管部门   D. 质量监督部门

  E. 城建档案管理机构

4. 关于竣工图和竣工图章的说法，正确的有（　　　）。

  A. 竣工图应由项目建设单位负责编制

  B. 竣工图章尺寸应为 60mm×80mm

  C. 所以竣工图均应加盖竣工图章

  D. 竣工图应真实反映项目竣工验收时的实际情况

  E. 竣工图章应使用不易褪色的印泥，应盖在图标栏上方的空白处

5. 施工文件立卷的基本原则包括（　　　）。

  A. 不同载体的文件可集中统一立卷

  B. 施工文件资料可按不同阶段分别进行立卷

  C. 专业承（分）包施工的分部、子分部（分项）工程应分别单独立卷

D. 室外工程应按室外建筑环境和室外安装工程单独立卷

E. 电子文件立卷时，每个工程（项目）应建立多级文件夹，应与纸质文件在案卷设置上一致，并应建立相应的标识关系

【答案】

一、单项选择题

1. D; 2. C; 3. D; 4. C; 5. B; 6. A; 7. D; 8. B

二、多项选择题

1. A、C、E; 2. A、C、E; 3. A、E; 4. C、D、E;

5. B、C、D、E

8.2 项目管理新发展

1. 国内外项目管理标准

（1）国际项目管理标准；（2）我国工程项目管理标准。

2. 价值交付

（1）价值交付系统；（2）价值驱动型项目管理。

3. BIM技术应用策划

（1）施工 BIM 技术应用策划程序；（2）施工 BIM 技术应用策划内容。

4. BIM技术在施工管理中的应用

根据《建筑信息模型施工应用标准》GB/T 51235—2017，BIM 技术在工程施工阶段的应用宜覆盖深化设计、施工实施、竣工验收等全过程，也可根据工程项目实际需要应用于某些环节或任务。具体应用目标和范围应根据项目特点、合约要求及工程项目相关方 BIM 应用水平等综合确定。

一 单项选择题

1. 美国项目管理协会（PMI）的项目管理标准是（ ）。

A. 项目管理知识体系（PMBOK）

B. 个人能力基准（IPMAICB）

C. 组织能力基准（IPMAOCB）

D. 项目管理系列标准（ISO）

2. 项目管理的基本制度是（ ）。

A. 项目计划管理制度   B. 项目管理责任制度

C. 项目风险管理制度   D. 项目质量管理制度

3. 合同风险评估是（ ）阶段的工作内容。

A. 合同评审   B. 合同订立

C. 合同实施   D. 合同总结

4. 在进度控制 BIM 技术应用中，应基于进度管理模型和（　　）完成进度对比分析，基于偏差分析结果更新进度管理模型。

    A．进度计划表   B．进度计划节点

    C．进度报告   D．实际进度计划

5. 施工 BIM 模型在满足（　　）的前提下，可使用文档、图形、图像、视频等扩展信息。

    A．几何信息   B．技术参数

    C．模型细度要求   D．工程逻辑关系

6.《项目管理指南》ISO 21500：2012 是由（　　）制定的项目管理标准。

    A．美国项目管理协会   B．国际项目管理协会

    C．国际标准化组织   D．中国项目管理协会

7. 根据《建设工程项目管理规范》GB/T 50326—2017，"按照项目管理策划要求组织人员和资源"是（　　）的工作内容。

    A．启动过程   B．策划过程

    C．实施过程   D．监控过程

8. 项目管理责任制度的核心内容是（　　）。

    A．项目经理责任制   B．项目承包责任制

    C．项目绩效考核制度   D．项目奖惩制度

9. 合同交底是（　　）阶段的工作内容。

    A．合同评审   B．合同订立

    C．合同实施控制   D．合同管理总结

10. 建筑工程施工例会的组织者是（　　）。

    A．建设单位项目负责人   B．施工单位项目经理

    C．总监理工程师   D．施工单位项目总工

二 多项选择题

1. 国际项目管理协会（IPMA）制定的个人能力基准（IPMAICB）将个人能力分为（　　）。

    A．环境能力   B．行为能力

    C．技术能力   D．管理能力

    E．组织能力

2. 根据《建设工程项目管理规范》GB/T 50326—2017，项目管理流程包括（　　）。

    A．启动过程   B．策划过程

    C．实施过程   D．监控过程

    E．运维过程

3. 根据《项目管理知识体系指南》(第 7 版)，价值交付系统的内容主要包括（　　）。

    A．创造价值   B．组织治理体系

C．与项目有关的职能　　　　　　D．项目规划

E．产品管理考虑因素

4. 根据《建筑信息模型施工应用标准》GB/T 51235—2017，BIM 技术在工程施工阶段的应用覆盖（　　　）等过程。

A．项目规划　　　　　　　　　B．深化设计

C．施工实施　　　　　　　　　D．竣工验收

E．运维管理

5. 根据《建筑信息模型施工应用标准》GB/T 51235—2017，BIM 技术在施工阶段模拟的内容主要是（　　　）。

A．施工组织模拟　　　　　　　B．施工工艺模拟

C．施工进度模拟　　　　　　　D．施工成本模拟

E．施工安全模拟

【答案】

一、单项选择题

1．A；　　2．B；　　3．A；　　4．D；　　5．C；　　6．C；　　7．C；　　8．A；

9．C；　　10．B

二、多项选择题

1．A、B、C；　　2．A、B、C、D；　　3．A、B、C、E；　　4．B、C、D；

5．A、B

综合测试题（一）

1. 企业办理投资项目核准手续时，需向核准机关提交的文件是（　　）。
    A. 项目申请书
    B. 项目建议书
    C. 项目开工报告
    D. 项目可行性研究报告

2. 关于平行承包模式特点的说法，正确的是（　　）。
    A. 不利于择优选择施工单位
    B. 有利于缩短建设工期
    C. 不利于控制工程质量
    D. 有利于控制工程造价

3. 根据《建设工程监理规范》GB/T 50319—2013，专业监理工程师应履行的职责是（　　）。
    A. 签发工程开工令
    B. 检查工序施工结果
    C. 组织工程竣工预验收
    D. 检查进场的工程材料质量

4. 工程质量监督机构进行工程实体质量监督检查时，应重点抽查（　　）质量。
    A. 检验批
    B. 隐蔽工程
    C. 分项工程
    D. 分部工程

5. 下列施工项目管理组织结构形式中，能够实现集权与分权最优结合的是（　　）。
    A. 直线式
    B. 职能式
    C. 直线职能式
    D. 矩阵式

6. 关于施工项目进度、质量、成本、安全及绿色施工五大目标相互关系的说法，正确的是（　　）。
    A. 质量目标发生变化，不会对成本目标产生影响
    B. 进度目标发生变化，会对绿色施工目标产生影响
    C. 五大目标中成本目标处于核心地位
    D. 五大目标最佳匹配以静态分析为基础

7. 根据《建设工程施工项目经理岗位职业标准》T/CCIAT 0010—2019，施工项目经理具有的权限是（　　）。
    A. 组织施工合同签订
    B. 组织工程竣工验收
    C. 主持项目经理部工作
    D. 决定企业的资源投入

8. 在施工项目实施策划准备阶段，应由施工企业（　　　）负责编制施工调查提纲。
    A. 经营开发部门　　　　　　　　　B. 工程管理部门
    C. 工程经济部门　　　　　　　　　D. 发展规划部门

9. 编制单位工程施工进度计划的工作内容包括：① 计算工程量；② 确定施工顺序；③ 确定工作的持续时间；④ 划分工作；⑤ 计算劳动量和机械台班数等。正确的顺序是（　　　）。
    A. ②①⑤④③　　　　　　　　　　B. ①⑤③④②
    C. ④②①⑤③　　　　　　　　　　D. ⑤③④②①

10. 下列施工项目目标动态控制的措施中，属于合同措施的是（　　　）。
    A. 审查施工组织设计　　　　　　　B. 建立目标控制工作考评机制
    C. 改进施工方法和工艺　　　　　　D. 投标报价中考虑承包风险应对

11. 对于工程规模大、专业复杂的工程，建设单位管理能力有限时，最适宜采用的承包模式是（　　　）。
    A. 劳务分包　　　　　　　　　　　B. 项目管理承包
    C. 施工总承包　　　　　　　　　　D. 平行承包

12. 采用公开招标方式的施工项目，资格预审程序的第一个环节是（　　　）。
    A. 发售资格预审文件　　　　　　　B. 发布资格预审公告
    C. 发布招标公告　　　　　　　　　D. 发出投标邀请书

13. 某工程招标时已有施工图设计文件，技术比较简单，施工任务和发包范围明确，工期为 25 个月，预计合同履行中可能会出现个别设计变更和市场价格波动，招标方为了控制总造价，适宜采用的合同计价方式是（　　　）。
    A. 成本加固定酬金合同　　　　　　B. 可调总价合同
    C. 固定总价合同　　　　　　　　　D. 可调单价合同

14. 根据《建设工程工程量清单计价规范》GB 50500—2013，下列措施项目中，属于"单价项目"的是（　　　）。
    A. 已完工程及设备保护　　　　　　B. 工程定位复测
    C. 安全文明施工　　　　　　　　　D. 脚手架

15. 某施工企业拟在投标总价不变的情况下采用一定的不平衡报价，下列具体的工程中可以适当提高报价的是（　　　）。
    A. 施工后期的措施费　　　　　　　B. 基础工程
    C. 装饰装修工程　　　　　　　　　D. 设备安装工程

16. 根据《标准施工招标文件》通用合同条款，由承包人负责运输的超大件或超重件，应由（　　　）负责向交通运输管理部门办理申请手续。

　　A．承包人　　　　　　　　　　　B．监理人
　　C．发包人　　　　　　　　　　　D．发包人的上级机构

17. 根据《标准施工招标文件》通用合同条款，由于发包人原因发生暂停施工的紧急情况，且监理人未及时下达暂停施工指示的，承包人应采取的做法是（　　　）。

　　A．按原计划继续施工，但要及时向监理人提出暂停施工的书面请求
　　B．继续施工，但可以放慢进度，等候监理人暂停施工的通知
　　C．先暂停施工，等候发包人提出暂停施工的书面通知
　　D．先暂停施工，并及时向监理人提出暂停施工的书面请求

18. 根据《建设工程施工专业分包合同（示范文本）》GF—2003—0213，关于专业分包合同价款的说法，正确的是（　　　）。

　　A．分包工程合同价款在分包合同协议书中约定后，任何一方不得擅自改变
　　B．分包合同价款应与总包合同相应部分价款存在一定的连带关系
　　C．分包合同价款应采用固定价格
　　D．分包合同应与总包采用一致的合同价款调整方法

19. 根据《建设工程施工劳务分包合同（示范文本）》GF—2003—0214，关于施工变更处理的说法，正确的是（　　　）。

　　A．因变更造成劳务分包人损失和工期延误的，由工程承包人承担损失，工期不予顺延
　　B．劳务分包人对原不合理的设计进行变更发生的费用，由工程承包人与劳务分包人共同承担
　　C．因变更减少工程量，劳务报酬应相应减少，工期相应调整
　　D．因劳务分包人自身原因导致的工程变更，劳务分包人可以要求工程承包人适当追加劳务报酬

20. 根据《建设工程项目管理规范》GB/T 50326—2017，风险评估内容包括风险发生的概率、风险损失量以及（　　　）。

　　A．风险应对方法　　　　　　　　B．风险等级
　　C．风险源的类型　　　　　　　　D．风险转移的可能性

21. 根据《中华人民共和国招标投标法实施条例》，招标人在招标文件中要求投标人提交的投标保证金不得超过招标项目估算价的（　　　）。

　　A．1%　　　　　　　　　　　　　B．2%
　　C．3%　　　　　　　　　　　　　D．5%

22. 工程保险事故发生后，投保人要求保险人进行赔偿的必要前提条件是（　　）。

    A．及时向保险人报案　　　　　　B．提供理赔证据

    C．确定事故损失情况　　　　　　D．提供事故鉴定报告

23. 影响建设工程进度的不利因素有很多，其中最大的干扰因素是（　　）。

    A．人为因素　　　　　　　　　　B．资金因素

    C．设备因素　　　　　　　　　　D．环境因素

24. 关于建设工程进度计划系统的说法，正确的是（　　）。

    A．建设工程项目进度计划系统由进度安排和资源需求计划等组成

    B．进度计划系统是且仅是建设工程项目施工进度控制的依据

    C．建设工程项目进度计划系统必须包括所有项目参与方进度计划

    D．总进度规划与各项目参与方的实施进度计划必须相互协调

25. 在工程中，流水施工是一种将（　　）组织成若干个在时间上连续的、均衡的、具有节奏感的流水作业。

    A．同一专业工作　　　　　　　　B．不同专业工作

    C．同一施工过程　　　　　　　　D．不同施工过程

26. 在流水施工中，施工段划分的目的是（　　）。

    A．充分利用工作面组织流水施工

    B．确定施工起点和流向

    C．组织多专业工作队协同施工

    D．确定施工顺序和施工流向

27. 在流水施工中，通常用（　　）来表示流水施工的速度。

    A．流水节拍　　　　　　　　　　B．流水步距

    C．施工过程数　　　　　　　　　D．流水强度

28. 某工程有支模板、扎钢筋和浇筑混凝土三个施工过程，钢筋和混凝土之间存在1天的技术间歇。现分三个施工段组织分别流水施工，各施工过程在不同施工段上的施工时间（单位：天）分别是支模：3、2、4；扎钢筋：1、2、3；浇筑混凝土：3、2、1。完成该工程的流水工期应是（　　）天。

    A．10　　　　　　　　　　　　　B．13

    C．14　　　　　　　　　　　　　D．21

29. 关于网络计划中节点的说法，正确的是（　　）。

    A．节点内可以用工作名称代替编号

    B．节点在网络计划中只表示事件，即前后工作的交接点

C. 所有节点均既有向内又有向外的箭线

D. 所有节点编号不能重复

30. 某双代号网络计划如图 1 所示（时间单位：天），存在的不妥之处是（　　　）。

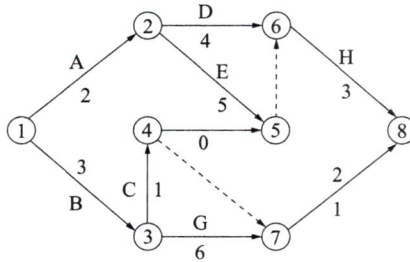

图 1　某双代号网络计划（一）

A. 有多个起点节点　　　　　　　B. 工作标注方法不一致

C. 节点编号不连续　　　　　　　D. 有多余时间参数

31. 在单代号网络计划中，设 A 工作的紧后工作有 B 和 C，B 和 C 工作的总时差分别为 3 天和 5 天，工作 A、B 之间的间隔时间为 8 天，工作 A、C 之间的间隔时间为 7 天，则工作 A 的总时差为（　　　）天。

A. 9　　　　　　　　　　　　　　B. 10

C. 11　　　　　　　　　　　　　　D. 12

32. 在网络计划中，工作 N 最早完成时间为第 17 天，其持续时间为 5 天。该工作三项紧后工作的最早开始时间分别为第 25 天、第 27 天和第 30 天，则工作 N 的自由时差为（　　　）天。

A. 3　　　　　　　　　　　　　　B. 8

C. 10　　　　　　　　　　　　　　D. 13

33. 某双代号网络计划如图 2 所示，关键路线有（　　　）条。

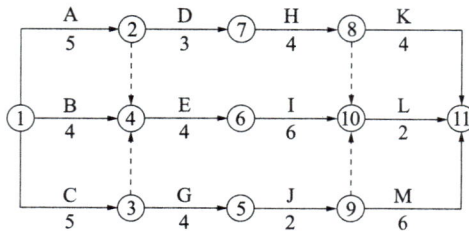

图 2　某双代号网络计划（二）

A. 1　　　　　　　　　　　　　　B. 2

C. 3　　　　　　　　　　　　　　D. 4

34. "将活动作为相互关联、功能连贯的过程组成的体系来理解和管理时，可更加有效和高效地得到一致的、可预知的结果"，这属于质量管理原则中的（   ）。

    A．改进
               B．过程方法

    C．询证决策
           D．关系管理

35. 质量管理体系文件中，由企业最高管理者批准发布的是（   ）。

    A．质量手册
             B．程序文件

    C．质量计划
             D．作业指导书

36. 施工企业通过质量管理体系认证后，由于管理不善，经认证机构调查做出了撤销认证的决定，则该企业（   ）。

    A．不能提出申诉，也不能再提出认证申请

    B．不能提出申诉，但在一年后可以重新提出认证申请

    C．可以提出申诉，并在半年后方可重新提出认证申请

    D．可以提出申诉，并在一年后方可重新提出认证申请

37. 计数标准型一次抽样方案为（N，n，C），其中 N 为送检批的大小，n 为抽检样本大小，C 为合格判定数。当从 n 中查出有 d 个不合格品时，若（   ），应判定该送检批合格。

    A．$d > C$
             B．$d \leqslant C$

    C．$d = C + 1$
         D．$d > C + 1$

38. 下列直方图中，属于孤岛型直方图的是（   ）。

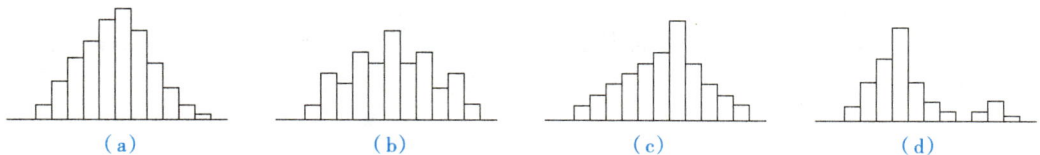

    （a）   （b）   （c）   （d）

    A．（a）
             B．（b）

    C．（c）
             D．（d）

39. 对于重要的或对工程质量有重大影响的工序，应严格执行（   ）的"三检"制度。

    A．事前检查、事中检查、事后检查

    B．自检、互检、专检

    C．工序检查、分项检查、分部检查

    D．操作者自检、质量员检查、监理工程师检查

40. 为了做好作业技术交底，应由（   ）编制技术交底书，并经项目负责人

批准。

  A．专业监理工程师   B．总监理工程师

  C．项目技术人员   D．施工单位技术负责人

41．根据《建筑工程施工质量验收统一标准》GB 50300—2013，有关安全、节能、环境保护和主要使用功能的分部工程应进行（　　　　）。

  A．抽样检验   B．化学成分分析

  C．破坏性试验   D．观感质量验收

42．某工程在浇筑混凝土时发生支模架坍塌事故，造成 3 人死亡，6 人重伤。经事故调查，是现场技术管理人员未进行技术交底所致。该质量事故应判定为（　　　　）。

  A．操作责任的较大事故   B．操作责任的重大事故

  C．指导责任的较大事故   D．指导责任的重大事故

43．施工质量事故的处理工作包括：① 事故调查；② 事故原因分析；③ 事故处理；④ 事故处理的鉴定验收；⑤ 制定事故处理方案。其正确的处理程序是（　　　　）。

  A．①②③④⑤   B．②①③④⑤

  C．④②⑤①③   D．①②⑤③④

44．某施工单位在低价中标工程后，在施工过程中偷工减料，导致发生重大质量事故。该质量事故发生的原因属于（　　　　）。

  A．管理原因   B．技术原因

  C．人为原因   D．违背工程建设基本规律

45．在一定期间和工程量范围内不受工程量变动影响的施工企业成本，称为（　　　　）。

  A．直接成本   B．变动成本

  C．固定成本   D．间接成本

46．对成本计划是否实现进行检查，并为成本管理绩效考核提供依据的成本管理工作是（　　　　）。

  A．成本预测   B．成本计划

  C．成本分析   D．成本控制

47．编制人工定额主要包括拟定正常的施工条件和（　　　　）两项工作。

  A．拟定定额时间   B．确定定额水平

  C．拟定定额编制方案   D．明确编制任务

48．某工程甲材料净用量为 1000m³，损耗率为 5%，则该种材料的总消耗量为

（　　）m³。

 A．1050.000   B．1052.500

 C．1052.632   D．1102.632

49．施工责任成本是以（　　）为对象归集的成本。

 A．专业班组   B．项目经理

 C．分部工程   D．责任中心

50．做好施工成本计划编制工作的关键是（　　）。

 A．确定目标成本   B．分解目标成本

 C．制定考核标准   D．确定成本责任部门

51．施工企业成本管理体系的评审由（　　）组织。

 A．企业聘请的审计单位   B．政府主管部门

 C．第三方认证机构   D．企业自身

52．实施性成本计划是在项目施工准备阶段，采用（　　）编制的施工成本计划。

 A．估算指标   B．概算指标

 C．预算定额   D．施工定额

53．某项目施工合同成本为2000万元，项目实际施工成本为1800万元，项目竣工结算总成本为1650万元，则项目施工成本降低率为（　　）。

 A．8.33%   B．9.09%

 C．10.00%   D．11.11%

54．项目经理对各班组的成本管理绩效考核宜以（　　）为责任成本。

 A．分部分项工程施工图预算   B．分部分项工程成本

 C．分部分项工程清单报价   D．分部分项工程单价加规费

55．下列职业健康安全管理体系标准的基本要素中，属于组织所处环境要素的是（　　）。

 A．组织的角色、职责和权限   B．确定职业健康安全管理体系范围

 C．职业健康安全方针   D．领导作用与承诺

56．职业健康安全管理体系运行的基本步骤中，能够降低组织职业健康安全风险，实现持续改进的关键是（　　）。

 A．管理方案实施   B．实施过程信息管理

 C．管理体系文件培训   D．管理体系评审和维持

57. 下列施工生产危险源中，属于第二类危险源的是（　　　）。

  A．个人防护用品与用具性能低下

  B．具有较高势能的装置和设备

  C．作业中的施工机具

  D．燃烧爆炸危险物质

58. 根据《安全生产许可证条例》，施工企业安全生产许可证的有效期为（　　　）年。

  A．2   B．3

  C．4   D．5

59. 根据《建设工程安全生产管理条例》，对于某项目达到一定规模的危险性较大的模板工程的专项施工方案经（　　　）审批签字后，方可实施。

  A．建设行政部门负责人和甲方代表

  B．工程监理单位总监理工程师和甲方代表

  C．施工单位技术负责人和总监理工程师

  D．甲方代表和设计人员

60. 关于施工现场防护栏杆安全技术要求规定的说法，正确的是（　　　）。

  A．防护栏杆应为两道横杆，上杆距地面高度应为 1.1m，下杆应在上杆和挡脚板中间设置

  B．当防护栏杆高度大于 1m 时，应增设横杆，横杆间距不应大于 500mm

  C．防护栏杆立杆间距不应大于 2m

  D．挡脚板高度不应小于 120mm

二、多项选择题（共 20 题，每题 2 分。每题的备选项中，有 2 个或 2 个以上符合题意，至少有 1 个错项。错选，本题不得分；少选，所选的每个选项得 0.5 分）

61. 关于工程缺陷责任期及相关内容的说法，正确的有（　　　）。

  A．建设工程自竣工验收合格之日起即进入缺陷责任期

  B．缺陷责任期最长不超过 1 年

  C．缺陷责任期届满时，建设单位应返还扣留的工程质量保证金

  D．缺陷责任期内发现的质量缺陷，修复费用由承包单位承担

  E．特定情况下建设单位可以要求延长缺陷责任期

62. 根据《标准施工招标文件》，承包人更换项目经理需满足的要求有（　　　）。

  A．事先征得监理人同意

  B．事先征得建设单位同意

  C．在更换 14 天前通知发包人

  D．在更换 14 天前通知监理人

  E．在更换 28 天前通知质量监督机构

63. 关于施工组织设计编制和审批的说法，正确的有（　　）。

  A. 应由项目负责人主持编制

  B. 施工方案可由项目技术负责人主持编制

  C. 施工组织总设计应由总承包单位技术负责人审批

  D. 单位工程施工组织设计应由项目技术负责人审批

  E. 规模较大的分部工程施工方案，应由施工项目经理审批

64. 关于招标人组织投标人进行施工现场踏勘目的的说法，正确的有（　　）。

  A. 招标人对合同条款作出进一步澄清和解释，是招标文件的补充

  B. 对投标人提出的有关问题作进一步说明，有助于投标人做出正确的判断

  C. 为避免施工合同履行中承包商以不了解现场情况为由推卸其应承担的责任

  D. 为了让投标人结合工程实际情况编制投标文件

  E. 为了使投标人了解竞争的激烈程度，利于获得较低的投标报价

65. 根据《标准施工招标文件》通用合同条款，关于承包人编制工程实施措施计划的说法，正确的有（　　）。

  A. 承包人应对所有施工作业和施工方法的完备性、安全性、可靠性负责

  B. 针对危险性较大的分部分项工程承包人编制专项施工方案后可自行实施

  C. 在合同约定期限内，承包人应提交工程质量保证措施文件，报送监理人审批

  D. 承包人应编制施工环境保护措施计划，并自行实施

  E. 施工组织设计和施工进度计划编制完成后，应报送监理人审批

66. 根据《最高人民法院关于审理建设工程施工合同纠纷案件适用法律问题的解释（一）》，当事人对实际竣工日期有争议的，人民法院通常认定（　　）。

  A. 建设工程经竣工验收合格的，以竣工验收合格之日为竣工日期

  B. 承包人已经提交竣工验收报告，发包人拖延验收的，以承包人提交验收报告之日为竣工日期

  C. 建设工程未经竣工验收，发包人擅自使用的，以转移占有建设工程之日为竣工日期

  D. 建设工程未经竣工验收的部分，发包人擅自使用的，以开始使用之日为竣工日期

  E. 承包人已提交竣工验收报告，发包人验收认为不通过的，以承包人再次提交验收报告之日为竣工日期

67. 根据《建设工程质量保证金管理办法》，关于工程质量保证金的说法，正确的有（　　）。

  A. 在工程竣工前，承包人已缴纳履约保证金的，发包人还应预留工程质量保证金

  B. 工程质量保证金只能从每月的应付工程款中扣留

C．工程质量保证金总预留比例不得高于工程价款结算总额的 3%

D．合同约定以银行保函替代工程质量保证金的，保函金额不得高于工程价款结算总额的 3%

E．采用工程质量保险等其他保证方式的，发包人还应预留工程质量保证金

68．下列建设工程进度影响因素中，属于组织管理因素的有（　　　）。

A．向有关部门提出各种审批手续的延误

B．业主使用要求改变而变更设计

C．施工图纸供应不及时和不配套

D．计划安排不周密导致停工待料

E．有关方拖欠资金

69．某工程由四幢相同的装配式单体建筑组成，每幢建筑可视为一个施工段，施工过程划分为基础工程、结构安装、室内装修和室外工程，编制的加快的成倍节拍流水施工进度计划如图 3 所示，正确的有（　　　）。

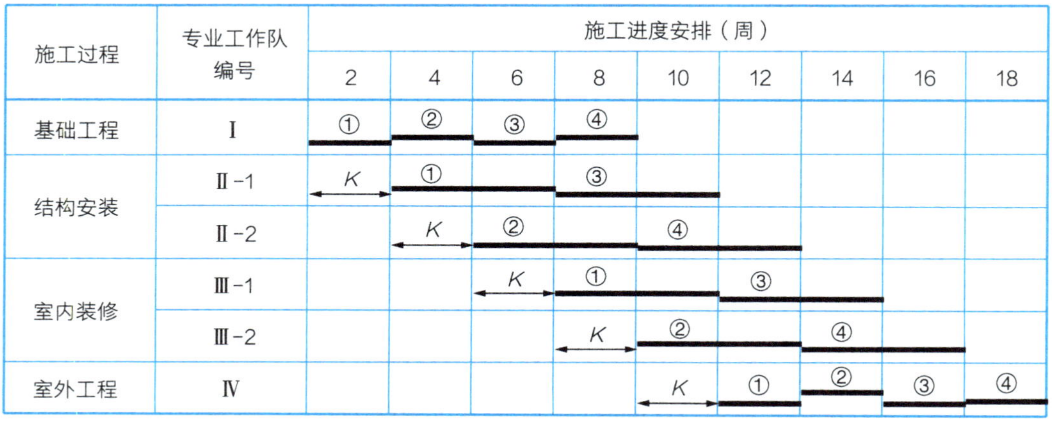

施工过程	专业工作队编号	施工进度安排（周）								
		2	4	6	8	10	12	14	16	18
基础工程	I	①	②	③	④					
结构安装	II-1	K	①		③					
	II-2		K	②		④				
室内装修	III-1			K	①		③			
	III-2				K	②		④		
室外工程	IV					K	①	②	③	④

图 3　加快的成倍节拍流水施工进度计划

A．参与该工程流水施工的专业工作队总数为 6

B．流水施工工期为 18 周

C．流水施工工期为 16 周

D．流水步距为 2 周

E．流水步距为 4 周

70．双代号网络计划的计划工期等于计算工期时，关于关键线路上的工作说法，正确的有（　　　）。

A．关键工作的最早开始时间等于最迟开始时间

B．总工期等于某一关键线路上所有关键工作的总持续时间

C．关键工作的最早完成时间小于最迟完成时间

D．该计划中关键工作的自由时差有可能不等于 0

E．该计划中关键工作的总时差等于 0

71．某双代号时标网络计划如图 4 所示（时间单位：天），工作总时差正确的有（   ）。

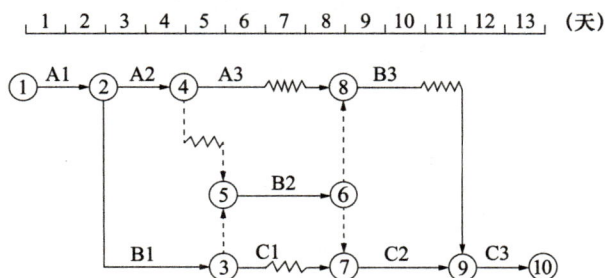

| 1 | 2 | 3 | 4 | 5 | 6 | 7 | 8 | 9 | 10 | 11 | 12 | 13 |（天）

图 4　某双代号时标网络计划

A．$TF_{A1} = 0$　　　　　　　　B．$TF_{A2} = 1$ 天
C．$TF_{B2} = 2$ 天　　　　　　　D．$TF_{C1} = 2$ 天
E．$TF_{B3} = 2$ 天

72．下列施工质量保证体系的工作内容中，属于组织保证体系的有（   ）。
　　A．进行技术培训　　　　　　　B．编制施工质量计划
　　C．成立质量管理小组　　　　　D．明确各职能部门的质量责任
　　E．分解施工质量目标

73．在施工质量统计分析方法中，直方图一般用来（   ）。
　　A．找出影响质量问题的主要因素
　　B．分析生产过程质量是否处于正常状态
　　C．分析生产过程质量是否处于稳定状态
　　D．整理统计数据，了解统计数据的分布特征
　　E．分析质量水平是否保持在公差允许的范围内

74．下列分部工程中，需要设计单位项目负责人参加验收的有（   ）。
　　A．主体结构分部工程
　　B．电梯分部工程
　　C．建筑节能分部工程
　　D．建筑屋面分部工程
　　E．地基与基础分部工程

75．某工程发生施工质量事故后，对该事故进行调查，经原因分析评定该事故不需要处理，则后续工作有（   ）。
　　A．补充调查　　　　　　　　　B．得出结论

C．提交处理报告　　　　　　　D．检查验收

E．实施保护措施

76．关于施工项目质量成本的说法，正确的有（　　　）。

A．减少质量控制成本，质量损失成本也会减少

B．质量成本可分为控制成本和损失成本

C．质量控制成本可分为预防成本和鉴定成本

D．质量事故处理费用属于损失成本

E．减少质量控制成本，质量水平上升

77．编制施工材料消耗定额需确定的内容有（　　　）。

A．材料采购过程中的运输损耗

B．材料净用量

C．施工现场内操作过程中不可避免的废料和损耗

D．施工现场内运输过程中不可避免的损耗

E．材料计量过程中不可避免的误差

78．施工成本中人工费控制的主要手段有（　　　）。

A．减少劳动力投入的数量

B．加强劳动定额管理

C．降低劳动者的薪酬标准

D．提高劳动生产率

E．降低工程耗用人工工日

79．施工成本管理绩效考核应包括的层次有（　　　）。

A．企业对项目成本的考核

B．企业对销售部门销售费用的考核

C．企业对项目管理机构可控责任成本的考核

D．项目经理对所属部门、施工队和班组的考核

E．施工班组对个人的考核

80．施工企业安全生产考核内容包括（　　　）。

A．安全事故处理效果　　　　　B．安全目标实现程度

C．安全行为　　　　　　　　　D．安全业绩

E．安全职责履行情况

【参考答案】

一、单项选择题

1. A; 　2. B; 　3. D; 　4. B; 　5. D; 　6. B; 　7. C; 　8. B;
9. C; 　10. D; 　11. C; 　12. B; 　13. B; 　14. D; 　15. B; 　16. A;
17. D; 　18. A; 　19. C; 　20. B; 　21. B; 　22. A; 　23. A; 　24. D;
25. D; 　26. A; 　27. A; 　28. C; 　29. D; 　30. B; 　31. C; 　32. B;
33. C; 　34. B; 　35. A; 　36. D; 　37. B; 　38. D; 　39. B; 　40. C;
41. A; 　42. C; 　43. D; 　44. D; 　45. C; 　46. C; 　47. A; 　48. A;
49. D; 　50. A; 　51. D; 　52. D; 　53. C; 　54. B; 　55. B; 　56. A;
57. A; 　58. B; 　59. C; 　60. C

二、多项选择题

61. A、C、E; 　62. B、C、D; 　63. A、C; 　64. C、D;
65. A、C、E; 　66. A、B、C; 　67. C、D; 　68. A、D;
69. A、B、D; 　70. A、B、E; 　71. A、B、D; 　72. C、D;
73. B、D、E; 　74. A、C、E; 　75. B、C; 　76. B、C、D;
77. B、C、D; 　78. B、D、E; 　79. A、C、D; 　80. B、C、D、E

综合测试题（二）

一、单项选择题（共 60 题，每题 1 分。每题的备选项中，只有 1 个最符合题意）

1. 对投融资领域推进供给侧结构性改革做出顶层设计的文件是（　　　）。

　A.《国务院关于固定资产投资项目试行资本金制度的通知》

　B.《国务院关于投资体制改革的决定》

　C.《中共中央国务院关于深化投融资体制改革的意见》

　D.《政府投资条例》

2. 承包人既没有设计力量，也没有施工队伍，专心致力于工程项目管理工作的施工承包模式是（　　　）。

　A. 施工总承包模式　　　　　　　B. 施工总承包管理模式

　C. 工程总承包模式　　　　　　　D. 工程总承包管理模式

3. 根据《建设工程监理范围和规模标准规定》，以下供电工程项目，必须实行监理的是（　　　）。

　A. 项目总投资额在 3000 万元　　　B. 项目总投资额在 2000 万元

　C. 项目建安工程费在 1000 万元　　D. 项目建安工程费在 2000 万元

4. 根据《建设工程监理规范》GB/T 50319—2013，验收隐蔽工程由（　　　）负责实施。

　A. 总监理工程师　　　　　　　　B. 总监理工程师代表

　C. 专业监理工程师　　　　　　　D. 监理员

5. 工程质量监督机构进行工程实体质量监督检查时，应重点抽查（　　　）质量。

　A. 检验批　　　　　　　　　　　B. 隐蔽工程

　C. 分项工程　　　　　　　　　　D. 分部工程

6. 关于直线式组织结构的说法，错误的是（　　　）。

　A. 隶属关系明确、职责分明

　B. 结构简单、权力集中、易于统一指挥

　C. 在特大项目的组织系统中，指令路径会很长

　D. 高层级部门可以向任何低层级部门下达指令

7. 根据《标准施工招标文件》，承包人项目经理可以授权其下属人员履行其某项职责，但事先应将授权人员的姓名和授权范围通知（　　　）。

A．发包人   B．监理人

C．工程质量监督机构   D．发包人和监理人

8．编制施工总进度计划的工作内容包括：① 确定各单位工程施工期限；② 计算工程量；③ 确定各单位工程开竣工时间和相互搭接关系等。正确的顺序是（   ）。

A．②①③   B．③①②

C．①③②   D．③②①

9．安排每班工人数和机械台数时，限定每班施工人数上限的是（   ）。

A．最小工作面   B．最小劳动组合

C．最小工作面或最小劳动组合   D．最小工作面和最小劳动组合

10．就施工承包单位而言，单位工程施工组织设计的审批人是（   ）。

A．施工单位企业负责人   B．项目技术负责人

C．施工单位技术负责人   D．施工项目经理

11．施工招标准备工作内容主要有：① 办理招标申请手续；② 组建招标组织；③ 编制资格预审文件；④ 编制招标文件；⑤ 进行招标策划。正确的工作顺序是（   ）。

A．①④②③⑤   B．②①⑤③④

C．①②⑤④③   D．②①③⑤④

12．某工程招标时已有施工图设计文件，技术比较简单，施工任务和发包范围明确，工期为 10 个月，预计合同履行中不会出现较大设计变更，招标方为了控制总造价，适宜采用的合同计价方式是（   ）。

A．可调单价合同   B．可调总价合同

C．固定总价合同   D．固定单价合同

13．根据《建设工程工程量清单计价规范》GB 50500—2013，招标工程量清单应以（   ）为单位编制。

A．整个建设项目   B．单位或单项工程

C．分部或分项工程   D．独立施工的工程

14．施工投标时，当招标工程量清单中描述的项目特征与设计图纸不符时，投标人应以（   ）为依据确定综合单价。

A．设计规范   B．招标工程量清单中描述的项目特征

C．设计图纸   D．预计施工时所采用图纸的项目特征

15．某施工单位拟投标一项工程，在招标工程量清单中已列明的甲分项工程的工程量为 600m³。施工单位结合招标工程量清单中的项目特征描述和自身拟定的施工方

案，计算出甲分项工程的实际施工工程量为 $720m^3$，施工的工料机费用合计为 36000 元。企业管理费按工料机费用的 15% 计取，利润及风险费用合并考虑，以工料机费用和企业管理费为基数按 5% 计算。不考虑其他因素，投标时甲分项工程的综合单价应为（　　）元 $/m^3$。

  A．60.00   B．60.38

  C．72.00   D．72.45

16．根据《标准施工招标文件》，由于发包人原因引起的暂停施工造成工期延误的，承包人有权要求发包人（　　）。

  A．延长工期和（或）增加费用，但不能要求支付利润

  B．延长工期和（或）增加费用，并支付合理利润

  C．延长工期，但不能要求补偿费用和支付利润

  D．增加费用，但不能要求延长工期和支付利润

17．根据《建设工程施工专业分包合同（示范文本）》GF—2003—0213，关于专业分包工程完工验收和移交的说法，正确的是（　　）。

  A．专业分包工程应由发包人按照合同约定的流程组织竣工验收

  B．分部工程具备竣工验收条件的，分包人应向发包人提供完整的竣工资料及竣工验收报告

  C．分部工程竣工日期为发包人组织竣工验收合格之日

  D．分部工程竣工验收未能通过且属于分包人原因的，分包人负责修复并承担相应的质量责任

18．根据《建设工程施工劳务分包合同（示范文本）》GF—2003—0214，全部工程竣工（包括劳务分包人完成工作在内）一经发包人验收合格，在质量保修期内的质量保修责任承担的说法，正确的是（　　）。

  A．工程承包人承担主要责任，劳务分包人承担连带责任

  B．劳务分包人对其分包的劳务作业的质量与工程承包人共同承担保修责任

  C．劳务分包人对其分包的劳务作业的施工质量不再承担责任

  D．劳务分包人对其分包的劳务作业的质量承担全部保修责任

19．根据《标准设备采购招标文件》，关于合同设备监造的说法，正确的是（　　）。

  A．买方监造人员可到合同设备的生产制造现场进行监造，卖方应予配合

  B．买方监造人员的交通、食宿费用由卖方承担

  C．买方监造人员对合同设备的监造，等同于买方对合同设备质量的确认

  D．买方监造人员提出的意见，卖方必须听从，由此增加的费用由买方负责

20．某施工企业通过降低施工方案的复杂性降低风险事件发生的概率，从风险应对的角度来说，该策略属于（　　）。

A．风险转移　　　　　　　　B．风险自留

C．风险减轻　　　　　　　　D．风险规避

21．根据《标准施工招标文件》，承包人向保险人投保建筑工程一切险和第三者责任险时应以（　　　）办理。

A．发包人的名义　　　　　　B．承包人的名义

C．监理人和承包人的共同名义　　D．发包人和承包人的共同名义

22．根据《中华人民共和国建筑法》，鼓励建筑施工企业为从事危险作业的职工办理的保险是（　　　）。

A．养老保险　　　　　　　　B．意外伤害保险

C．失业保险　　　　　　　　D．工伤保险

23．下列影响建设工程进度的情况中，属于组织管理因素的是（　　　）。

A．合同签订时遗漏条款、表达失当

B．由于特殊节假日的限制

C．有关方拖欠资金、资金不到位

D．技术应用不可靠

24．关于横道图进度计划特点的说法，正确的是（　　　）。

A．能反映各工作间的相互联系、相互制约关系

B．能反映各工作的机动时间

C．便于时间参数的计算和计划的优化

D．编制简单，使用方便

25．在组织流水施工时，某施工过程在单位时间内所完成工程量的多少，称为（　　　）。

A．流水强度　　　　　　　　B．流水节拍

C．流水步距　　　　　　　　D．施工段

26．在流水施工过程中，工艺参数主要包括的是（　　　）。

A．施工过程和施工流向　　　　B．施工过程和施工间歇

C．施工流向和施工间歇　　　　D．施工过程和流水强度

27．关于非节奏流水施工特点的说法，正确的是（　　　）。

A．各专业施工队能够在施工段上连续作业

B．相邻施工过程的流水步距相等

C．施工段之间没有空闲时间

D．专业施工队数大于施工过程数

28. 双代号网络计划中，虚工作的特点是（　　）。

    A．既消耗时间，又消耗资源　　　　B．只消耗时间，不消耗资源

    C．不消耗时间，只消耗资源　　　　D．既不消耗时间，也不消耗资源

29. 在双代号网络计划中，节点的最迟时间是以该节点为（　　）。

    A．开始节点的工作最迟开始时间

    B．开始节点的工作最早开始时间

    C．完成节点的工作最迟完成时间

    D．完成节点的工作最早开始时间

30. 在网络计划中，工作的总时差是指在不影响（　　）的前提下，该工作可以利用的机动时间。

    A．紧后工作最早完成时间　　　　B．后续工作最早开始时间

    C．紧后工作最迟开始时间　　　　D．紧后工作最早开始时间

31. 在网络计划中，工作 N 最迟完成时间为第 25 天，其持续时间为 6 天。该工作三项紧前工作的最早完成时间分别为第 10 天、第 12 天和第 13 天，则工作 N 的总时差为（　　）天。

    A．6　　　　　　　　　　　　　B．9

    C．12　　　　　　　　　　　　　D．15

32. 某双代号时标网络计划如图 1 所示，工作 F、工作 H 的最迟完成时间分别为（　　）。

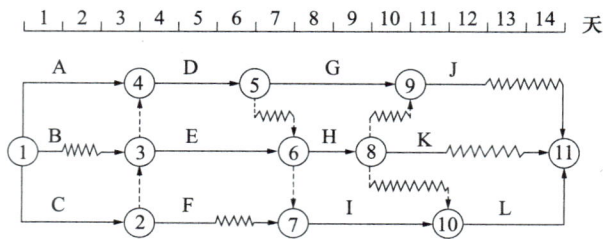

图 1　某双代号时标网络计划

    A．第 7 天、第 9 天　　　　　　B．第 7 天、第 11 天

    C．第 8 天、第 9 天　　　　　　D．第 8 天、第 11 天

33. 某工程时标网络计划及第 6 天末检查的实际进度如图 2 所示，正确的是（　　）。

    A．工作 E 的实际进度拖延 1 天，不影响总工期

    B．工作 G 进度超前，不影响总工期

    C．工作 H 的实际进度拖延 1 天，将使其后续工作 J 的最早开始时间推迟 1 天

D. 工作 I 的最早开始时间推迟 1 天，总工期延长 1 天

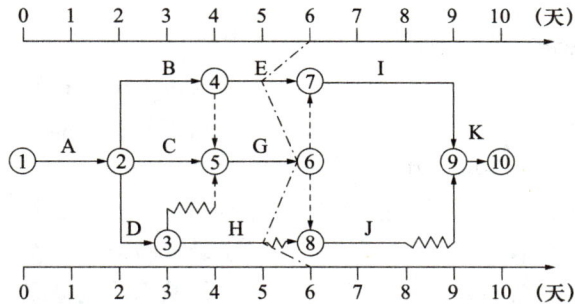

图 2 某工程时标网络计划及第 6 周末检查的实际进度

34. 关于影响施工质量因素的说法，错误的是（　　）。

A. 工程材料质量是工程实体质量的基础

B. 工程设备质量的优劣直接影响工程施工质量

C. 施工质量控制应以控制人的因素为基本出发点

D. 加强材料质量控制是控制工程质量的重要基础

35. 质量管理体系文件主要由质量手册、程序文件、质量计划、作业指导书和（　　）等构成。

A. 质量方针　　　　　　　　B. 质量目标

C. 质量记录　　　　　　　　D. 质量评审

36. 建立施工质量保证体系的目标是（　　）。

A. 保证体系文件的严格执行　　B. 控制产品生产的过程质量

C. 保证管理体系运行的质量　　D. 控制和保证施工产品的质量

37. 某工程承包商从一生产厂家购买了相同规格的大批预制构件，进场后码放整齐。对其进行进场检验时，为了使样本更有代表性宜采用（　　）的方法。

A. 全数检验　　　　　　　　B. 分层随机抽样

C. 等距抽样　　　　　　　　D. 简单随机抽样

38. 采用直方图法对工程质量进行统计分析时，其主要的用途是（　　）。

A. 分析产生施工质量问题的原因

B. 分门别类的对施工质量状态进行调查

C. 对施工质量问题进行状态描述

D. 分析不同因素对质量的影响

39. 下列施工准备阶段的质量控制工作中，属于施工技术准备的是（　　）。

A. 做好施工测量工作　　　　B. 布置施工机械

C. 规划施工场地 　　　　　　D. 报审施工组织设计

40. 建设工程施工质量验收的基本单元是（　　）。
　　A. 施工过程的质量验收　　　B. 项目竣工质量验收
　　C. 检验批和分项工程　　　　D. 分项工程和分部工程

41. 分部工程质量验收时，应给出综合质量评价的检查项目是（　　）。
　　A. 观感质量验收　　　　　　B. 质量控制资料验收
　　C. 分项工程质量验收　　　　D. 主体结构功能检测

42. 某工程因测量仪器未及时进行校验，测量时误差较大导致工程轴线偏差，造成质量事故。按照事故发生的原因划分，该事故属于（　　）。
　　A. 人为原因造成的质量事故　B. 管理原因引起的质量事故
　　C. 技术原因引起的质量事故　D. 工艺原因造成的质量事故

43. 当工程质量缺陷经加固、返工处理后仍无法保证达到规定的安全要求，但没有完全丧失使用功能时，适宜采用的处理方法是（　　）。
　　A. 不作处理　　　　　　　　B. 限制使用
　　C. 报废处理　　　　　　　　D. 返修处理

44. 施工质量事故处理过程中，确定事故处理结果是否达到预期目的、是否依然存在隐患，属于（　　）环节的工作。
　　A. 事故调查　　　　　　　　B. 事故原因分析
　　C. 制定事故处理技术方案　　D. 事故处理鉴定验收

45. 质量事故处理费用属于质量成本中的（　　）。
　　A. 预防成本　　　　　　　　B. 鉴定成本
　　C. 内部损失成本　　　　　　D. 外部损失成本

46. 分解施工责任成本时，措施费用控制的主要责任岗位应是（　　）。
　　A. 生产经理　　　　　　　　B. 项目经理
　　C. 商务经理　　　　　　　　D. 技术负责人

47. 编制施工成本计划的工作包括：① 确定项目总体成本目标；② 预测项目成本；③ 编制项目总体成本计划；④ 项目管理机构与企业职能部门根据其责任成本范围，分别确定各自成本目标，并编制相应的成本计划。正确的顺序是（　　）。
　　A. ③①②④　　　　　　　　B. ①②③④
　　C. ②①③④　　　　　　　　D. ④①②③

48. 某工程甲材料成本影响因素有：① 甲材料单价；② 单位工程量甲材料消耗量；③ 工程量。采用因素分析法分析各因素对甲材料成本变动（实际与目标相比）的影响程度时，依次替换三个因素的顺序是（   ）。

    A．③②①   B．①②③

    C．②③①   D．③①②

49. 对于有消耗定额的材料，施工项目材料用量控制宜实行（   ）制度。

    A．成本总额控制   B．成本包干

    C．先进先出   D．限额领料

50. 施工成本偏差分析时，能够形象、直观、准确地表达费用的绝对偏差的方式是（   ）。

    A．横道图法   B．表格法

    C．曲线法   D．文本法

51. 下列施工成本纠偏措施中，属于技术措施的是（   ）。

    A．推迟费用支付   B．调整成本目标

    C．落实成本节超奖惩   D．调整施工机械

52. 某建设工程项目，钢材的采购量为100t，在施工过程中钢材净用量为80t，损耗率1%，则该项目钢材的总消耗量为（   ）t。

    A．80.0   B．80.8

    C．100.0   D．101.0

53. 施工定额中的人工定额可表现为（   ）。

    A．时间定额和产量定额   B．数量定额和费用定额

    C．成本定额和费用定额   D．直接定额和间接定额

54. 施工项目管理机构应以（   ）为主线开展施工成本管理。

    A．施工总成本   B．合同价

    C．责任成本   D．施工直接成本

55. 为确保职业健康安全管理体系和环境管理体系的持续适宜性、充分性和有效性，应由施工企业的（   ）对组织的管理体系进行评审。

    A．安全总监   B．项目经理

    C．技术总监   D．最高管理者

56. 企业建立职业健康安全管理体系，其基础工作是（   ）。

    A．领导决策和承诺   B．成立工作小组，制定总体计划

C．进行初始（状态）评审　　　　　　D．职业健康安全管理体系策划和设计

57．建立施工安全生产管理制度体系，应坚持（　　　）的方针。
　　A．控制成本，确保质量和安全
　　B．安全第一、预防为主、综合治理
　　C．质量、安全与环境并重
　　D．经济合理、方案可行、注重质量和安全

58．特种作业操作证申请复审或者延期复审前，特种作业人员应参加必要的安全培训的时间不少于（　　　）个学时。
　　A．24　　　　　　　　　　　　　　B．12
　　C．8　　　　　　　　　　　　　　 D．36

59．实行施工总承包工程的专项施工方案，应由（　　　）组织召开专家论证会。
　　A．建设单位　　　　　　　　　　　B．监理单位
　　C．施工总承包单位　　　　　　　　D．第三方专业机构

60．施工安全技术交底首先由（　　　）向施工员、班组长、分包单位技术负责人交底，再由班组长向操作工人交底。
　　A．总监理工程师　　　　　　　　　B．建设单位技术负责人
　　C．项目经理　　　　　　　　　　　D．项目技术负责人

二、多项选择题（共 20 题，每题 2 分。每题的备选项中，有 2 个或 2 个以上符合题意，至少有 1 个错项。错选，本题不得分；少选，所选的每个选项得 0.5 分）

61．关于施工总承包管理单位任务和责任的说法，正确的有（　　　）。
　　A．不得与分包单位签订合同　　　　B．可以赚取总包与分包之间的差价
　　C．可以支付分包工程款　　　　　　D．负责确定分包合同界面
　　E．负责控制分包工程质量

62．根据《建设工程施工项目经理岗位职业标准》T/CCIAT 0010—2019，施工项目经理应具有的权限有（　　　）。
　　A．参与项目投标及施工合同签订
　　B．参与组建项目经理部
　　C．主持项目经理部工作
　　D．组织分包合同和供货合同签订
　　E．组织制定项目经理部管理制度

63．工程施工过程中，应及时修改或补充施工组织设计的情形有（　　　）。
　　A．工程设计有重大修改　　　　　　B．主要施工方法有重大调整

C．施工环境有重大改变 　　　　　D．项目管理机构人员有重大调整

E．主要施工资源配置有重大调整

64．根据《标准施工招标文件》，施工招标文件由（　　　）组成。

A．技术标准和要求 　　　　　　　B．招标公告或投标邀请书

C．合同条款及格式 　　　　　　　D．评标办法

E．招标方项目管理机构设置

65．根据《建设工程工程量清单计价规范》GB 50500—2013，招标工程量清单应由分部分项工程项目清单以及（　　　）组成。

A．企业管理费清单 　　　　　　　B．其他项目清单

C．待摊项目清单 　　　　　　　　D．规费和税金项目清单

E．措施项目清单

66．根据《标准施工招标文件》，承包人应履行的义务有（　　　）。

A．施工场地及其周边环境与生态的保护工作

B．工程接收证书颁发前的工程照管和维护工作

C．管理施工控制网点

D．采取施工安全措施，确保工程及其人员、材料、设备和设施的安全

E．提供真实、准确、完整的施工场地内的地下管线和地下设施等有关资料

67．下列损失或费用中，属于建筑工程一切险的除外责任的有（　　　）。

A．施工现场货物盘点时发现的盘亏损失

B．所有人提供的工程上使用的物料及项目

C．施工人员过失造成的事故损失

D．承包人施工机械的维修保养或正常检修的费用

E．设计错误引起的损失和费用

68．下列影响建设工程实际进度的因素中，属于组织管理因素的有（　　　）。

A．向有关部门提出各种申请审批手续的延误

B．合同签订时遗漏条款或表达失当

C．未考虑设计在施工中实现的可能性

D．施工设备不配套、选型失当

E．复杂的工程地质条件

69．在组织流水施工时，确定流水节拍的方法有（　　　）。

A．经验估算法 　　　　　　　　　B．数学计算法

C．成倍节拍法 　　　　　　　　　D．排列图法

E．潘特考夫斯基法

70. 某双代号网络计划如图 3 所示，绘图的错误有（   ）。

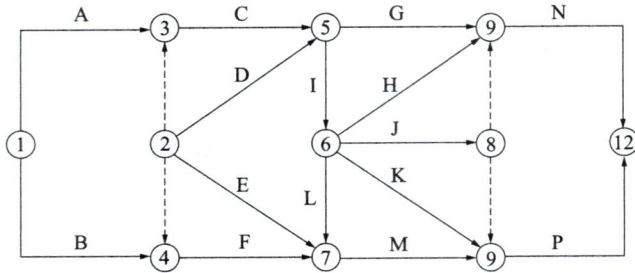

图 3　某双代号网络计划

A．有多个起点节点
B．有多个终点节点
C．节点编号有误
D．存在循环回路
E．有多余虚工作

71. 在施工进度计划实施过程中，应经常地、定期地对进度计划执行情况进行动态监测，施工进度监测系统过程中需要做的工作有（   ）。

A．分析产生进度偏差的原因
B．收集整理实际进度数据
C．调整施工进度计划
D．对实际进度数据进行加工处理，形成于计划进度具有可比性的数据
E．实际进度与计划进度比较分析

72. ISO 质量管理体系中，质量管理原则包括（   ）。

A．以顾客为关注焦点
B．顾客作用
C．全员积极参与
D．过程方法
E．关系管理

73. 控制图法是施工质量控制的统计方法之一，其用途包括（   ）。

A．过程控制
B．评价过程能力
C．找出薄弱环节
D．过程分析
E．掌握质量分布规律

74. 分部工程施工质量验收合格的基本条件包括（   ）。

A．所含分项工程的质量验收合格
B．质量控制资料完整、真实
C．观感质量符合要求
D．主控项目和一般项目质量检验合格
E．有关安全、节能、环境保护和主要使用功能的抽样检验结果符合要求

75. 下列工程资料中，可作为施工质量事故处理依据的有（   ）。
    A．施工记录　　　　　　　　　B．合同文件
    C．工程竣工报告　　　　　　　D．质量事故状况的描述
    E．现场制备材料的质量证明文件

76. 下列施工成本中，属于施工项目管理机构可控成本的有（   ）。
    A．建筑材料价格上升增加的成本
    B．施工项目管理机构固定资产折旧费
    C．项目施工机械租赁费
    D．项目施工机械台班费
    E．施工项目管理机构自建临时设施摊销费

77. 按施工定额反映的生产要素消耗内容不同，施工定额可分为（   ）。
    A．人工定额　　　　　　　　　B．材料消耗定额
    C．管理费用定额　　　　　　　D．施工机具消耗定额
    E．间接费用定额

78. 施工机械的有效工作时间包括（   ）。
    A．正常负荷下的工时消耗
    B．不可避免的无负荷工作时间
    C．有根据地降低负荷下的工作时间
    D．机械小组工人休息时间
    E．低负荷下的工作时间

79. 月（季度）施工成本分析的内容应包括（   ）。
    A．实际成本和预算成本对比
    B．预算成本和目标成本对比
    C．成本构成项目占比分析
    D．技术组织措施执行效果的分析
    E．主要技术经济指标的实际与目标对比

80. 职业健康安全管理体系建立过程中，组织最高管理者授权的管理者代表的职责有（   ）。
    A．支持健康安全委员会的建立和运行
    B．具体负责职业健康安全管理体系的日常工作
    C．确保组织建立和实施工作人员的协商和参与的过程
    D．协调职业健康安全管理体系建立
    E．协调运行过程中各部门之间的关系

一、单项选择题

1. C;	2. D;	3. A;	4. C;	5. B;	6. D;	7. B;	8. A;
9. A;	10. C;	11. B;	12. C;	13. B;	14. B;	15. D;	16. B;
17. D;	18. C;	19. A;	20. C;	21. D;	22. B;	23. A;	24. D;
25. A;	26. D;	27. A;	28. D;	29. C;	30. C;	31. A;	32. B;
33. D;	34. B;	35. C;	36. D;	37. B;	38. D;	39. D;	40. C;
41. A;	42. B;	43. B;	44. D;	45. C;	46. B;	47. C;	48. A;
49. D;	50. A;	51. D;	52. B;	53. A;	54. C;	55. D;	56. C;
57. B;	58. C;	59. C;	60. D				

二、多项选择题

61. C、D、E;	62. A、B、C、E;	63. A、B、C、E;	64. A、B、C、D;
65. B、D、E;	66. A、B、C、D;	67. A、D、E;	68. A、B;
69. A、B、C;	70. A、C;	71. B、D、E;	72. A、C、D、E;
73. A、D;	74. A、B、C、E;	75. A、B、C、D;	76. B、E;
77. A、B、D;	78. A、C;	79. A、C、D、E;	80. B、D、E

网上增值服务说明

为了给二级建造师考试人员提供更优质、持续的服务，我社为购买正版考试图书的读者免费提供网上增值服务。**增值服务包括**在线答疑、在线视频课程、在线测试等内容。

网上免费增值服务使用方法如下：

1. 计算机用户

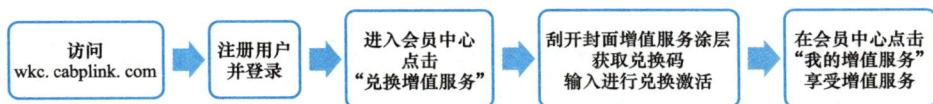

2. 移动端用户

注：增值服务从本书发行之日起开始提供，至次年新版图书上市时结束，提供形式为在线阅读、观看。如果输入兑换码后无法通过验证，请及时与我社联系。

客服电话：4008-188-688（周一至周五 9：00—17：00）

Email：jzs@cabp.com.cn

防盗版举报电话：010-58337026，举报查实重奖。

网上增值服务如有不完善之处，敬请广大读者谅解。欢迎提出宝贵意见和建议，谢谢！